KB047066

반 도 체
구조원리
교 과 서

ZUKAI NYUMON YOKUWAKARU SAISHINHANDOUTAI NO KIHON TO SHIKUMI [DAISANHAN]
by Yasuhiko Nishikubo

First published in Japan in 2021 by Shuwa System Co., Ltd.

This Korean edition is published by arrangement with Shuwa System Co., Ltd, Tokyo in care of Tuttle-Mori Agency, Inc., Tokyo, through BC Agency, Seoul.

반도체 구조원리 교과서

논리회로 구성에서 미세 공정까지,
미래 산업의 향방을 알아채는 반도체 메커니즘 해설

니시쿠보 야스히코 지음 | **김소영** 옮김

보누스

머리말

1나노급 미세화를 향해 발전하는 반도체 기술의 놀라운 여정

대학을 졸업하고 몇 년이 지난 1970년경, 바이폴라 트랜지스터가 한창 흥하던 시기에 저는 반도체 산업에 발을 내디뎠습니다. 그 당시 프로세스는 1.5인치 웨이퍼부터 시작했습니다. 웨이퍼를 세정하다가 불산[플루오르화수소산의 관용명]을 발에 쏟아 병원으로 내달린 적이 있습니다. 무릎부터 아래가 새빨갛게 부어올랐던 기억이 있지요. 그때는 직접 만든 CVD 장치 드라이브에 아마추어 무선기와 리니어 앰프를 사용했습니다. 모눈종이에 연필로 그려가며 설계를 했지요. 레이아웃 도면을 수정할 때는 아주 비참했습니다. 위치를 1피치 틀린 탓에 며칠 동안 그린 설계를 지우개로 박박 지워야 하는 허무함도 맛봤습니다.

직접 제작에 참여했던 첫 IC는 회로 선폭이 10마이크로미터(단위는 ㎛. 1마이크로미터는 100만분의 1미터)이었어요. 분주회로(입력 클록에 대해 출력 신호의 주파수가 절반이 되도록 클록을 발생시키는 회로)의 한 단이 250×500㎛이었을 겁니다. 논리회로의 정논리와 부논리를 착각해서 출력 펄스폭이 반대로 나왔지요. 횡확산 영향을 모르고 완성한 MOS 트랜지스터의 실효 채널 길이가 굉장히 짧아져 있었는데(훨씬 나중에 알게 됐지만), 32KHz 발진 회로에서 무려 4MHz 수정으로 발진·분주 작동을 해서 아주 깜짝 놀랐습니다. 하지만 그게 처음으로 움직였을 때는 하늘로 날아오르는 기분이었습니다. 그러다가 마침 같은 시기에 미국 IBM이 1마이크로미터 공정의 IC를 발표했을 때는 설마 하면서도 입이 떡 벌어졌습니다.

첫 CAD는 설날 휴일 때 "갖고 싶으면 사 줄게!"라며 걸려온 상사의 전화 덕분에 장만할 수 있었습니다. 무려 한 세트에 1억 5천만 엔이나 했죠.(현재 같은 성능으로 치면 노트북보다 떨어집니다.) 얼마나 편리하던지, 눈물이 앞을 가렸습니다. IC 테스터도 사 주셨어요. 하지만 어려워서 충분히 활용하지는 못했지요.

반도체 디자인 룰(rule)은 2003년에 0.1㎛, 2011년에 0.03㎛, 2021년에 0.01㎛(10nm)로 미세화를 거쳤습니다. 지금도 노광 기술, 성막 기술, 에칭 기술의 힘을 등에 업고 계속해서 미세화는 발전하고 있습니다. 제가 처음으로 MOSFET을 만들었던 때는 미세화 수준이 10㎛ 정도여서 이렇게까지 진보하리라고 꿈에도 생각하지 못했습니다. 이제 앞으로 10년 동안, 미세화는 1nm를 목표로 가겠지요. 이렇듯 반도체 기술은 끊임없이 성장하며 인류 발전에도 기여할 것입니다. 이 책에는 지난 50여 년간 눈부시게 발달한 반도체 기술의 핵심을 담았습니다. 반도체를 이해하는 데 있어 사람들에게 작은 도움이 되기를 바랍니다.

일러두기

- 이 책은 저자가 독자적으로 연구 조사해 얻은 결과물을 바탕으로 저술한 것입니다.
- 이 책에 기재된 회사명이나 상품명은 일반적으로 각 회사의 상표 또는 등록 상표입니다.
- ( ) 표시는 지은이 주이며, [ ] 표시는 옮긴이 주입니다.

차례

제5장

LSI의 개발과 설계
설계 공정이란 무엇인가?

LSI 제조의 전 공정
실리콘 칩은 어떻게 만들까

제8장 대표적인 반도체 디바이스
발광다이오드 · 반도체레이저 · 이미지 센서 · 전력 반도체

제9장 반도체 미세화의 미래
더 작게, 더 빠르게, 더 효율적으로

제1장

반도체란 무엇인가?

무조건 알아두고 싶은 기본 물성의 이해

PC, 디지털카메라, 스마트폰 등 전자 기기를 구성하는 핵심 부품은 바로 정보 통신 사회를 짊어지고 갈 반도체다. 흔히 반도체란 집적회로(IC, LSI)와 같은 말인데, 이 장에서는 물성이라는 관점에서 반도체를 바라보고, 반도체가 원래부터 지닌 기본 성질과 더불어 어떻게 해서 IC, LSI가 될 수 있는지를 설명한다.

반도체의 일반적인 특성

반도체란 전기가 잘 통하는 '도체'와 전기를 막는 '절연체'의 중간쯤 되는 전기저항을 띠는 재료를 말한다. 전자 기기의 사양이나 성능을 결정하며 제품의 중추 역할을 하는 전자 부품으로 집적회로를 만들어 넣는데, 일반적으로 집적회로를 가리키는 경우가 많다.

반도체는 슈퍼 전자 부품

예컨대 계산기는 액정 셀(화면), 키보드, 전지, 하나 또는 여러 개의 집적회로 전자 부품 등으로 만든다. 이때 계산기의 계산 기능은 탑재된 반도체(집적회로)의 성능에 따라 달라진다. 원래 반도체라는 말은 전기를 잘 통하게 하는 **도체**와 전기가 통하지 않는 **절연체**의 중간쯤 되는 전기저항을 띠는 재료를 가리킨다. 그러나 보통은 반도체라고 하면 전자 기능을 탑재한 응용 제품인 **집적회로**(IC, LSI)와 동의어처럼 사용되고 있다고 보면 된다.

집적회로는 **실리콘 웨이퍼**(반도체 재료인 단결정 실리콘을 원반 모양으로 얇게 썬 것) 표면을 일괄적으로 미세 가공해 제조한다. 이때 사진 인쇄 기술을 이용한다. 집적회로를 새긴 실리콘 웨이퍼에 불순물을 첨가하고, 절연막이나 배선 금속막을 형성하는 공정을 여러 번 반복해 100만 개에서 수억 개에 이르는 반도체 소자(예전의 트랜지스터나 저항, 축전기 등에 상당하는 전자 부품)를 실리콘 웨이퍼 위에 만들어 넣는다. 즉 트랜지스터나 저항을 하나하나 만들어서 실리콘 웨이퍼에 탑재하는 것이 아니라, 실리콘 웨이퍼 표면에 한꺼번에 새기고 처리해서 만든다.

실리콘 웨이퍼 위에는 작은 실리콘 칩(10mm×10mm 정도 되는 펠릿)이 주사위의 눈처럼 수백 개 이상 배치돼 있다. 이 작은 실리콘 칩 하나하나가 전자 부품이 탑재된 기존의 완성 프린트 기판과 같은 기능을 한다. 이 실리콘 웨이퍼에서 칩을 하나하나 잘라내어 패키지에 넣고 봉한 것이 집적회로다. 이 작은 칩을 패키지에 탑재한 칩 모양의 집적회로가 옛날에 쓰던 대형 컴퓨터 한 대를 훨씬 뛰어넘는 성능을 가진 슈퍼 전자 부품인 것이다.

이 장에서는 반도체가 물리적인 의미에서 어떤 재료인지 먼저 이해해 보려고 한다.

반도체(다시 말해 집적회로)가 전자 부품으로서 어떤 의미를 지니는지는 나중에 자세히 설명하겠다. 기본적인 반도체의 재료 특성을 공부해 두지 않으면, IT 시대에 꼭 필요한 집적회로를 이해하기에 어려움이 있기 때문이다.

신문이나 잡지를 떠들썩하게 만드는 반도체란?

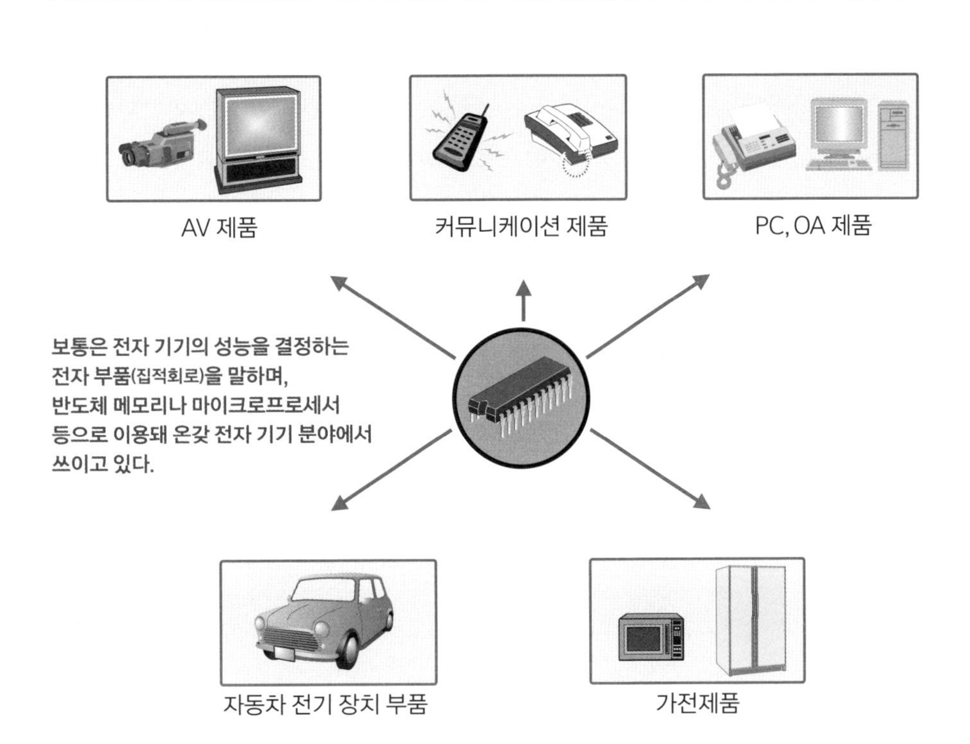

반도체의 특성

반도체라고 하면 '반만 도체'라는 어감 때문인지 왠지 모르게 이해하기가 어렵다. 입력한 전기를 절반만 통하게 하는 것이 반도체인가? 혹은 절반이 '도체'이고 절반은 '절연체'로 만들어졌나? 이런 궁금증이 생길 수 있다.

전기가 잘 통하는지를 논하는 전기저항• 측면에서 반도체를 말하자면, 전기가 잘 통하는 '도체'와 전기가 통하지 않는 '절연체'의 절반, 그러니까 전기저항이 '도체'와 '절연체'의 중간 정도인 재료라는 뜻이 된다.

그러나 전기저항이 중간이라는 것만으로는 반도체의 조건을 만족하지 못한다. 전기저항이 중간인 것들이 모두 전자 부품으로서 반도체 특성을 나타내는지 묻는다면, 그렇지는 않기 때문이다.

반도체가 가진 최대 특성은 불순물을 첨가했을 때 전기저항이 '절연체'에 가까운 상태에서 '도체'에 가까운 상태로 성질이 변화한다는 것이다. 반도체란 조건에 따라 절연체나 도체의 성질을 띠는 이중인격자 같은 존재다. 이 같은 성질이 바로 '반도체'이며, 이 덕분에 슈퍼 전자 부품인 집적회로를 만들 수 있다.

LSI를 구성하는 단위의 최소 부품이 다이오드나 트랜지스터다. 다이오드와 트랜지스터의 내부는 반도체 일부에 불순물을 첨가한 PN 접합이라는 영역으로 이뤄져 있

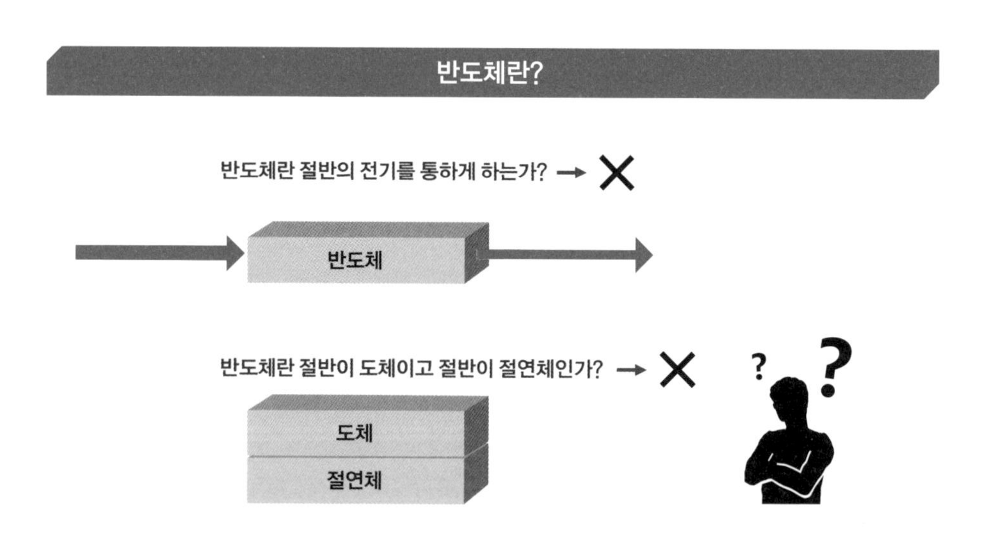

• **전기저항** : 엄밀히 따지면 전기저항(Ω)이 아니라 전기저항률(ρ). 전기저항률은 22쪽 '1-4 반도체 재료인 실리콘은 무엇일까?'를 참고.

다. PN 접합이야말로 전자회로(다이오드, 트랜지스터)의 기본 작동에 꼭 필요하다. 따라서 절연체 안에 불순물을 첨가해서 '도체'(P형, N형 도체)가 될 수 있는 재료, 다시 말해 반도체가 집적회로가 될 수 있는 것이다.

전기저항이란?

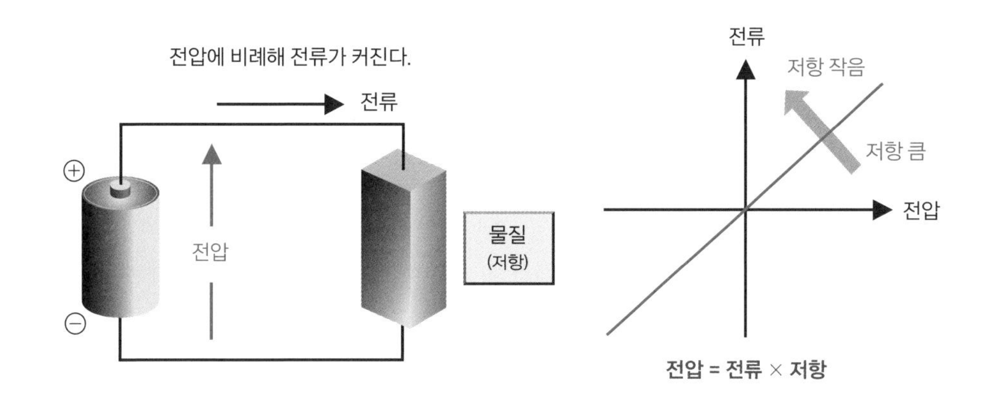

반도체의 특성

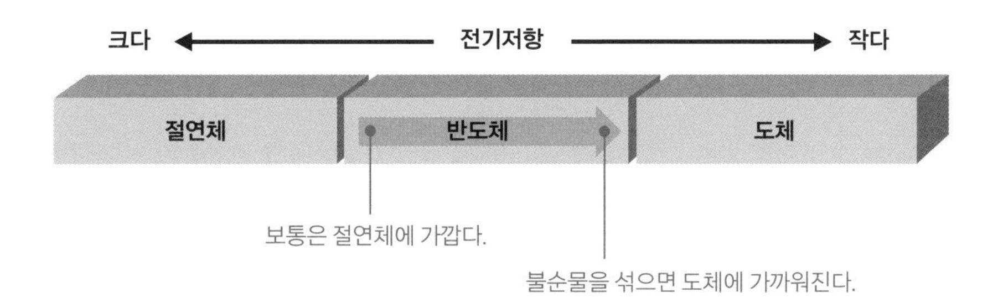

1-02 도체와 절연체의 차이점은?

철이나 구리처럼 금속인 도체는 전기가 매우 잘 흐른다. 반대로 비닐이나 플라스틱 같은 절연체는 전기가 흐르지 않는다. 전기가 흐른다는 것은 물질 속에 자유전자(돌아다닐 수 있는 전자)가 있고, 그것이 이동한다는 뜻이다.

자유전자와 전기저항

전기가 잘 흐른다는 것은 대체 무슨 뜻일까? 물은 압력이 높은 쪽에서 낮은 쪽으로 흐른다. 전기로 치면 물의 흐름에 해당하는 것이 전류인데, 흐르는 물이 전자에 해당한다. 전기 흐름, 그러니까 전류는 전자 덩어리(전하)가 물질 속에서 흘러 이동하는 것이다. 그리고 전자를 흐르게 만드는 것이 수압에 해당하는 전압이다. 수압과 마찬가지로 전압이 크면 많은 전류가 흐르고, 전자는 전류와 반대 방향으로 움직인다.•

여기서 전자의 관점으로 도체와 절연체에 대해 생각해 보자. 도체 안에는 움직이며 돌아다닐 수 있는 **자유전자**•가 많이 있다. 그리고 전압을 가하면 자유전자가 밀려나

전압, 전류를 물의 흐름에 비유하면

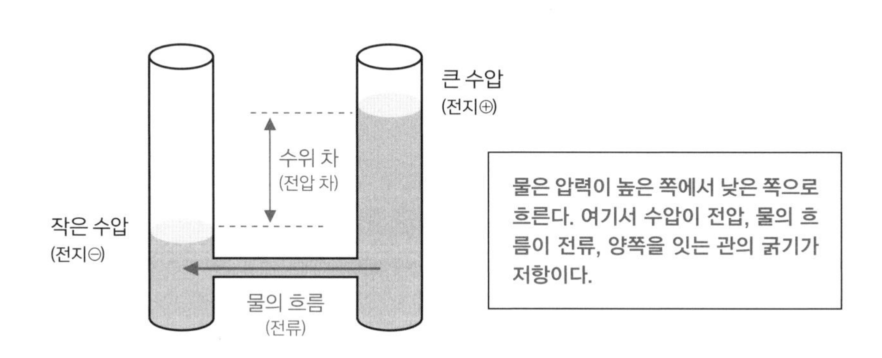

- **전자는 전류와 반대 방향으로 움직인다** : 이 부분이 전자를 설명할 때 어려운 부분인데, 여기서는 일단 이렇게 알고 넘어가자.
- **자유전자** : 19쪽 '1-3 반도체의 이중인격'을 참고

듯 이동해서 전류가 된다. 절연체에는 이렇게 움직이며 돌아다니는 자유전자가 없다. 전자는 있어도 원자가 붙잡고 있어 움직이지 못하기 때문에 자유전자가 아니다. 따라서 전자가 이동하지 않아 전류는 흐르지 않는다.

전기저항이란 자유전자가 얼마나 움직이기 쉬운지를 나타낸다. 즉 전기저항이 크다는 것은 도체 안에 돌아다니는 자유전자가 적으며, 자유전자도 도체 물질 속의 원자와 부딪쳐 저항을 받기 때문에 전류가 흐르기 어렵다는 뜻이다. 반대로 전기저항이 작다는 것은 자유전자와 비교해 도체 물질 속의 원자가 적기 때문에 충돌이 없어서 전류가 수월하게 흐른다는 뜻이다.

자유전자와 비교해 도체 물질 속의 원자가 많으면 충돌 저항을 많이 받기 때문에 열이나 빛이 발생한다. 전열기에 이용하는 니크롬선은 전기저항이 커서 열이 발생하는데, 일부러 저항을 크게 해서 발생한 열을 이용하는 것이다. 전구의 필라멘트가 빛을 만들어내는 것과 같은 이치다.

전기저항의 크기 정도를 나타내는 전기저항률의 값은 절연체가 10^{18}~$10^{8}\Omega cm$, 도체가 10^{-4}~$10^{-8}\Omega cm$이고, 반도체는 그 중간인 10^{8}~$10^{-4}\Omega cm$이다. (자세한 내용은 23쪽의 그림을 참고) 이처럼 반도체의 전기저항은 도체와 절연체의 중간에 위치하지만, 전기저항률의 범위는 절연체와 도체 사이의 약 10^{12} 자리에 이를 만큼 넓으며, 온도의 영향을 받는다는 특징이 있다.

전압을 가하면 전류가 흐른다

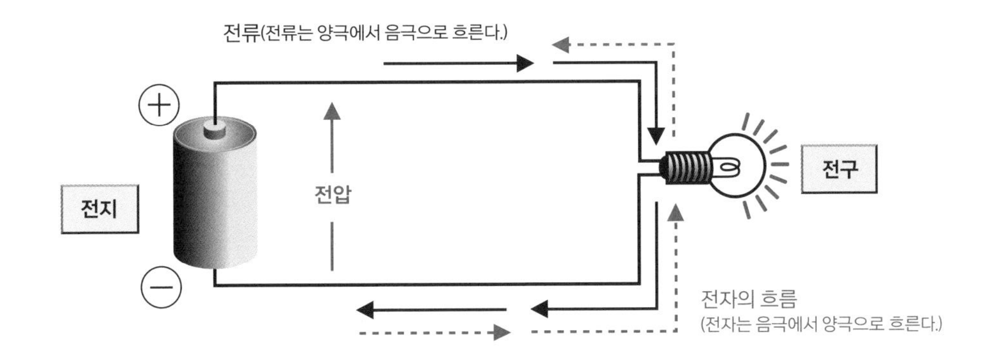

도체, 절연체의 전자와 자유전자

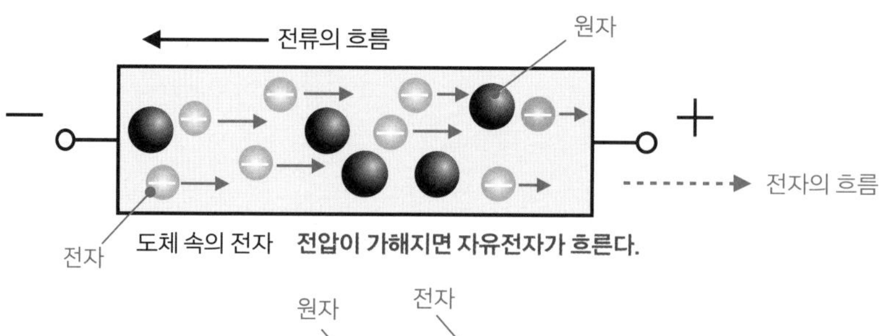

도체 속의 전자 **전압이 가해지면 자유전자가 흐른다.**

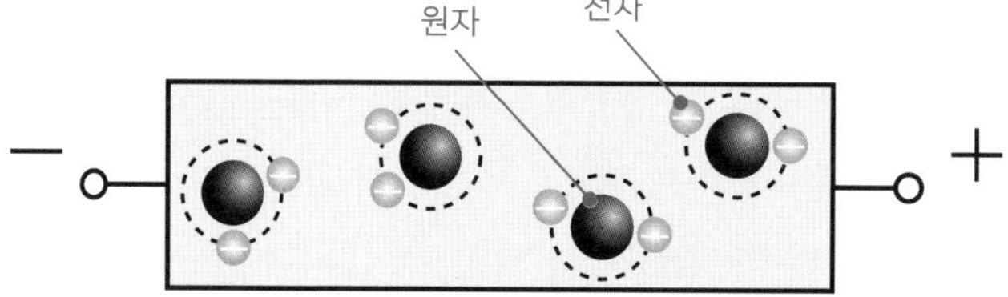

절연체 속의 전자 **전자가 원자에 속박돼 있으면 자유전자는 아니다.**
따라서 전압을 가해도 전류는 흐르지 않는다.

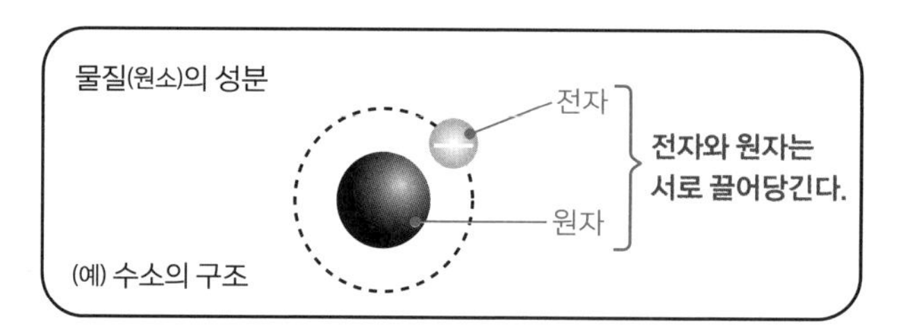

전기저항이란?

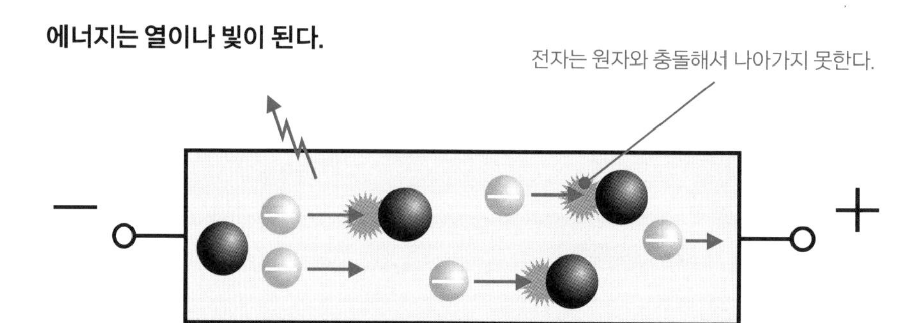

전기저항이란 자유전자는 있지만, 원자와 자꾸 부딪쳐서 전류가 수월하게 흐르지 않는 상태의 정도(바꿔 말하면 자유전자가 적은 상태)를 말한다.

반도체의 이중인격

반도체의 전기저항은 보통 절연체에 가까운 상태인데, 불순물을 첨가하면 도체가 된다. 이는 불순물이 반도체 구조 안으로 들어가면서 자유전자가 생기고, 그 자유전자 덕분에 전기가 흐르는 도체로 변질하기 때문이다.

에너지 구조 이해하기

반도체, 그러니까 IC나 LSI의 기본이 되는 반도체 재료의 대표 선수는 실리콘•이다. 여기서는 실리콘을 예로 들어 에너지 구조를 이해한 다음, 도체로 변하는 과정을 설명한다.

모든 원소는 원자핵과 전자로 이뤄졌다. 실리콘 원소(Si)의 원자 구조는 아래 그림을 보자. 한가운데에 Si 원자핵이 있고, 그 주위(전자 궤도)에 전자(일렉트론)가 원자에 속박돼 있다. 이 전자는 자유롭게 이동할 수 없다.

이 속박된 전자는 에너지 구조도•의 가전자대에 있다. 가전자대의 전자가 전류에

실리콘 원자의 구조

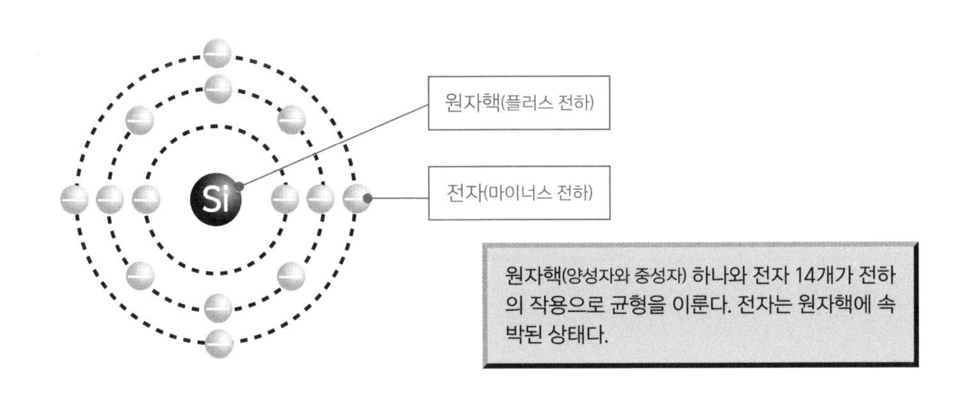

- **실리콘 :** 34쪽 '1-7 LSI를 탑재한 기판, 실리콘 웨이퍼 만드는 법'을 참고
- **에너지 구조도 :** 20쪽에서 설명

이바지하는 자유전자가 되려면, 금지대라는 에너지 갭을 뛰어넘어 전도대로 가야 한다. 여기서 순수한 반도체(진성 반도체)에 불순물을 첨가하면, 전자는 일반적으로 뛰어넘을 수 없었던 금지대를 넘어 자유전자가 존재하는 전도대로 갈 수 있다. 이렇게 전도대에 자유전자가 존재하는 상태에서 전압을 가하면, 전류가 흘러 도체의 성질을 띠는 것이다.

이것을 가전자대=지하 주차장, 금지대=지상으로 가는 언덕, 전도대=도로, 전자=자동차로 비유해서 설명하겠다. 먼저 자동차(전자)는 지하 주차장(가전자대)의 정해진 주차 공간에 반듯하게 주차(속박)돼 있다.

도체에서는 지상 출구까지 가는 거리(금지대)가 짧고, 경사가 완만해서 상온에서도 간단히 도로(전도대)로 올라가 달릴(전류가 될) 수 있다.

그런데 절연체에서는 지상 출구까지 가는 거리(금지대)가 길고, 언덕이 가팔라서 올라가지 못한다. 결국 자동차(전자)는 도로(전도대)로 나가지 못해 달릴 수 없다.(전류가 흐르지 않는다.)

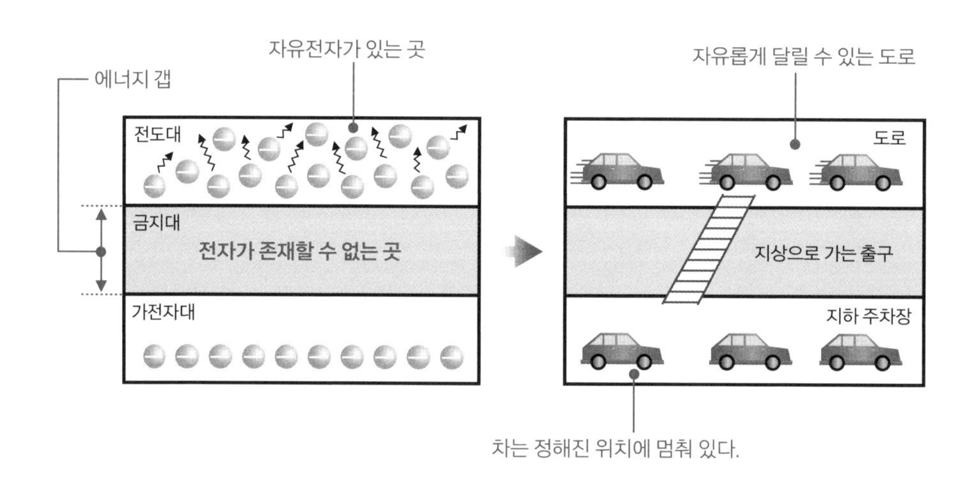

● **에너지 구조도 :** 결정의 전자 에너지 상태를 나타낸다. 실리콘 결정의 에너지 구조도가 위 그림의 왼쪽이다. 결정 속의 전자 에너지 상태는 각각 원자에 대응하고, 전자가 자유롭게 움직일 수 있는 '전도대', 전자가 속박돼 존재하는 '가전자대', 전도대와 가전자대 사이에서 전자가 존재하지 않는 '금지대'가 된다. 금지대의 폭이 에너지 갭이고, 이 값은 반도체 재료에 따라 달라진다.

반도체는 지상 출구까지 가는 거리(금지대)가 도체와 절연체의 중간이어서 고급 휘발유를 써서 마력을 올리면(불순물을 첨가하면) 언덕을 올라가 도로(전도대)까지 나갈 수 있다. 도체처럼 도로(전도대)를 달릴(전류를 흐르게 할) 수 있는 것이다.

이때 고급 휘발유를 사용(불순물 첨가)해서 마력을 올리는 것은 흡사 가전자대의 전자에 에너지를 주는 작용과 비슷하다. (더 자세한 설명은 29쪽 '1-6 N형 반도체, P형 반도체의 에너지 구조'를 참고)

보통 도체의 경우, 에너지 갭을 뛰어넘는 에너지원으로 온도가 있다. 상온에서도 자유전자가 가득하고 저항은 작다. 진성 반도체도 고온에서는 자유전자가 몇 개쯤 생기고, 전기저항은 상온 때보다 작아진다.

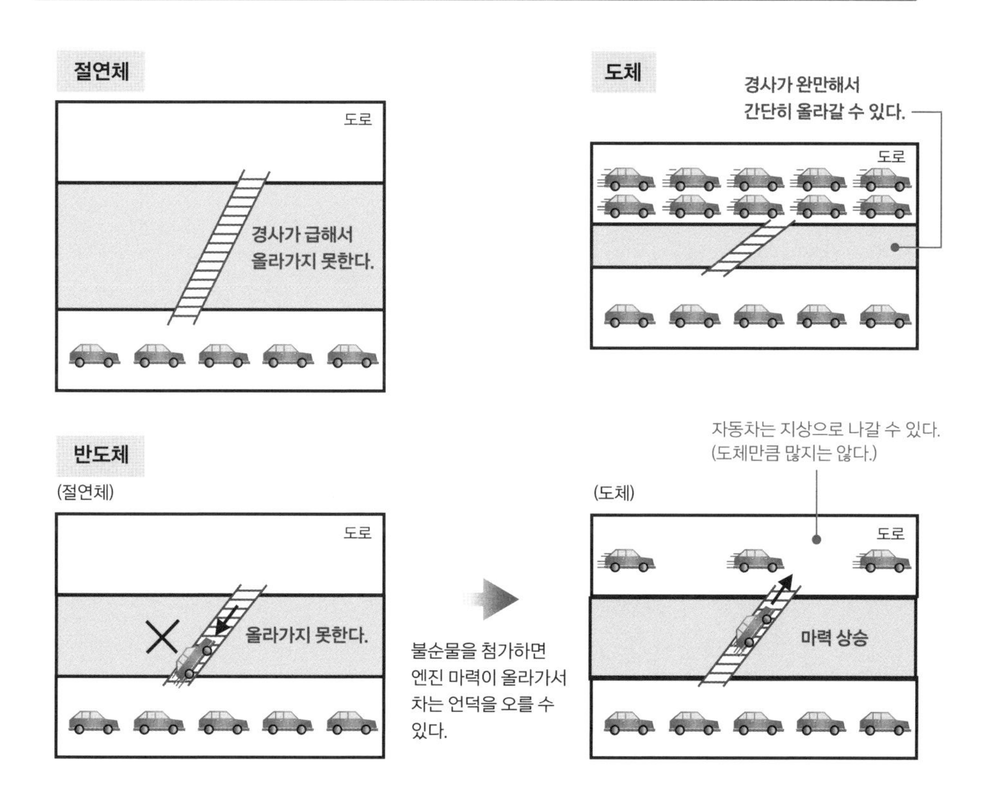

반도체 재료인 실리콘은 무엇일까?

현재 전자 기기의 집적회로용 반도체 재료로 가장 널리 사용되는 것이 실리콘(실리콘 웨이퍼)이다. 반도체용 실리콘은 지구상에 천연으로 존재하는 산화 실리콘으로 만들고, 초고순도 단결정 구조를 띤다.

실리콘의 특성

반도체 재료인 **실리콘**은 지구상에 두 번째로 많이 존재하는 원소•다. 규소라고도 부르는데, 원소 기호는 Si로 나타낸다. 우리와 매우 가까운 존재인데, 흙모래나 돌의 주성분이 바로 실리콘이다. 그러나 실리콘은 산소와 묶이거나, 대부분 규석이라는 산화물(SiO_2) 형태로 존재한다.

반도체 재료로 이용하는 실리콘은 규석을 환원하고 증류해서 규소의 순도를 99.999999999%까지 높인 것이다. 다음 페이지에 나온 원소 주기율표에서 볼 수 있듯이, 실리콘은 Ⅳ족의 원소로 원자 번호는 14다. 원소 번호 32인 게르마늄(Ge)과 함께 반도체에 단독으로 이용한다. 또한 Ⅲ~Ⅴ족에서 원소 2종을 이용한 갈륨비소(GaAs), 갈륨인(GaP) 등의 화합물 반도체(원소 2종 이상으로 만든 반도체)도 요즘에는 광통신 관련 반도체에 자주 이용된다.

실리콘의 결정격자는 구조가 게르마늄, 탄소(C)와 같은 다이아몬드의 결정이며, 정사면체라서 매우 안정적이다. 실리콘은 가장 바깥쪽 전자 궤도에 전자가 4개 있다.• 실리콘 결정은 이웃하는 실리콘 원자가 서로의 원자를 공유해서 각 원자가 전자 8개를 가진 상태가 됐을 때 결합한다.• 따라서 이 상태에 있는 전자는 매우 안정적이며 대부분 전기전도에 관여하지 않는다. 그래서 전류가 흐르기 어려워 전기저항률은 약 $10^3 \Omega cm$다. 이것이 도체도 절연체도 아니며, 불순물을 전혀 포함하지 않은 고순도 단결정 실리콘 반도체(**진성 반도체**)다.

- **실리콘 :** 참고로 가장 많은 원소는 산소다.
- **가장 바깥쪽 전자 궤도에 있는 전자 :** 가전자라고 하며 전기전도에 관여한다.
- **원자 결합 :** 25쪽 '1-5 불순물 종류에 따라 P형 반도체와 N형 반도체가 된다'를 참고

원소 주기율표

II	III	IV	V	VI
	5B	6C	7N	8O
	13Al	14Si	15P	16S
30Zn	31Ga	32Ge	33As	34Se
48Cd	49In	50Sn	51Sb	52Te

표에서 색이 칠해진 부분이 주로 단독으로 반도체에 이용된다.

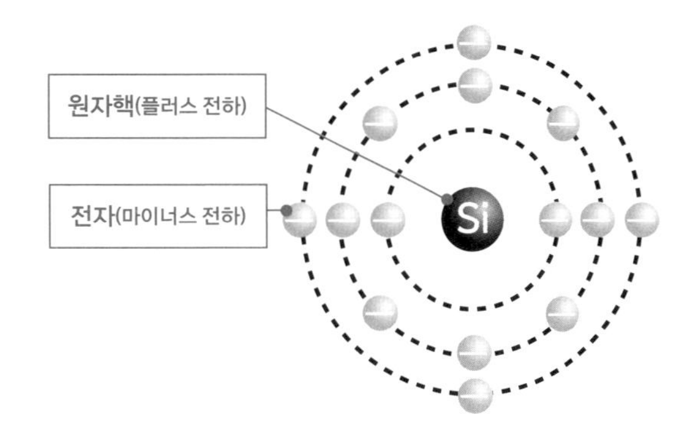

도체, 반도체, 절연체의 전기저항률

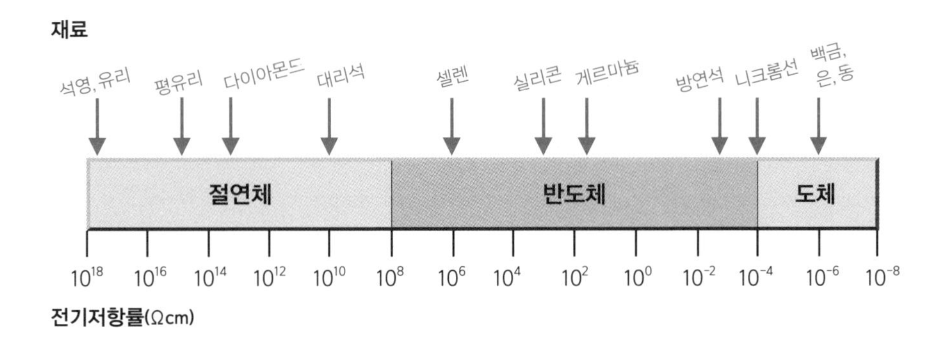

집적회로의 반도체 기판으로 쓰이는 실리콘 웨이퍼는 실리콘 단결정을 끌어 올릴 때 P형 혹은 N형의 불순물을 약간 첨가해서 P형이나 N형의 실리콘 잉곳을 만들고, 이를 원반 모양으로 얇게 썰어서 반질반질하게 닦은 것이다. 자세한 내용은 '1-7 LSI를 탑재한 기판, 실리콘 웨이퍼 만드는 법'(34쪽)을 참고하기를 바란다.

실리콘이 반도체 재료로 쓰이는 이유는 재료를 구하기 쉽다는 이유도 있지만, 반도체 소자를 제조할 때 필요한 **절연막**●을 **실리콘 산화막**(SiO_2)으로 쉽게 만들 수 있다는 점도 크다.

전기저항률

전기저항의 크기는 실제로 **전기저항률**을 이용한다. 같은 물질이라도 길이가 길면 저항이 커지고 단면적이 넓으면 저항이 작아지므로 전기저항만 표시한 수치로는 재료의 특성을 전부 나타낼 수 없다. 그래서 크기와 상관이 없도록 단위 단면적/단위 길이당 저항값이라는 전기저항률을 쓰는 것이다.

전기저항률

각 변이 1cm인 정육면체가 1Ω라면, 그 전기저항률은 1Ωcm가 된다.
전기저항률은 단위 면적/단위 길이당 저항값으로 나타낸다.

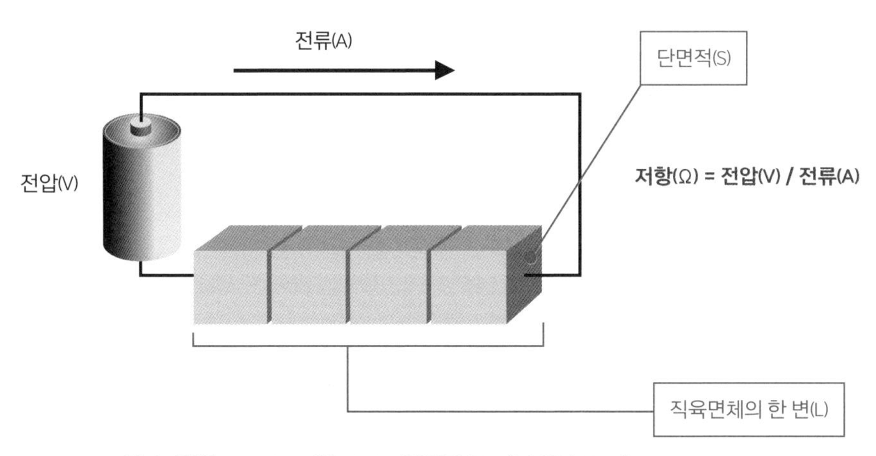

전기저항률 ρ(Ωcm) = 저항 R(Ω)×[단면적 S(cm^2) / 길이 L(cm)]
이 그림의 직육면체는 R = 4Ω, S / L = 1/4로 ρ = 1Ωcm이므로
정육면체 1개와 같다.

● **절연막** : 자세한 내용은 167쪽 '제6장 LSI 제조의 전 공정'을 참고

불순물 종류에 따라 P형 반도체와 N형 반도체가 된다

불순물을 전혀 포함하지 않은 고순도 단결정 반도체(진성 반도체)에 불순물로 인(P), 비소(As), 안티모니(Sb)를 첨가한 것이 N형 반도체이고, 알루미늄(Al), 붕소(B)를 첨가한 것이 P형 반도체다.

실리콘의 원자 구조

실리콘은 중심에 원자핵(양성자와 중성자로 이뤄졌으며 전하는 플러스)이 있고, 원자핵에 붙잡혀 있는 형태로 그 주변의 궤도(전자 궤도라고 부름)에 전자(마이너스 전하) 14개가 있다. 여기서 전자를 붙잡고 있는 구속력은 플러스 전하와 마이너스 전하의 힘겨루기에 따라 달라진다.

가장 바깥쪽에 있는 전자 궤도의 전자를 **가전자**라고 하는데, 원자의 결합이나 전기전도에 기여한다. 실리콘 단결정은 가전자 4개가 서로 이웃하는 실리콘 원자의 가전자를 공유하고, 가장 바깥쪽 전자 수가 8개일 때 안정된 결정을 만든다. 이 상태에서 전자는 원자에 강하게 속박돼 대부분 전기전도에 기여할 수 없다. 저항률은 $10^3\Omega cm$이며 도체도 절연체도 아닌, 이른바 순수한 반도체(불순물이 없는 진성 반도체) 상태다.

단결정이란 모든 원자와 원자 사이의 결정(結晶) 방향이 3차원적으로 반복되는 배열을 가진 결정 구조다. 그와 달리 다결정은 결정 방향이 다양한 미소(微小) 결정이 응집된 구조다. 또한 비결정성(amorphous)은 규칙성이 없고, 배열 구조가 완전히 랜덤(random)한 상태다. 실리콘에는 이런 단결정 실리콘, 다결정 실리콘, 비결정성 실리콘 상태가 있다.

실리콘 원자의 구조

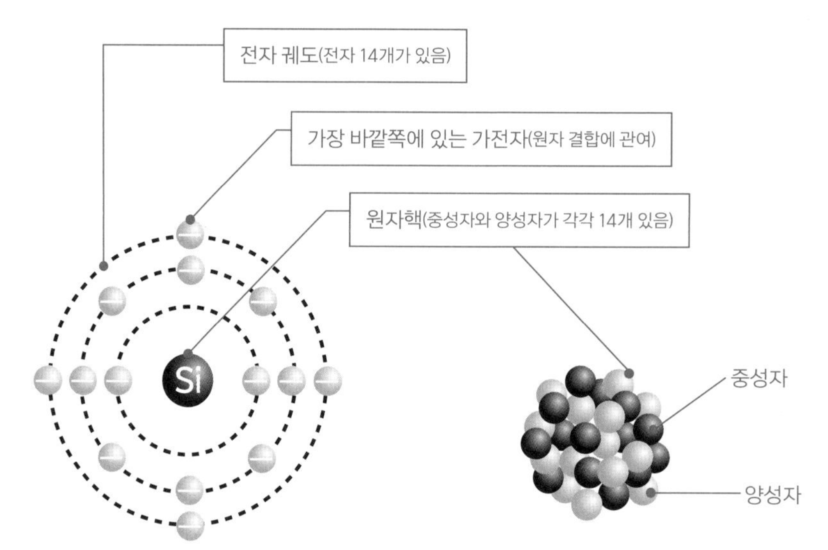

양성자는 플러스 전하, 전자는 마이너스 전하를 띤다.
중성자는 전하를 띠지 않는다.

실리콘 결정(단결정)

실리콘 원자는 가전자가 8개이면 가장 안정된 상태다.
자유전자는 없고 전도에 기여하지 않는다.

■ 그림에서 가장 바깥쪽의 전자 궤도에 있는 가전자만 그렸다.

N형 반도체

실리콘 단결정에 인(P) 같은 5가원소(가전자 5개가 있는 원소)를 조금 불순물로 첨가한 것이 **N형 반도체**다. 실리콘은 가전자가 4개, 인은 가전자가 5개 있다. 이 경우에 가장 바깥쪽은 가전자가 8개이면 안정하기 때문에 가전자 1개는 남아서 원자에 구속받지 않고 자유롭게 움직일 수 있는 전도대에서 자유전자가 된다.

이 자유전자가 전도에 기여하기 때문에 저항률이 1/1,000에서 1/10,000로 급격히 내려가 도체에 가까워지는 것이다. 전자를 일렉트론이라고도 부르는데, 특히 전도에 기여하는 자유전자를 캐리어라고 부른다. 일렉트론이 마이너스(Negative) 전하를 띤다고 해서 N형 반도체라고 부른다.

P형 반도체

실리콘 단결정에 붕소(B) 같은 3가원소를 조금 불순물로 첨가한 것이 **P형 반도체**다. 여기서 실리콘은 가전자 4개, 붕소는 가전자 3개가 있다. 가장 바깥쪽은 가전자가 8개

실리콘에 미량의 인을 첨가한 경우

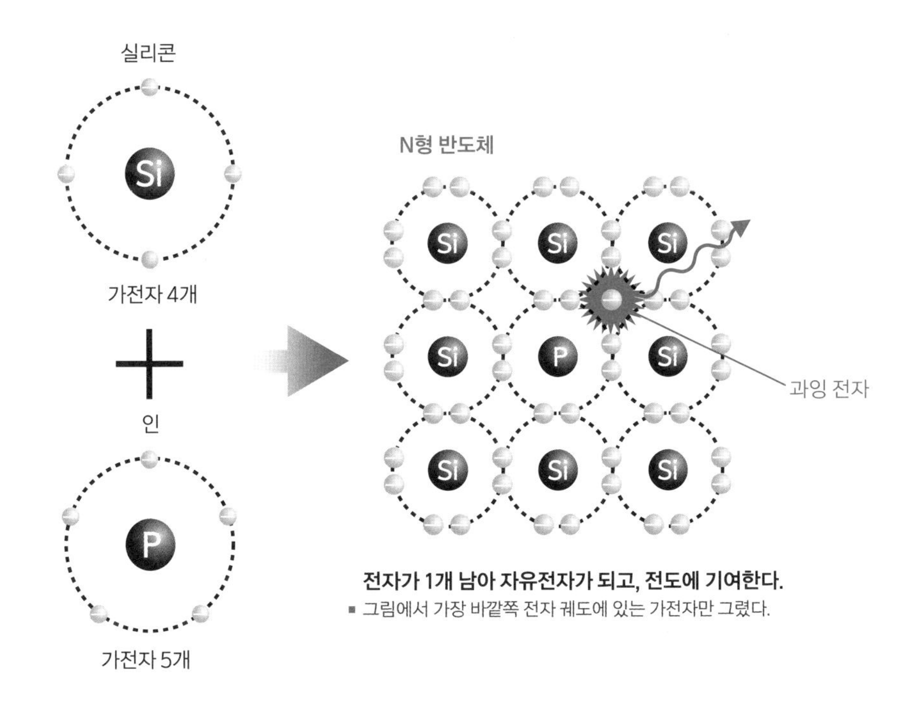

전자가 1개 남아 자유전자가 되고, 전도에 기여한다.

■ 그림에서 가장 바깥쪽 전자 궤도에 있는 가전자만 그렸다.

이면 안정하기 때문에 가전자가 1개 부족해져서 전자가 있어야 할 장소가 생긴다. 이것을 **홀**이라고 부른다.

홀에는 전자가 들어갈 수 있기 때문에 옆에서 전자가 이동해 온다. 그러면 이동한 전자가 있던 자리 역시 홀이 되고, 또 전자가 자리를 옮긴다. 이러한 자유 홀은 결과적으로 자유전자와 마찬가지로 전도에 기여한다. 그 방향은 당연히 전자와 반대가 되기 때문에 전류와 방향이 같아진다. 전도에 기여하는 홀도 **캐리어**라고 부르는데, 캐리어인 홀이 플러스(Positive) 전하를 띠기 때문에 P형 반도체라고 한다.

사실 상온에서도 N형 반도체에는 홀이, P형 반도체에는 전자가 약간 존재한다. 이들을 '소수 캐리어'●라고 부른다. 소수 캐리어는 MOS 트랜지스터● 작동에서 중요한 역할을 한다.

실리콘에 미량의 붕소를 첨가한 경우

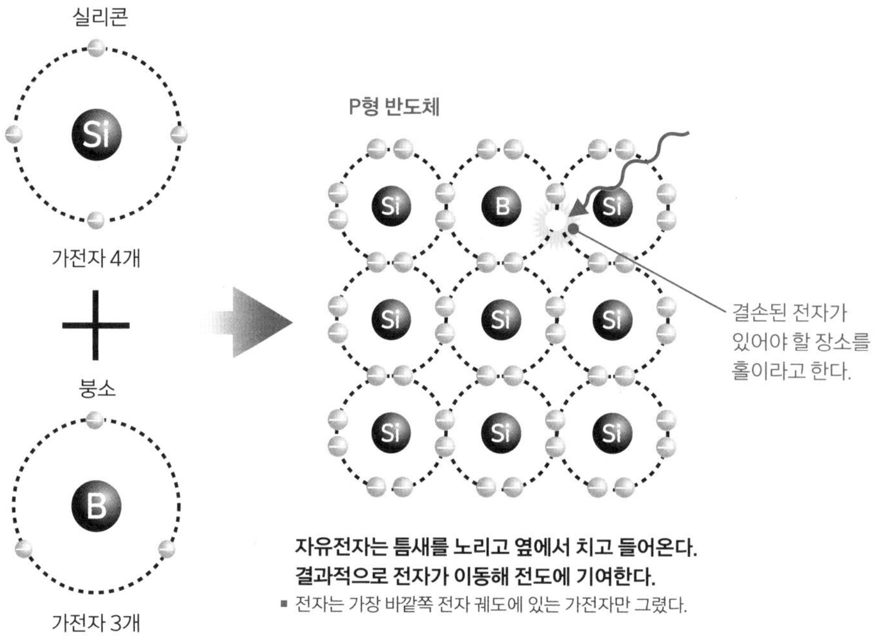

실리콘

Si

가전자 4개

붕소

B

가전자 3개

P형 반도체

Si B Si

Si Si Si

Si Si Si

결손된 전자가 있어야 할 장소를 홀이라고 한다.

자유전자는 틈새를 노리고 옆에서 치고 들어온다.
결과적으로 전자가 이동해 전도에 기여한다.

■ 전자는 가장 바깥쪽 전자 궤도에 있는 가전자만 그렸다.

● **소수 캐리어 :** 이와 반대로 많이 있는 캐리어는 다수 캐리어라고 부른다. 32쪽 '다수 캐리어와 소수 캐리어'를 참고.

● **MOS 트랜지스터 :** 82쪽 '3-4 LSI의 기본 소자, MOS 트랜지스터란?'을 참고

N형 반도체, P형 반도체의 에너지 구조

진성 반도체에 첨가된 불순물은 N형 반도체에서는 도너(donor), P형 반도체에서는 억셉터(acceptor)로 활동한다. 마력이 상승한 원인은 바로 불순물을 첨가하면서 에너지 구조에 새로운 에너지 레벨인 도너 준위와 억셉터 준위가 생성됐기 때문이다.

절연체, 반도체, 도체의 에너지 구조

에너지 구조란 물질(결정)의 전자 에너지 상태를 표준 형식으로 나타낸 것이다. '반도체의 이중인격'(19쪽)을 복습하면서 다시 한번 전자 에너지 구조에 따른 도체, 절연체, 반도체의 차이를 정리해 보자.

실리콘 결정의 전자 에너지 구조는 전자가 자유롭게 움직일 수 있는 전도대, 전자가 가득 차 있지만 속박돼 움직일 수 없는 가전자대, 전자대와 가전자대 사이에서 전자가 존재하지 못하는 금지대, 이렇게 세 영역(대)으로 나타낼 수 있다. 여기서 금지대의 폭을 에너지 갭이라고도 부르는데, 이 값은 반도체 재료에 따라 달라지며 실리콘에서는 1.17eV(전자볼트)다.

도체는 금지대가 없거나, 혹은 가전자대와 전도대가 포개진 상태다. 그래서 실온 부근의 열에너지 때문에 쉽게 여기[에너지가 가장 낮은 바닥상태보다 높아지는 것]되고, 전자는 가전자대에서 전도대로 뛰어넘을 수 있어서 전도대에는 많은 자유전자가 존재한다. 따라서 전압을 가하면 자유전자가 이동해서 전류가 흐른다. 절연체는 금지대의 폭이 매우 넓어서, 가전자대의 전자가 금지대를 뛰어넘을 수 없는 탓에 전도대에 자유전자가 없다. 즉 전압을 가해도 전류가 흐르지 않는다.

반도체는 금지대의 폭이 도체와 절연체 중간쯤이며, 절연체만큼 폭이 넓지 않다. 그래서 어떤 에너지를 받아 여기 상태가 될 수 있다. 예를 들어 불순물을 첨가하면 마력이 상승하는 에너지가 되기 때문에 가전자대의 전자가 금지대를 뛰어넘어 전도대에 도달할 수 있다. 그 결과, 반도체의 특성은 절연체에서 도체로 변하고 전도대에 자유전자가 존재한다. 이때 전압을 가하면 자유전자가 이동해서 전류가 흐른다.

도체, 반도체, 절연체의 에너지 구조

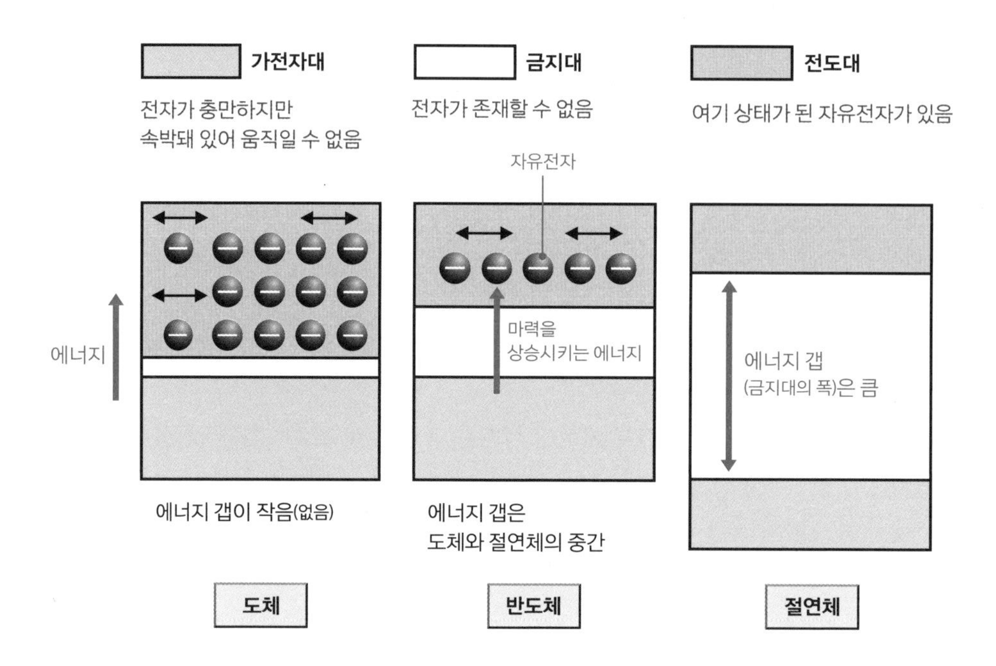

N형 반도체의 에너지 구조

N형 반도체는 진성 반도체인 실리콘 단결정에 인 같은 불순물을 조금 첨가한 것이다. 지금까지는 인을 첨가하면 (마력 상승) 에너지를 얻은 가전자대의 전자가 에너지 갭을 뛰어넘어 전도대에 도달하고, 자유전자가 된다고 말했다. 그러나 정확히 말하자면 가전자대의 전자는 직접 에너지를 얻은 것이 아니라 금지대 안의 새로운 에너지 레벨을 이어받아 전도대에 도달한 것이다.

불순물로 인이 첨가되면 실리콘 일부가 인으로 대체돼 과잉 전자 1개는 자유전자가 된다고 앞서 설명했다. 인의 입장에서 보면, 전자 하나를 잃어버려 움직일 수 없고 양이온화된 불순물 원자(**도너**•)가 생겼다고 할 수 있다. 이 상태를 N형 반도체의 에너지 구조에서 보면, 첨가한 불순물 인이 금지대 안의 전도대 아래 근방에 **도너 준위**라는 에너지 레벨을 생성한 셈이 된다.

• **도너 :** 제공자. 전자를 전도대로 방출하는 것.

도너 준위에서 전도대까지의 에너지 갭은 실리콘 반도체의 약 1/20로 이 때문에 실온 부근의 온도 영역에서 쉽게 전도대로 여기(방출)돼 자유전자가 될 수 있다. 이것이 마력을 상승시키는 에너지의 정체다. 이 에너지가 전도대로 자유전자를 뛰어오르게 만든다.

P형 반도체의 에너지 구조

P형 반도체도 똑같다. 불순물로 붕소가 첨가되면 실리콘 일부가 붕소로 대체되고, 전자 1개가 결손돼 다른 곳이 전자를 뺏기가 쉬워진다. 이것을 붕소 쪽에서 보면, 홀이 전자를 받아들일 수 있는 상태에서 전자를 받아들여 움직이지 못하는 음이온화된 불순물 원자(**억셉터**•)가 생겼다고 생각할 수 있다.

이 상태는 첨가한 불순물인 붕소가 금지대 안의 가전자대 위 근방에서 **억셉터 준위**라는 에너지 레벨을 만들었다는 뜻이다. 이 상태에서 가전자대에 구속된 전자는 억셉터 준위까지의 에너지 갭이 작다. 이 때문에 쉽게 억셉터로 여기(수령)돼 자유 홀이 생기는 것이다. 혹은 반대로 생각하면 억셉터가 가전자대로 홀을 방출한다고 볼 수도 있다.

N형 반도체, P형 반도체의 에너지 구조

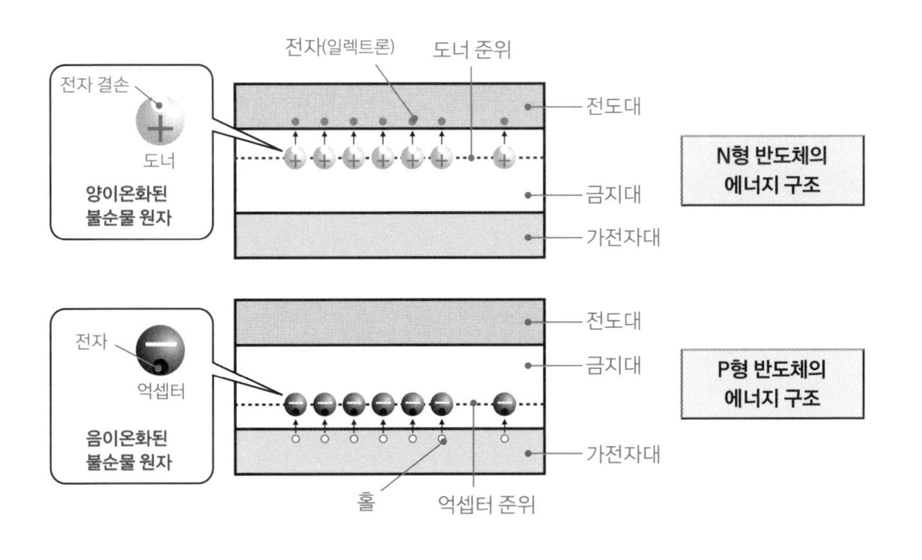

• **억셉터 :** 수령자. 전자를 가전자대에서 받는 것. (홀을 가전자대로 방출하는 것)

다수 캐리어와 소수 캐리어

반도체 안에는 전기전도에 기여하는 캐리어(반도체 안에서 전류의 근원이 되는 전하를 옮기는 역할)가 있는데 N형 반도체에서는 전자(일렉트론)가, P형 반도체에서는 홀이 그 역할을 한다.

이 캐리어는 반도체 학계에서 **다수 캐리어**라고 부른다. 지금까지 진성 반도체는 불순물을 포함하지 않는 고순도 단결정이기 때문에 캐리어가 되는 전자나 홀이 없다고 설명했는데, 실제로는 실온 부근의 온도(열에너지)에 따라 가전자대에서 전도대로 직접 여기된 전자나 홀이 미량(자릿수가 다를 정도로 매우 소량)이지만 존재한다. 따라서 N형 반도체에도 미량의 홀이, P형 반도체에도 미량의 전자가 존재하며 이들 캐리어를 다수 캐리어와 반대되는 **소수 캐리어**라고 부른다. 그러니까 N형 반도체에서는 다수 캐리어가 전자이고 소수 캐리어가 홀이며, P형 반도체에서는 다수 캐리어가 홀이고 소수 캐리어가 전자다.

이제부터 설명할 N형 반도체와 P형 반도체를 접합한 다이오드에서는 다수 캐리어로 그 작동을 설명할 수 있다. 하지만 트랜지스터의 작동을 설명할 때는 다수 캐리어와 함께 소수 캐리어의 움직임이 큰 역할을 한다.

반도체의 불순물 농도와 전기전도도

반도체의 전기전도도(전류가 흐르기 쉬운 정도)는 다수 캐리어의 수에 의존하기 때문에 그 근원이 되는 도너 혹은 억셉터가 되는 불순물의 양(불순물 농도)에 의존한다. 따라서 불순물의 종류(도너, 억셉터)나 농도를 바꾸면 반도체 성질이 바뀌고(절연체에서 도체로 변질) 그 덕분에 현재와 같은 반도체 제품을 제조할 수 있게 됐다.

반도체의 전기전도도는 전기저항률•(전류가 흐르기 어려운 정도, 단위 Ωcm)로 나타낸다. 전기저항률과 캐리어가 되는 도너나 홀을 생성하는 불순물 농도는 반비례 관계다. 그러나 불순물 농도가 증가하면 이동도•가 감소하기 때문에 정확한 반비례는 아니다. 이렇게 반도체에서 전기전도도는 불순물 농도(불순물 첨가량)로 제어할 수 있다.

- **전기저항률 :** 자세한 내용은 22쪽 '1-4 반도체 재료인 실리콘은 무엇일까?'를 참고
- **이동도 :** 반도체의 캐리어인 전자나 홀의 평균 속도는 전장이 비교적 작은 경우에는 전계의 크기에 비례한다. 이때의 비례 정수가 이동도다. (단위는 $cm^2/V \cdot sec$)

다수 캐리어와 소수 캐리어

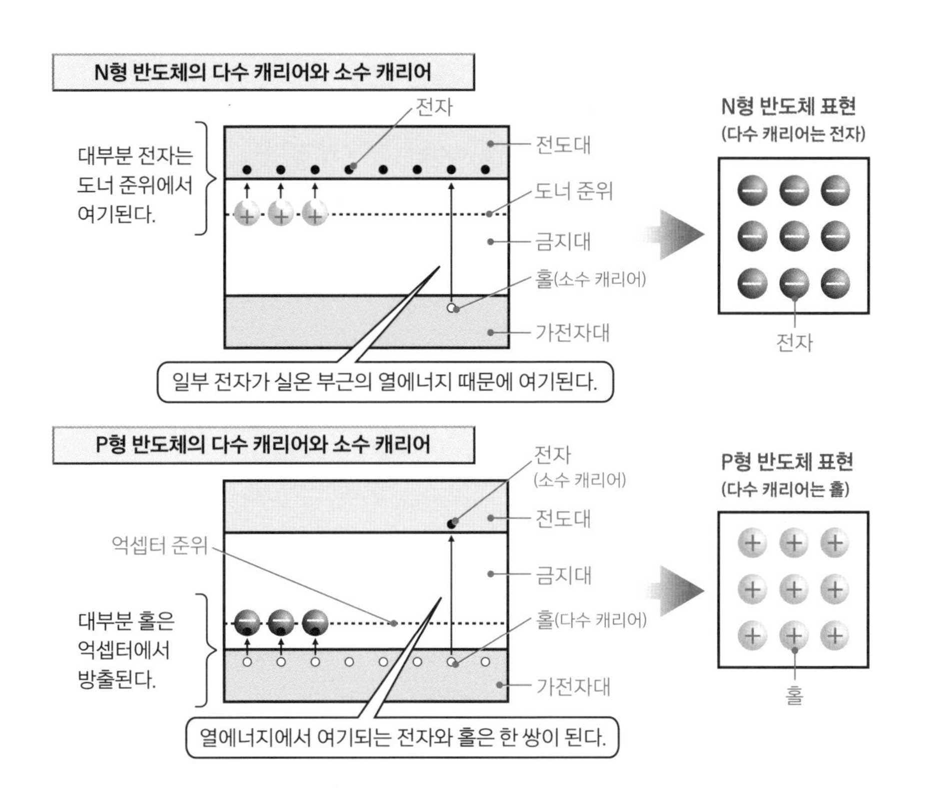

실리콘의 전기저항률과 불순물 농도

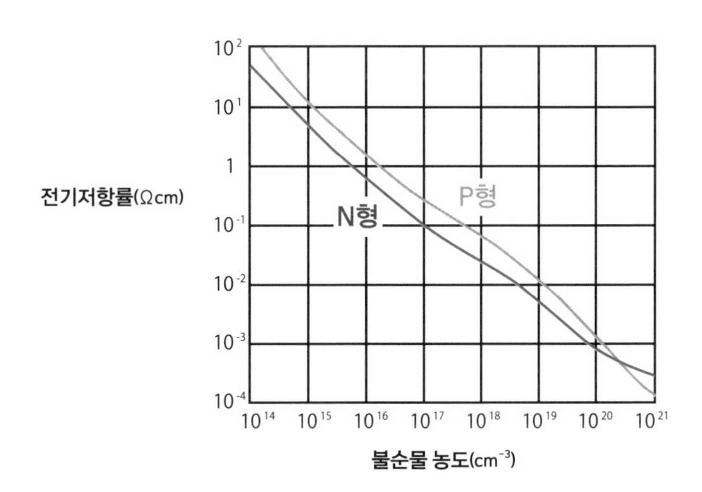

출처: J.C.Irvin, "Resistivity of Bulk Silicon and of Diffused Layer in Silicon", Bell System Tech. J., 41:387, 1962.

LSI를 탑재한 기판, 실리콘 웨이퍼 만드는 법

실리콘 웨이퍼는 고순도 단결정 실리콘을 원반 상태로 얇게 썰어서 반질반질하게 닦은 것이다. 이 웨이퍼 위에 전자회로를 만든다. 초고집적·미세화 구조인 LSI를 제조하려면 평탄도, 굴절, 청정도, 결정 결함, 산소 농도, 전기저항 등 정밀한 요소를 제어해야 한다.

실리콘 웨이퍼의 제조 공정

실리콘 웨이퍼는 어떻게 제조하는지, 그 흐름을 순서대로 간단히 살펴보자.

1 다결정 실리콘 제조

반도체 실리콘의 원료인 실리콘은 자연에서 단원자가 아닌 규석(SiO_2)으로 존재하며, 순도가 높은 것을 반도체 실리콘의 원료로 사용한다. 먼저 규석을 녹여서 98% 순도의 금속 실리콘을 만들고, 그다음에 **다결정** 실리콘을 만든다.

다결정 실리콘은 결정 방향이 랜덤인 미소 결정의 집합체다. 반도체 재료로 쓰려면 순도가 99.999999999%여야 한다. 이렇게 얻은 다결정을 다시 용해해서 결정 방향을 일정하게 만든 것을 **단결정**이라 한다.

2 단결정 실리콘(단결정 실리콘 잉곳) 제조

잉곳(덩어리) 상태의 단결정 실리콘을 제조하는 방법 중 하나인 CZ법(초크랄스키법)은 거칠게 빻은 다결정 실리콘을 석영으로 만든 도가니 안에서 융해하고, 석영 도가니를 회전시키면서 피아노선에 매단 실리콘 단결정의 작은 파편(시드라 부르는 종결정)을 실리콘 융액에 접융한 후, 시드를 천천히 회전시키면서 피아노선으로 서서히 끌어올려 고체화해서 만든다. 이때 도가니 안에 미량의 붕소(B), 인(P) 등 불순물을 첨가해 P형이나 N형 실리콘 단결정을 만든다.

3 잉곳 절단

잉곳을 특수한 다이아몬드 날이나 와이어 소 등으로 한 장씩 분리·절단해서 **웨이퍼**를 만든다. 분리한 후에 웨이퍼는 '베벨링'이라 불리는 목귀질 공정을 한다. 이는 IC 제조 공정에서 측면부에 흠이 나서 실리콘 부스러기가 생기거나 혹은 열처리 공정에서 주변부가 일그러져 결정 결함이 들어가는 것을 막기 위한 것이다.

4 웨이퍼 연마

목귀질이 끝난 웨이퍼는 입자가 고운 연마제를 포함한 연마액으로 기계 연마를 한 다음, 다시 측면부를 닦고 웨이퍼 표면을 화학적으로 경면 연마해서 반도체용 웨이퍼로 완성한다.

웨이퍼 사이즈와 칩의 개수

웨이퍼 사이즈가 크면 한 번에 만들 수 있는 칩의 개수도 많아진다. 따라서 실리콘 웨이퍼는 반도체 기술이나 제조 장치의 발전에 발맞춰 지름이 점점 커지고 있다. 현재 200mm 웨이퍼에서 300mm 웨이퍼로 이행하는 것이 주류인데, 이미 450mm 웨이퍼도 검토 중이다.

예를 들어 웨이퍼 지름을 200mm에서 300mm로 늘리면 웨이퍼 지름이 1.5배가 되기 때문에 그 표면적은 $1.5^2=2.25$, 다시 말해 2.25배가 된다. 지름이 점점 더 커지면 웨이퍼 주변의 데드 스페이스가 감소하거나 제조할 때 주변부가 흔들리는 영역이 상대적으로 감소한다. 이 때문에 만들 수 있는 칩의 개수는 점점 더 늘어난다.

▼ 200mm와 300mm 웨이퍼로 만들 수 있는 칩 개수 비교

칩 사이즈	만들 수 있는 개수	
	200mm 웨이퍼	300mm 웨이퍼
13×13mm	160개	380개(2.4배)
10×10mm	280개	650개(2.3배)
7×7mm	580개	1,360개(2.3배)
4×4mm	1,860개	4,260개(2.3배)

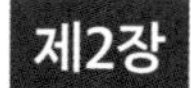

IC, LSI란 무엇인가?

LSI의 종류와 애플리케이션

전자 기기를 비약적으로 소형화·경량화·고성능화한 LSI는 개별 전자 부품(트랜지스터, 다이오드, 저항 등) 100만~수억 개 이상을 실리콘 웨이퍼 위에 만든 것이다. LSI는 전자회로나 기능 측면으로 분류할 수 있다. 이 장에서는 그중에서도 특히 메모리, ASIC, 마이크로 컨트롤러, 시스템 LSI 등을 설명한다.

2-01 고성능 전자 기기를 실현하는 LSI란 무엇인가?

저항, 콘덴서, 다이오드, 트랜지스터 등의 전자 부품을 실리콘으로 만든 반도체 기판 위에 집적한 전자회로를 집적회로•라고 부른다. 그중에 대규모인 것을 LSI•라고 하는데, 현재는 IC나 LSI나 거의 동의어로 사용한다.

LSI가 초래한 것

먼저 **LSI**가 기존 제품에 비해 장점이 얼마나 뛰어난지를 이해하자. 개별 전자 부품인 저항, 콘덴서, 다이오드, 트랜지스터를 써서 만든 전자회로가 들어간 제품과 비교했을 때, LSI가 출현하고 발전함에 따라 이런 일들이 실현됐다.

소형화/경량화

프린트 기판 1장짜리 전자회로가 몇 mm밖에 안 되는 실리콘 칩 1개만큼 작아졌다.

고성능화

반도체 소자를 작게 만든 덕분에 처리 속도가 올라갔다.

고기능화

매우 많은 반도체 소자를 IC/LSI 1개에 탑재하자 고기능 전자회로가 실현됐다.

저전력 소비화

반도체 소자 자체가 작아지고 배선이 감소하면서 전력 소비가 큰 폭으로 줄어들었다.

경비 절감

실리콘 웨이퍼 1장 위에 칩(전자회로)을 대량으로 생산할 수 있다.

IC/LSI가 나타나고 발전하자, 기존에 많은 전자 부품을 이용했던 전자회로를 부품 딱 1개에 **집적**해서 실리콘 웨이퍼 위에 실현할 수 있었다. 그 덕분에 우리가 항상 사

- **집적회로** : IC, Integrated Circuits
- **LSI** : Large Scaled IC

용하는 가전제품, 정보 영상 제품 등은 눈부신 발전을 이뤘다.

우리가 일상생활에 사용하는 전자 기기에는 다음과 같은 종류로 크게 구분하는 LSI가 조합돼 있거나, 혹은 **원칩**(one chip)에 탑재돼 있다.

마이크로프로세서 : PC로 대표되는 연산 처리 기능을 갖춘 중추 LSI
메모리 : 컴퓨터가 작동할 때 쓰는 프로그램이나 데이터 정보가 저장되는 기억 소자
플래시메모리 : 전원을 꺼도 데이터가 사라지지 않는 메모리 LSI
DSP•: 음성이나 화상 데이터를 고속 연산 처리하는 전용 LSI
MPEG : 동영상의 데이터 압축과 코드 표현을 담당하는 표준 방식을 처리하는 전용 LSI
ASIC•: 가전 기기, 산업 기기 등의 응용 분야를 간추린 특정 용도의 LSI

개별 전자 부품과 IC · LSI

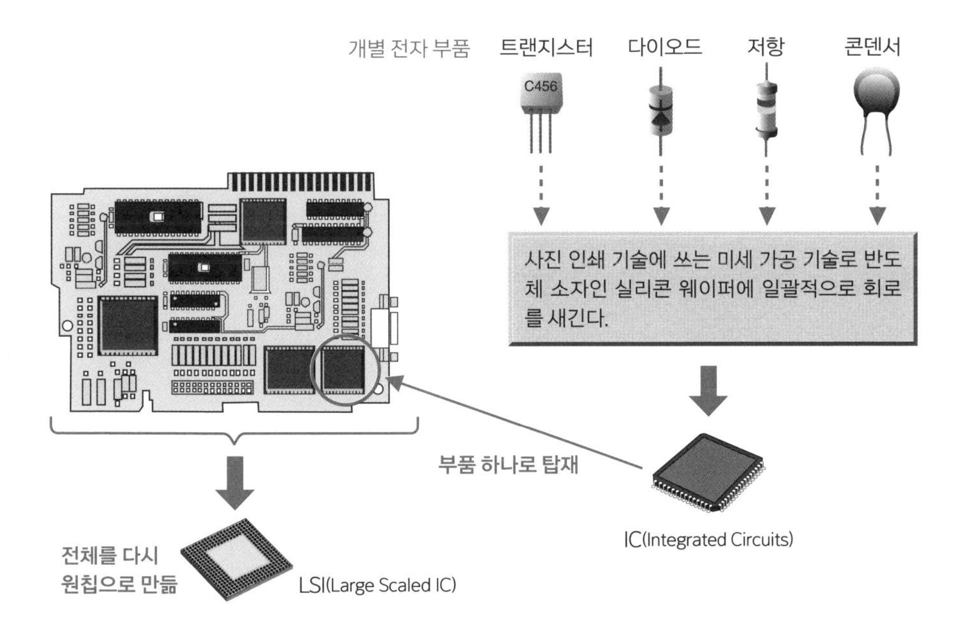

- **DSP :** Digital Signal Processor
- **ASIC :** Application Specific IC

산업 제품용 전자 기기는 물론이고 우리가 가정에서 사용하는 영상 기기(TV, 비디오카메라, 디지털카메라, DVD), 음향 기기(CD, MD, 자동차 스테레오), 통신 기기(가정용 디지털 전화, 휴대전화, FAX), PC 등 여러 기기에 LSI가 다수 탑재돼 있다.

온갖 전자 제품에 탑재된 각종 LSI

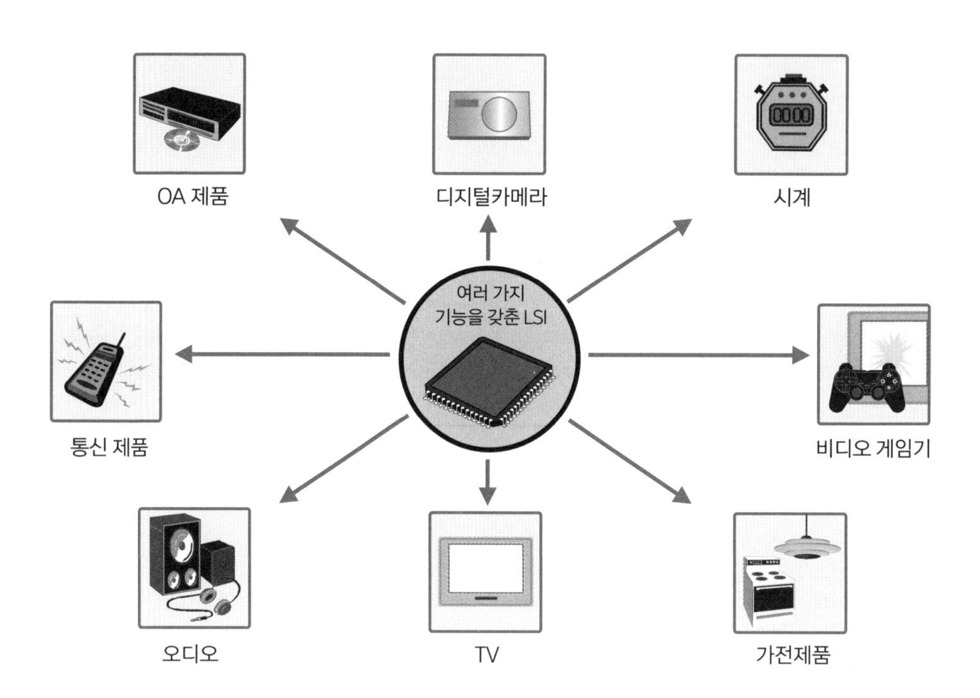

2-02 실리콘 웨이퍼 위에서 LSI는 어떻게 구성돼 있을까?

실리콘 웨이퍼 위에 반도체 소자를 다수 집적해서 회로를 형성한 것이 바로 집적회로다. 탑재된 전자 부품은 저항, 콘덴서, 다이오드, 트랜지스터 등인데, 정밀도가 높은 저항이나 용량이 큰 콘덴서, 코일(인덕턴스) 등은 집적회로 탑재에 어울리지 않는다.

LSI는 반도체 소자의 집합체

저항, 콘덴서, 다이오드, 트랜지스터 등은 개별 전자 부품이라 부르는데, 이들 기능을 실리콘 웨이퍼에 집적한 경우는 기능이 같더라도 **반도체 소자**라고 부른다.

LSI에서 쓰는 반도체 소자는 실리콘 기판 위에 각 반도체 소자를 서로 분리해서 만든다. 프린트 기판 시절에는 개별 부품 크기가 10mm 정도였는데, 현재 IC에서는 0.2~0.01㎛• 이하다.

이들 반도체 소자를 각각 금속 배선으로 접속해 AND 회로나 OR 회로• 등 최소 기능 단위의 **게이트**를 구성한다. 이 게이트를 여러 개 이용해서 플립플롭이나 카운터• 등을 구성한 것이 **셀**이다. 셀을 여러 개 이용해 마이크로프로세서에서 쓰는 (한층 더 고기능인) 가산기나 제어회로 등 **기능 블록**을 구성한다. 또 기능 블록을 여러 개 조합해서 최종 사양이나 성능을 구현해 원하는 전자 기기에 필요한 전자회로를 만든다.

이런 단계를 거쳐 반도체 소자는 100만~수억 개에 이르는 방대한 개수가 되는 것이다. 만약 LSI를 옛날처럼 개별 부품으로 만들려고 한다면, 개별 전자 부품을 500개 탑재한 프린트 회로 기판을 써도 200~2,000개 기판이 필요하다. 계산상 방대한 개수의 프린트 기판을 접속하면 반도체와 똑같은 일을 할 수 있지만, 실제로 전력 소비나 처리 속도를 고려해 보면 실현할 수가 없다.

초소형화가 가능해진 덕분에 고집적(100만 개부터 수억 개 이상의 트랜지스터를 이용한

- **㎛** : 마이크로미터, 1㎛는 1/1,000mm
- **AND 회로, OR 회로** : 자세한 내용은 105쪽 '제4장 디지털회로의 원리'를 참고
- **플립플롭, 카운터** : 134쪽 '4-8 기타 주요 디지털 기본 회로'를 참고

반도체 소자), 고성능(처리 속도 향상), 저전력 소비를 실현할 수 있었다. 따라서 LSI는 기존 방법으로 불가능했던 고성능 전자회로를 매우 작은 실리콘 칩 위에 실현했고, 심지어 '초소형화', '초저전력 소비', '초고속 처리'를 가능케 만든 꿈의 전자회로인 것이다. 현재 실리콘 칩(IC 칩)의 한 변은 큰 것이 거의 10mm 전후인데, 이는 생산성으로 봤을 때 수율이나 발생열 전력 문제에서 기인한다.

반도체 소자의 구조도

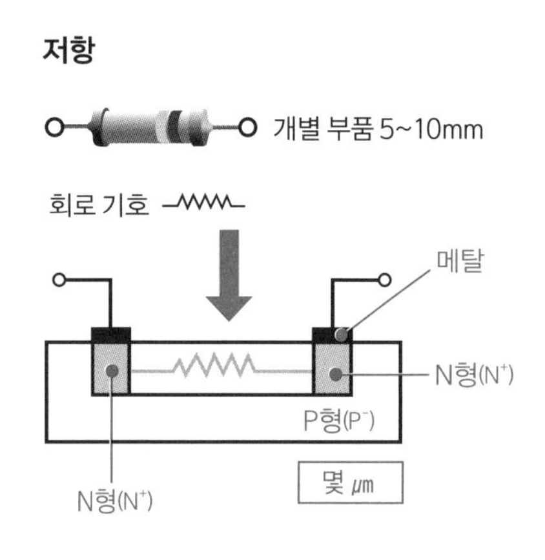

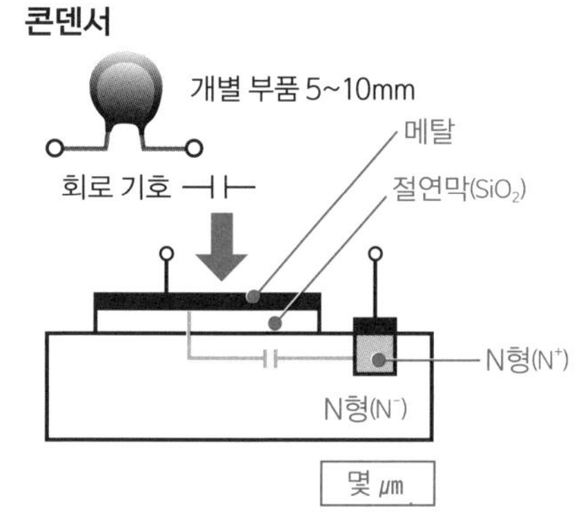

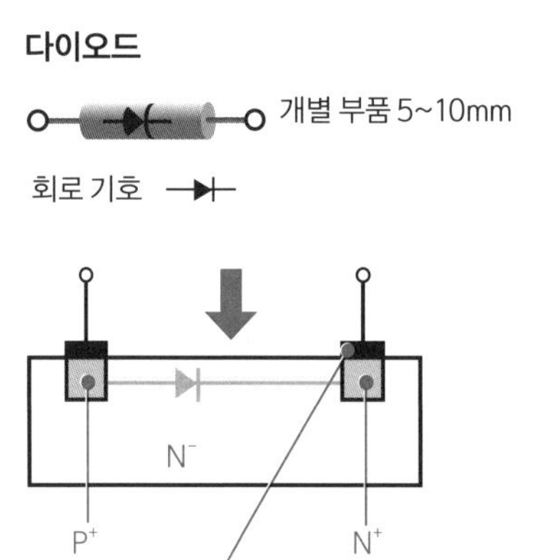

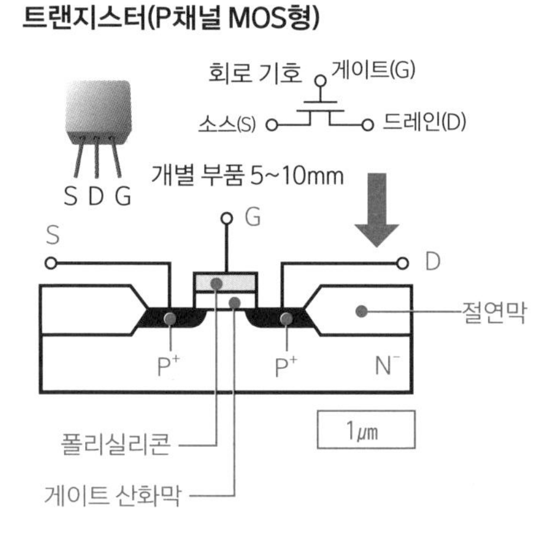

N^+…+ 위첨자는 농도가 짙음
N^-…- 위첨자는 농도가 옅음

우리가 전자 기기의 뚜껑을 열고 기판을 바라보면, 눈에 들어오는 것은 거뭇거뭇하고 얇은 사각형 둘레에 작은 지네 다리가 달린 물체다. 이것이 실리콘 칩을 장착한 LSI다.

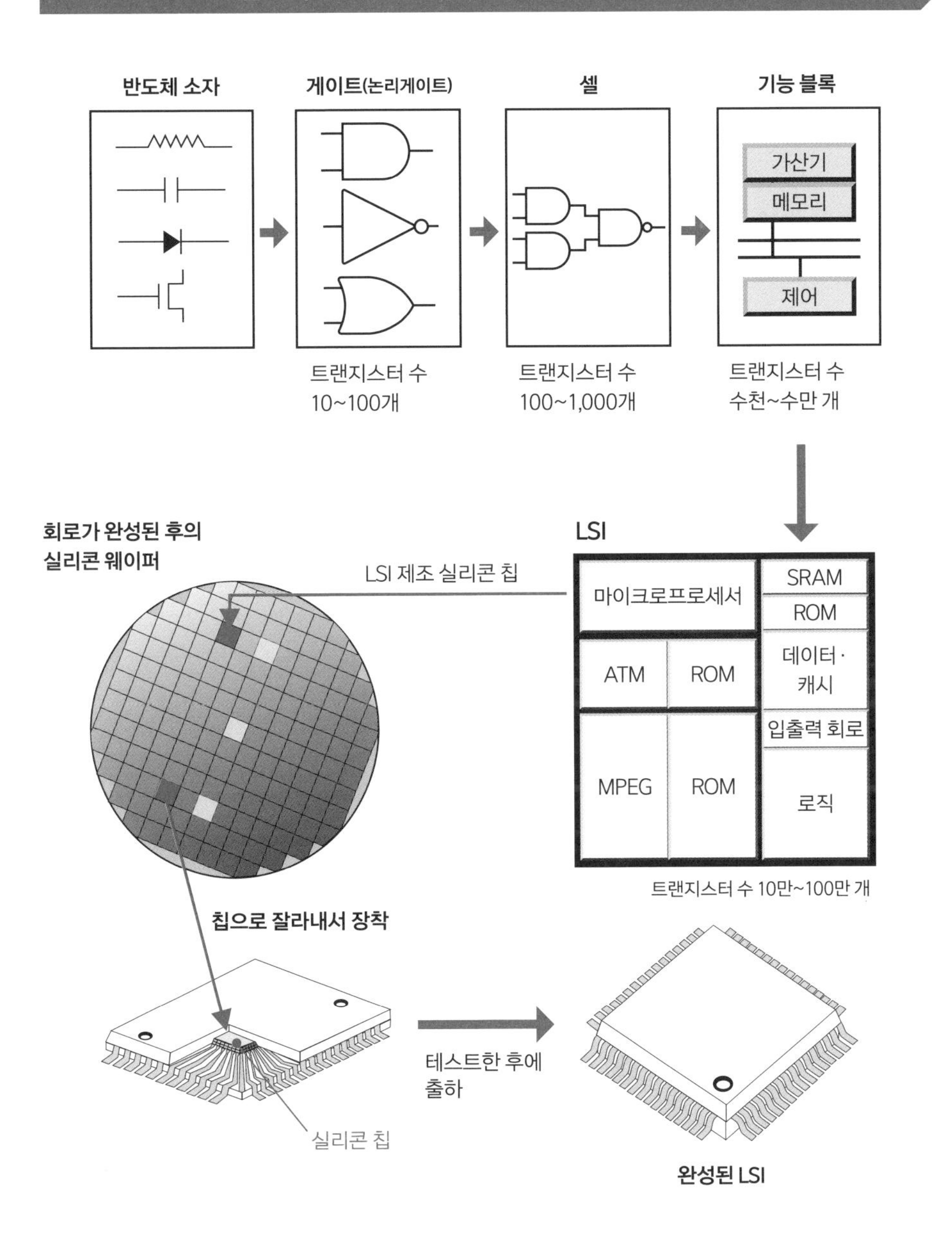

LSI에는 어떤 종류가 있을까?

LSI는 반도체 소자 트랜지스터의 작동 원리에 따라 MOS형과 바이폴라(bipolar)형으로 분류할 수 있다. 다루는 전기신호에 따라 아날로그 LSI와 디지털 LSI로 분류할 수도 있다. 또한 사용되는 반도체 재료에 따라 실리콘 LSI와 화합물 LSI로 분류할 수도 있다.

바이폴라형과 MOS형

LSI는 반도체 소자 트랜지스터의 작동 원리에 따라 **바이폴라형**• 트랜지스터와 **MOS형** 트랜지스터라는 두 가지 종류로 크게 분류할 수 있다. 바이폴라는 전자전도에 관여하는 캐리어가 전자와 홀이라는 폴(극성) 2개와 상관이 있다는 사실에서 유래한 말이다.

바이폴라형은 고속 작동이 가능하고, 부하 구동 능력이 크다는 특징이 있다. 다만 전력 소비가 크고, 집적도를 MOS형 트랜지스터(MOST라고 줄여서 부르는 경우가 많음) 만큼 올릴 수 없다.

MOST는 단면이 MOS, 그러니까 metal(금속)-oxide(산화막)-semi conductor(반도체)라는 3층 구조를 띠고 있다는 점에서 유래한 말이다. MOST는 작동 원리상 바이

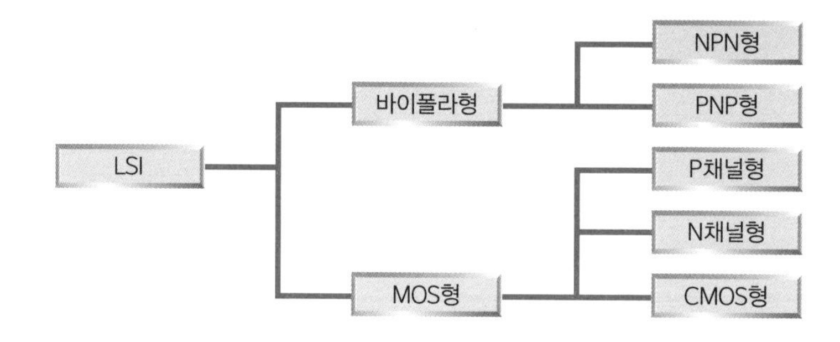

• **바이폴라형** : MOS형이 나타나기 전에 트랜지스터 하면 보통 이것을 가리켰다.

폴라형과 대비되며, 전자전도에 기여하는 캐리어가 한 종류이기 때문에 **유니폴라형**(unipolar type)이라고 부르기도 한다. 또한 게이트 전압으로 전류를 제어하는 채널 안의 캐리어에 따라 P채널형(캐리어가 홀)과 N채널형(캐리어가 전자)으로 분류할 수 있다.

수직 구조로 접합면에 이르도록 작동하는 바이폴라형과 비교했을 때, MOST는 실리콘 웨이퍼 표면에서 수평적 구조(표면적)로 움직이는 소자이기 때문에 소자 하나하나를 다룰 때 복잡한 구조로 분리할 필요가 없다. 따라서 MOST를 쓴 LSI는 바이폴라형과 비교하면 트랜지스터 같은 전자 부품을 실리콘 칩에 고집적하기에 무척 적합하다.

P채널형과 N채널형이라는 두 유형을 동일한 기판 위에 구성한 것이 **상보형 MOS**(CMOS•)인데, 현재 LSI의 대부분이 CMOS 유형으로 제조된다.

디지털 LSI와 아날로그 LSI

LSI를 신호 처리 면에서 보면 마이컴(마이크로컴퓨터의 줄임말이며 마이크로 컨트롤러를 포괄함), 메모리, ASIC•, 시스템 LSI•처럼 디지털신호를 처리하는 **디지털 LSI**, TV 방송

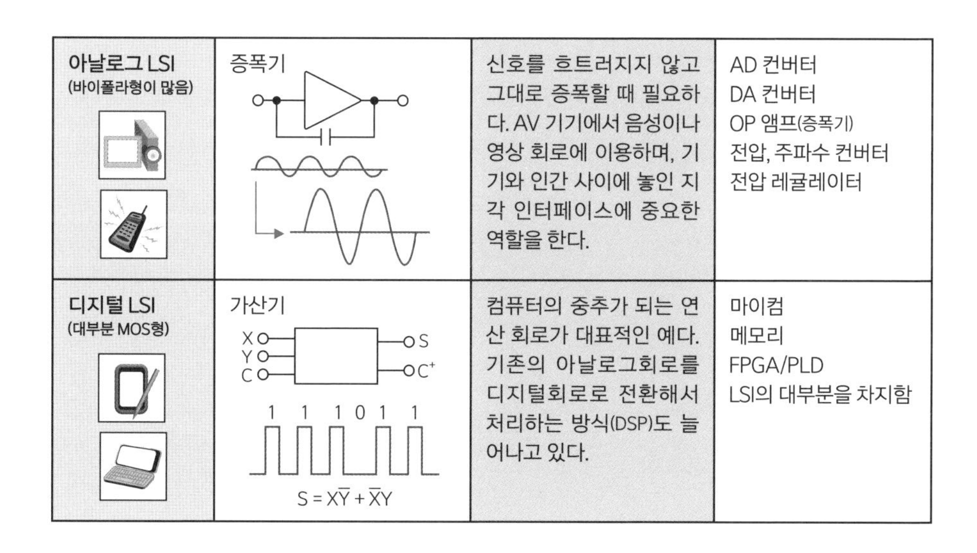
LSI의 신호 처리로 분류

아날로그 LSI (바이폴라형이 많음)	증폭기	신호를 흐트러지지 않고 그대로 증폭할 때 필요하다. AV 기기에서 음성이나 영상 회로에 이용하며, 기기와 인간 사이에 놓인 지각 인터페이스에 중요한 역할을 한다.	AD 컨버터 DA 컨버터 OP 앰프(증폭기) 전압, 주파수 컨버터 전압 레귤레이터
디지털 LSI (대부분 MOS형)	가산기 X, Y, C → S, C⁺ 1 1 1 0 1 1 $S = X\bar{Y} + \bar{X}Y$	컴퓨터의 중추가 되는 연산 회로가 대표적인 예다. 기존의 아날로그회로를 디지털회로로 전환해서 처리하는 방식(DSP)도 늘어나고 있다.	마이컴 메모리 FPGA/PLD LSI의 대부분을 차지함

- **CMOS** : Complementary MOS, 86쪽 '3-5 가장 자주 쓰이는 CMOS란 무엇인가?'를 참고
- **ASIC, 시스템 LSI** : 47쪽 '2-4 LSI를 기능 측면으로 분류하면?'을 참고

수신이나 DVD에서 미약 신호를 받아 TV 화면으로 전환하는 등 아날로그신호를 처리하는 **아날로그 LSI**로 분류할 수 있다.

아날로그 LSI의 종류에는 음성이나 화상 처리 등에 쓰는 읽기 회로, 미소 신호를 검지하는 센서 회로, 대출력을 위한 전력 구동 회로 등이 있다. 그리고 이들을 디지털회로와 연결하는 AD 컨버터(아날로그 데이터에서 디지털 데이터로 변환)나 DA 컨버터(디지털 데이터에서 아날로그 데이터로 변환)가 있다.

실리콘 LSI와 화합물 반도체

반도체 재료로 보면, 현재 주류인 실리콘 기판을 쓰는 LSI처럼 단원자 반도체 재료뿐만 아니라 두 종류 이상의 반도체 재료로 이뤄진 **화합물 반도체**가 있다. 화합물 반도체는 갈륨(Ga), 인듐(In), 알루미늄(Al) 등의 원소와 비소(As), 인(P)의 원소를 합친 화합물로 만든다. 대표적으로는 갈륨비소(GaAs), 갈륨인(GaP), 실리콘카바이드(SiC), 갈륨나이트라이드(GaN) 등이다.

갈륨비소는 실리콘 반도체에 비해 반도체 재료 안을 이동하는 전자의 속도가 약 5배 빠르다. 이 덕분에 전자회로의 고속 작동(예를 들어 컴퓨터에서 데이터를 고속 처리하는 것)이 가능하다. 따라서 초고속 컴퓨터 처리용 IC, LSI로 쓰이고 광통신이나 위성 방송 등의 저잡음 증폭기 혹은 트랜시버용 출력 소자로 이용된다. 그러나 실리콘 웨이퍼에 비해 지름을 넓히기 어려운 점이나 미세화 제조 기술에도 문제가 많아서 실리콘 반도체와 같은 고집적 LSI에는 적합하지 않다. 최근에는 미세화가 진행되면서 고속화된 CMOS가 갈륨비소를 쓰면서 고속 작동 영역까지 대신하고 있다.

갈륨비소는 화합물 반도체의 발광 기능을 이용한 반도체레이저나 발광다이오드(LED), 수광 기능을 이용한 포토다이오드, 적외선 센서 등에 이용된다. 태양전지에도 쓰이는데, 고효율이 요구되는 통신 위성용에는 갈륨비소, 일반용에는 인듐이나 셀렌 등의 화합물 반도체를 이용한다.

실리콘카바이드는 고전압·대전류·고온 작동이 가능하므로 전력 트랜지스터로 이용되며, 갈륨나이트라이드는 파워가 약하지만 고주파 전력 트랜지스터와 고속 통신용으로 이용된다.

LSI를 기능 측면으로 분류하면?

LSI를 기능으로 분류하면 크게 메모리, 마이컴, ASIC, 시스템 LSI로 나눌 수 있다.

LSI의 기능은 네 종류

전자 기기에 탑재된 기능에 따라 LSI를 분류하면, **메모리**(컴퓨터에서 데이터나 정보를 기억하는 LSI), **마이컴**(컴퓨터 연산 처리 기능을 하나로 압축한 LSI), **ASIC**(Application Specific IC. 전자 기기의 요구에 맞춰서 만드는 특정한 용도의 IC)으로 분류할 수 있다. 그리고 기존에는 메모리, 마이컴, ASIC 등 여러 개의 LSI로 만들던 시스템 전체를 칩 하나에 담은 대규모 LSI가 **시스템 LSI**다.

현재는 ASIC 자체가 시스템 LSI화해서 ASIC을 포함한 대규모 LSI를 시스템 LSI로 부르는 것이 일반적이다. 또한 시스템 LSI는 시스템을 칩 하나에 탑재한다고 해서 **SoC**(System on a Chip)라고도 부른다.

LSI의 기능별 분류

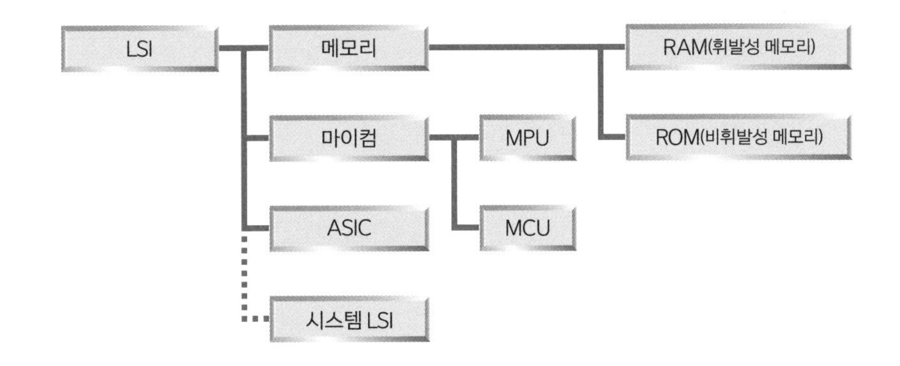

메모리

메모리는 정보(데이터나 프로그램)를 기억하는 LSI다. 컴퓨터, PC 등에서 CPU•와 동시에 이용된다. 또한 최근 전자 기기에서 화상을 기록하거나 음악 소스를 기록할 때 사용되는 메모리 카드나 메모리 스틱의 내용물도 메모리 뭉치다.

메모리에는 전원을 끄면 정보가 사라지는 **휘발성 메모리**(RAM)•, 전원을 꺼도 정보가 저장되는 **비휘발성 메모리**(ROM)• 등이 있다.

컴퓨터의 메인 메모리는 휘발성 메모리인 RAM의 한 종류인 **DRAM**(Dynamic RAM)으로 구성된다. PC에서 메모리 사이즈가 2GB나 4GB라고 하는 것을 볼 수 있는데, 이것이 바로 DRAM의 용량이다. 또한 비휘발성 메모리인 ROM은 다시 쓰기를 할 수 있는지 없는지에 따라 종류가 나뉜다. 메모리와 관련한 자세한 설명은 '2-5 메모리 종류'(50쪽)에서 자세히 다룬다.

마이컴

마이컴 중 하나인 MPU•는 컴퓨터의 중추 부분인 CPU 및 주변 제어 장치 등을 원칩으로 구성한 LSI다. 대형 컴퓨터나 PC의 심장부에 사용된다.

제일 유명한 제품으로는 미국 인텔이 생산했던 Pentium이나 Celeron 프로세서가 있다. 또한 보통 마이컴 또는 원칩 마이컴이라 부르는 MCU•는 MPU보다 더 연산 기능을 압축한다. 그 대신 ROM, RAM이나 각종 제어, 인터페이스 회로를 갖춘 **원칩 LSI**다. 가전제품이나 산업 기기를 제어하는 용도로 널리 사용된다. 또한 마이컴은 전자화가 진행되는 자동차에도 많이 쓰인다. 참고로 마이컴의 작동과 관련해서는 '2-7 마이컴 내부는 어떻게 돼 있을까?'(58쪽)에서 자세히 다룬다.

- **CPU** : Central Processor Unit
- **RAM** : Random Access Memory
- **ROM** : Read Only Memory
- **MPU** : Micro Processor Unit
- **MCU** : Micro Controller Unit

■ ASIC

ASIC은 전용 전자 기기·시스템에 탑재하기 위해 응용 분야를 추려서 특정 용도로 기능하도록 구성한 LSI를 통틀어서 부르는 말이다. 민간 산업용 LSI로 많이 사용된다.

ASIC은 유저를 특정하는가 아닌가에 따라 두 가지로 분류된다. 특정 유저를 대상으로 한 USIC(User Specific IC)과 유저를 특정하지 않는 ASSP(Application Specific Standard Product)로 분류할 수 있다. 예를 들어 A사가 자사 전자 기기용으로 ASIC을 개발하고, 그 제품이 많이 팔려 타사에서도 비슷한 ASIC을 요구한다면, ASIC(USIC)을 범용화한 형태인 ASSP를 발매할 수도 있다.

ASIC(USIC)은 우리가 정장을 맞추는 것처럼 LSI 메이커에 발주해서 만드는 제품이다. ASIC의 세미 커스텀 IC는 반도체 메이커가 제조하는 방식에 따라 오더 메이드(order made)나 이지 오더(easy order) 타입이 있다. 풀 커스텀 IC는 말 그대로 시스템 LSI 그 자체다. 이에 대해서는 '2-6 오더 메이드 ASIC에는 어떤 종류가 있을까'(53쪽)에서 자세히 다룬다.

ASIC의 분류와 용도

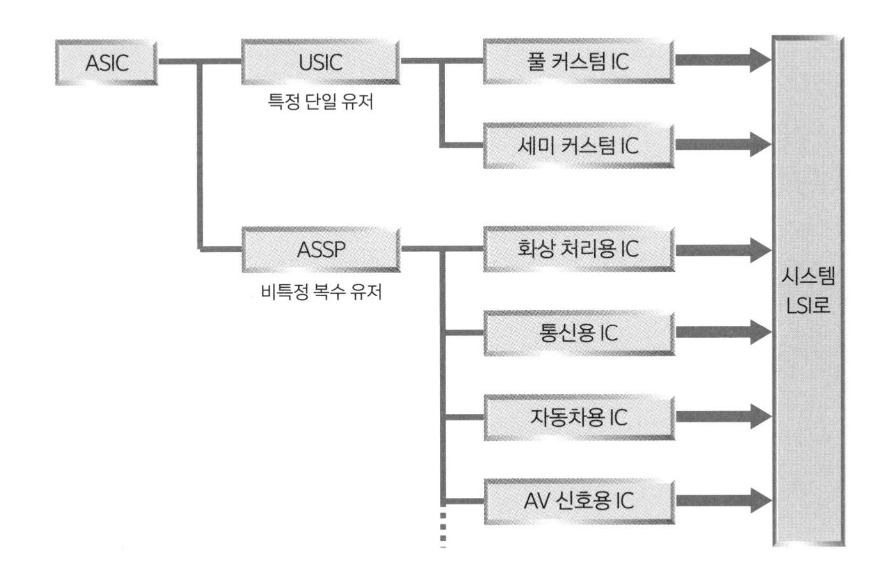

메모리 종류

RAM에는 대용량에 적합한 DRAM과 읽고 쓰는 처리 속도가 빠른 SRAM이 있다. ROM에는 유저가 데이터 덮어쓰기를 하지 못하는 마스크 ROM과 데이터 덮어쓰기를 할 수 있는 EPROM, EEPROM, 플래시메모리가 있다.

크게 나누면 메모리는 두 종류

메모리 LSI의 기본 기능은 문자나 화상 정보가 책에 인쇄되는 것처럼 LSI 안에 필요한 정보가 들어가고, 그것을 필요할 때 읽어낼 수 있는 것이다. 책 같은 인쇄물은 어느 날 갑자기 인쇄된 문자가 사라져서 페이지가 새하얘지지 않는다. 또한 인쇄물이기 때문에 덮어쓰지도 못한다. 하지만 메모리 LSI는 전기로 작동하는 기억 소자이기 때문에 전원의 ON/OFF 조건에 따라서 데이터가 삭제되기도 한다. 단, 메모리 LSI가 출판물과 달리 좋은 점은 데이터 보존과 더불어 유저가 데이터를 덮어쓸 수 있다는 사실이다.

메모리 LSI는 전원 ON/OFF에 따라 데이터가 사라지냐 사라지지 않냐를 기준으로 **휘발성**(전원을 끄면 기억 삭제)과 **비휘발성**(전원을 꺼도 기억 보존)으로 분류할 수 있다. 또한 데이터를 덮어쓸 수 있고 없고에 따라 덮어쓰기가 불가능한 타입(읽기 전용)과 덮어쓰기가 가능한 타입으로 분류할 수 있다.

■ RAM

휘발성 메모리인 **RAM**(Random Access Memory)은 DRAM(Dynamic RAM)과 SRAM(Static RAM)으로 분류된다. DRAM은 주로 컴퓨터나 PC의 CPU(중앙처리장치)와 스토리지(보조기억장치) 사이에서 데이터를 랜덤(수시)으로 읽고 쓸 수 있는 메인 메모리(주기억장치)로 이용한다. 하지만 메모리 셀의 구조상 전원이 켜져 있을 때도 미소 누설 전류 때문에 데이터가 삭제된다. 그래서 데이터가 삭제되기 전에 다시 쓰기, 즉 리플래시 작동*을 할 필요가 있다.

이와 달리 SRAM은 데이터를 읽고 쓰는 속도가 빠르고 전력 소비가 작다는 특징이

메모리 LSI의 기능 분류

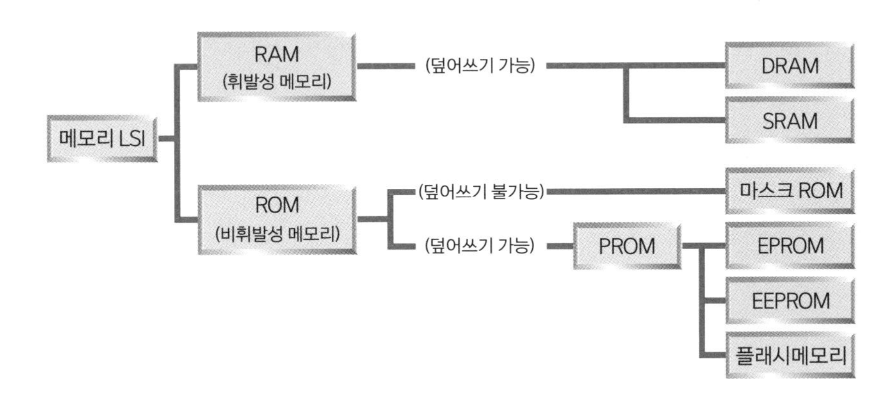

있어서 주로 캐시 메모리(사용 빈도가 높은 데이터를 축적해 두는 고속기억장치)로 이용된다. 회로 작동은 dynamic(동적)인 데 비해 회로 방식이 static(정적)하고, 리플래시 작동이 필요 없다. 그러나 DRAM과 비교하면 집적도가 떨어진다는 결점이 있다.

ROM

비휘발성 메모리인 **ROM**은 전원이 꺼져 있어도 데이터가 저장돼 사라지지 않는다. **마스크 ROM**(Mask ROM)은 제조할 때 데이터를 쓰는데, 유저는 데이터를 읽는 일만 가능하고 변경할 수 없다. 음악 CD나 CD-ROM의 LSI 칩 버전이라고 생각하면 된다. 계산기 유형의 사전이나 가전제품 등에 사용한다.

SRAM과 DRAM 비교

	속도	집적도	가격	시장 규모	용도
SRAM	매우 빠름	1/4	4	1/10	PC, 게임기(고속 처리 부분)
DRAM	빠름	1	1	1	컴퓨터, PC

● **리플래시 작동** : 89쪽 '3-6 메모리 DRAM은 어떻게 작동하고 기본 구조가 어떠한가?'를 참고

보통 단순히 ROM이라고 하면 마스크 ROM을 가리킨다. 한편, 유저가 덮어쓸 수 있는 타입이 PROM[•]이다. PROM의 일종인 EPROM[•]은 전기적으로 덮어쓰기가 가능한 메모리다. 패키지에 열어둔 창문으로 자외선을 비추면 데이터를 한꺼번에 삭제할 수 있다.

EEPROM[•]은 EPROM이 자외선으로 데이터를 삭제하는 것과 달리, 전기적으로 데이터를 삭제할 수 있는 메모리다. 게다가 쓰기/삭제를 바이트(1바이트=8비트[•]) 단위로 실행할 수 있으므로 부분적으로 데이터를 수정할 수 있다. EPROM, EEPROM은 PC에서 각종 프로그램을 실행할 때 사용한다.

플래시메모리[•]는 EEPROM 구조를 간략화해서 고속·고집적화하고, 그 대신 삭제 방법을 바이트 단위에서 일괄형(플래시 타입)으로 만든 메모리다. 이렇게 해서 비트당 비용을 줄이고 응용 범위를 넓혀 전자 기기, 휴대전화, 디지털카메라 등을 중심으로 많이 탑재돼 있다.

각종 ROM의 특징과 용도

마스크 ROM	LSI 제조 시 데이터가 들어간다. (변경 불가)	전자사전
EPROM	전기적으로 데이터를 쓰고 삭제는 자외선으로 한다.	컴퓨터 (기본 프로그램)
EEPROM	전기적으로 데이터를 쓰고 삭제도 한다.(바이트 단위)	
플래시메모리	전기적으로 데이터를 쓰고 삭제한다.(블록 일괄)	휴대전화, 디지털카메라

- **PROM** : Programmable ROM
- **EPROM** : Electrically PROM
- **EEPROM** : Electrically Erasable PROM
- **비트** : 106쪽 '4-1 아날로그와 디지털은 무엇이 다를까?'를 참고
- **플래시메모리** : Flash Memory

오더 메이드 ASIC에는 어떤 종류가 있을까?

ASIC은 특정 유저를 대상으로 한 USIC과 유저를 특정하지 않는 ASSP로 분류할 수 있다.• 설계나 제조 방법으로 분류하기도 한다. 현재의 ASIC(시스템 LSI)은 게이트 어레이, 셀 베이스 IC, 임베디드 어레이라는 세 가지 방식을 단독으로, 혹은 조합해서 실현한다.

ASIC의 세 가지 종류

게이트 어레이는 LSI 요구 사양이 미리 만들어져 들어가 있는 반완성 웨이퍼에 금속 배선 공정을 실시하기만 하면 LSI를 손에 넣을 수 있어서 ASIC 중에서도 가장 납기가 빠르다.

셀 베이스 IC는 표준 전지•를 이용한 방식인데, 처음부터 유저 요구에 맞춰서 만들기 때문에 LSI 기능 요구를 완전히 만족할 수 있다. 하지만 게이트 어레이보다 납기까지 기간이 길어진다.

임베디드 어레이는 기능 요구와 납기가 게이트 어레이와 셀 베이스 IC의 딱 중간에 위치하는 제품이다. 그리고 유저가 원하는 대로 회로를 구성할 수 있는 FPGA•도

ASIC의 설계, 제조 방법에 따른 분류

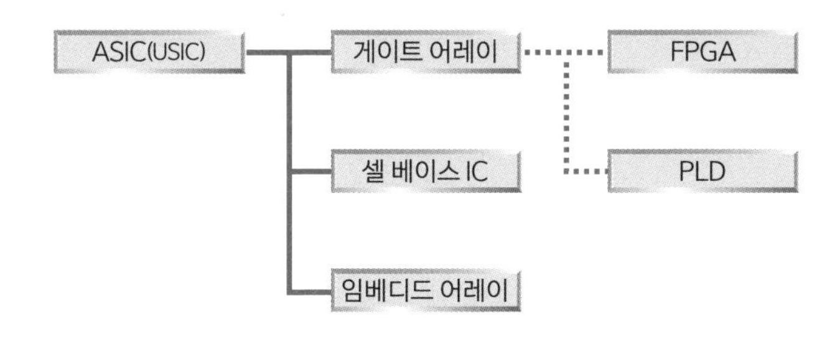

- **ASIC 분류** : 47쪽 '2-4 LSI를 기능 측면으로 분류하면?'을 참고
- **표준 전지** : 57쪽 그림 '셀 베이스 IC'를 참고
- **FPGA** : Field Programmable Gate Array

게이트 어레이와 비교하면 편리성이 한층 더 높아서 시장이 점점 확대되고 있다.

게이트 어레이, 셀 베이스 IC, 임베디드 어레이의 특징

게이트 어레이	임베디드 어레이	셀 베이스 IC
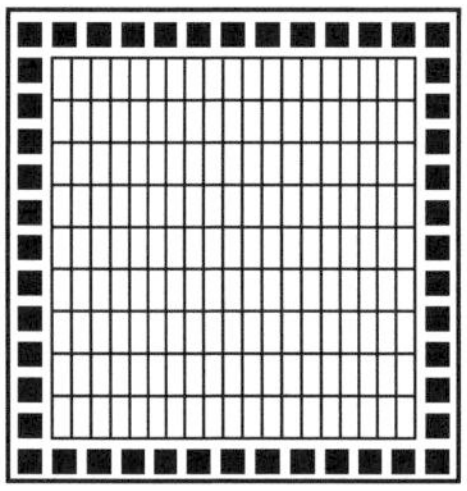	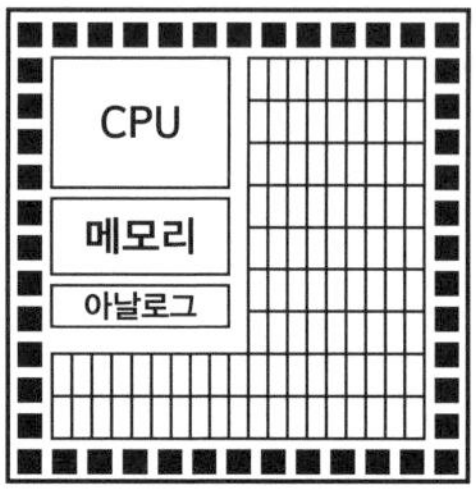 CPU 메모리 아날로그	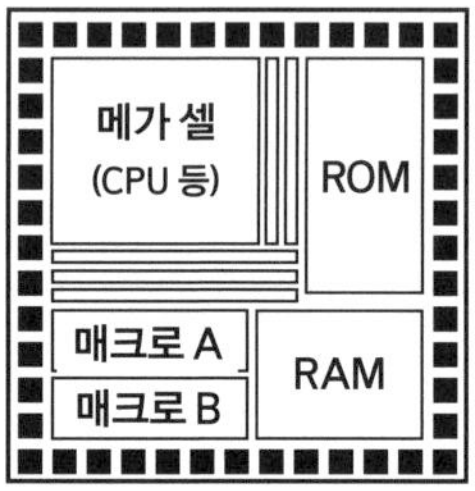 메가 셀 (CPU 등) ROM 매크로 A 매크로 B RAM
개발 기간 : 소	개발 기간 : 소~중	개발 기간 : 대
개발 비용 : 소	개발 비용 : 중	개발 비용 : 대
탑재 기능 : 중	탑재 기능 : 중~대	탑재 기능 : 대
생산 수량 : 중	생산 수량 : 중~대	생산 수량 : 대

■ 게이트 어레이(Gate Array)

게이트 어레이는 금속 배선 공정만 마치면 유저의 LSI 요구 사양을 만족할 수 있도록 미리 회로를 만들어놓은 반완성품 웨이퍼 LSI다. 따라서 유저가 LSI 회로를 제시한 시점에서 반완성 웨이퍼에 금속 배선 공정을 실시하면 LSI를 제공할 수 있어 납기 기간이 매우 짧다. 이는 정장을 살 때 걸려 있는 제품을 선택하고, 치수만 고치는 이지 오더에 가까운 수법이다. 납기가 짧은 대신 충족할 수 있는 LSI 사양은 어느 정도 한정적이다.

■ FPGA, PLD, CPLD

보통 게이트 어레이에서는 반도체 메이커가 칩에 회로 기능을 만들어 넣는다. 그와 달리 **FPGA**는 유저가 직접(필드) 회로 기능을 결정(프로그램)할 수 있다. 게다가 몇 번이나 재프로그램이 가능한 제품도 있어서, 제품을 개발할 때 회로를 변경하더라도 바로 대응할 수 있는 매우 뛰어난 LSI다.

게이트 어레이의 칩 개념도

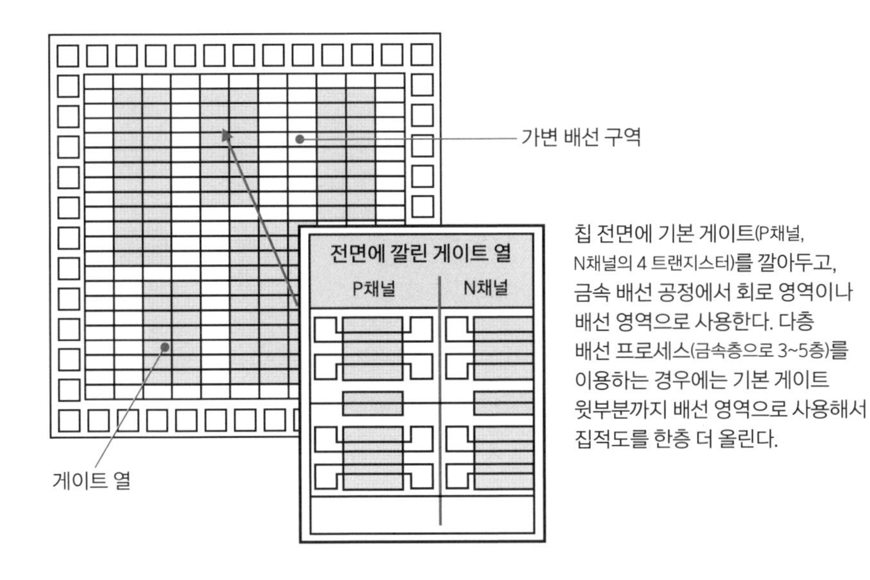

FPGA 제품은 원래 개발 단계나 로트(lot)가 적은 전자 기기에 이용됐다. 하지만 최근의 FPGA는 고집적화와 작동 주파수의 고속화가 이뤄져서 CPU, RAM 블록이나 PCI 버스, 인터페이스 등의 기능 블록을 탑재하고 있다. 이 덕분에 고기능 전자 기기에 쓰이는 시스템 LSI의 일부를 맡기도 한다.

또한 FPGA와 동등한 기능을 가진 LSI로 **PLD**•가 있다. PLD는 FPGA와 구성상 차이가 나서 이렇게 불리는데, 유저 입장에서 보면 같은 범주에 있다. 여기서 특히 복잡하고 기능이 높은 것을 CPLD•라고 부른다.

■ 셀 베이스 IC(Cell-based IC)

표준 전지(미리 반도체 메이커가 준비한 표준 논리게이트를 조합해서 만든 블록)를 이용해서 먼저 기능 블록을 하나 만든다. 전지(셀)란 블록 중에서도 비교적 기능이 적은 블록을 가리킨다. 그 밖에도 필요한 기능 블록을 여러 개 설계하고, 이들을 계층적으로 쌓아 올려 설계 제조한 LSI가 **셀 베이스 IC**다.

- **PLD** : Programmable Logic Device
- **CPLD** : Complex PLD

FPGA 프로그래밍 방법과 FPGA 구성

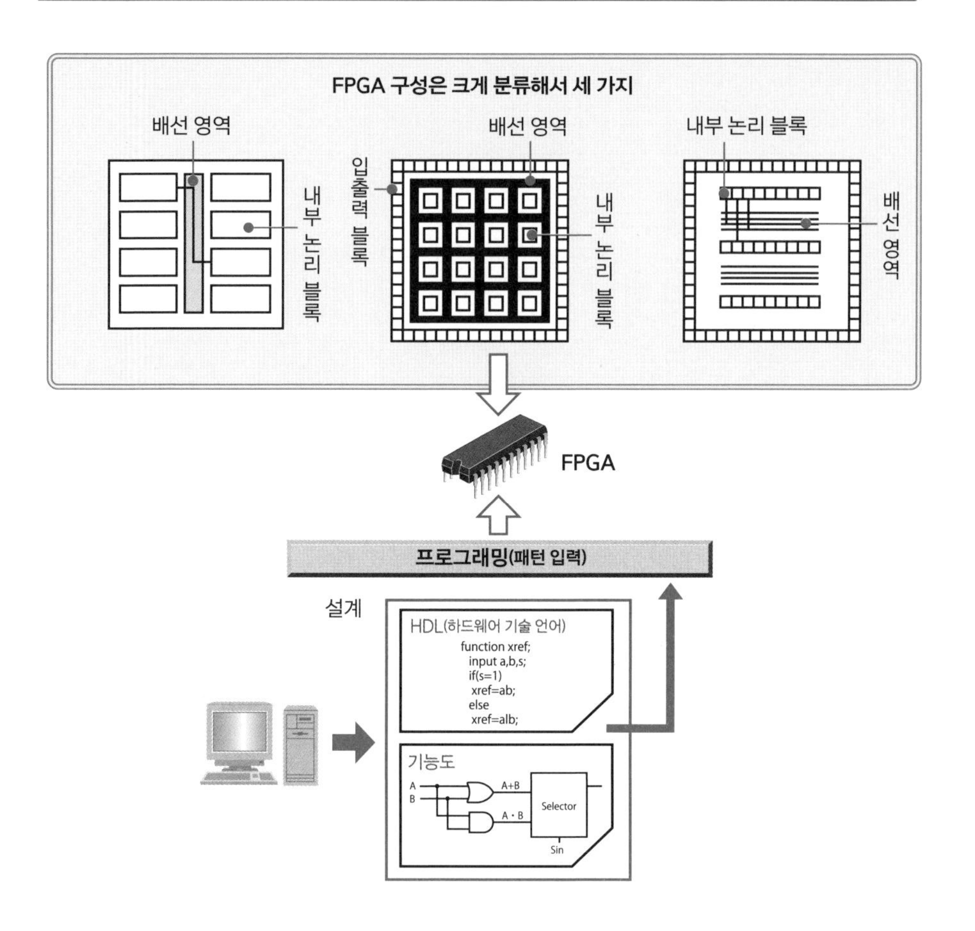

셀 베이스 IC는 게이트 어레이와 어깨를 견주는 대표적인 ASIC인데, 게이트 어레이에서는 배선만 유저 요구에 맞춰 제작하는 데 비해, 셀 베이스 IC에서는 셀 배치와 배선을 모두 유저 요구에 맞출 수 있어서 유저 요구를 완전히 만족한다. 이는 준비된 색깔과 천을 선택하고 치수, 디자인 등을 지정하는 오더 메이드 정장을 구매하는 것과 가깝다.

게이트 어레이와 비교하면 설계 기간이 살짝 길고, 처음부터 유저 요구에 맞추기 때문에 제조 비용도 올라간다. 그러나 성능이나 칩의 면적 면에서 게이트 어레이보다 최적화하기 쉽고, 규모가 큰 기능 블록(메가 셀이나 매크로 셀)을 같이 섞을 수도 있어서 시스템 LSI에 더 적합하다.

■ 임베디드 어레이(Embedded Array)

게이트 어레이와 셀 베이스 IC의 특징을 모두 가진 LSI가 **임베디드 어레이**다. 기능 블록 외에 유저가 요구하는 LSI 회로 부분을 게이트 어레이 수법으로 제작해 둔 실리콘 웨이퍼에 유저가 사용하는 기능 블록(매크로 셀)을 결정하면, 그것을 심고 나서 LSI 제조를 시작한다. 이 웨이퍼를 금속 배선 공정 전까지 만들어두고, 유저가 LSI 회로 설계를 끝낸 시점에서 금속 배선 공정을 게이트 어레이 수법으로 실행한다. 이렇게 하면 셀 베이스 IC로 기능 블록을 탑재한 시스템 LSI를 게이트 어레이와 비슷한 개발 기간에 손에 넣을 수 있다.

스트럭처드 ASIC

미리 기능을 예측해서 논리 블록을 탑재한 웨이퍼를 제조한 후, 유저가 원하는 ASIC 사양을 마스크 몇 개로 실현할 수 있다. FPGA의 시스템 설계 수법을 적용해서 납기를 단축하고 개발비를 줄일 수 있으며, 또한 셀 베이스 IC의 고밀도와 고성능까지 유지할 수 있도록 한 ASIC이다.

셀 베이스 IC

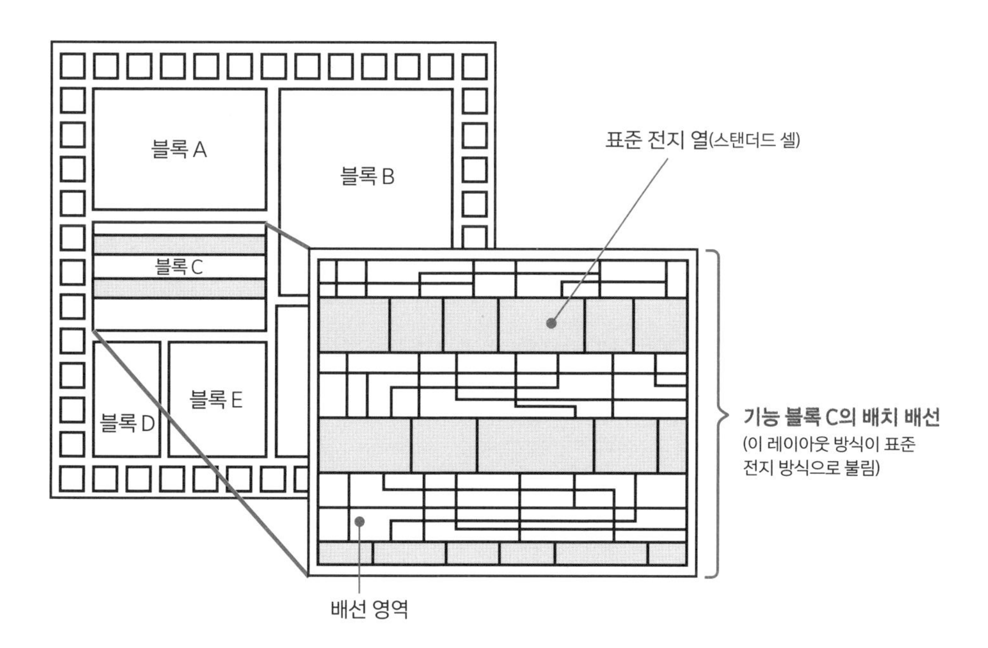

마이컴 내부는 어떻게 돼 있을까?

마이컴은 마이크로컴퓨터의 약자로, 컴퓨터 기능을 실리콘 칩 하나에 실현한 초소형 컴퓨터다. 마이컴 하드웨어는 CPU, 메모리, I/O(입출력 인터페이스)로 구성된다. 여기에 소프트웨어인 프로그램을 탑재했을 때 비로소 작동한다.

마이컴을 구성하는 각 기능

보통 마이컴(원칩 마이컴)은 MPU보다도 연산 기능을 더 압축해서 넣는 대신 CPU, ROM, RAM과 각종 제어, 인터페이스 회로가 한데 모인 원칩 LSI다. 가전이나 산업 기기를 제어하는 용도로 널리 사용하며 MCU라고도 부른다.

■ CPU

CPU는 중앙 연산 처리, 데이터 처리, 제어, 판단 등을 하는 컴퓨터의 중추 부분을 말하는데, 인간의 뇌에 해당한다. CPU가 다루는 데이터 폭의 크기에 따라 8비트, 16비트, 32비트, 64비트• 등의 종류가 있다. 데이터 폭이 커질수록 컴퓨터의 처리 능력이 올라간다. 가전제품에는 8비트 정도, PC나 컴퓨터에는 32~64비트가 사용된다. 또한 일반적으로 CPU의 **작동 주파수**(클록 스피드)가 높을수록 처리 능력이 높아진다. CPU 사양에 보이는 1.6GHz 혹은 2.5GHz라는 숫자가 바로 여기에 해당한다.

■ 메모리

ROM에는 컴퓨터가 작동하는 데 필요한 프로그램이나 참조 데이터 등이 들어가 있다. PC 부팅(전원을 켜고 시스템을 시동하는 것)에 필요한 BIOS 프로그램이나 에어컨 온도와 바람 세기 등을 입력했을 때 어떤 식으로 운전하는지와 관련한 데이터 등이 메모리에 입력된다.

• **비트** : 106쪽 '4-1 아날로그와 디지털은 무엇이 다를까?'를 참고

RAM은 연산, 연산 데이터 기억, 프로그램 실행 같은 컴퓨터 작동을 위한 메인 메모리다. 메인 메모리의 크기에 따라 처리 속도를 포함해 성능이 달라진다. 예를 들어 메인 메모리가 작으면 다룰 수 있는 데이터 비트의 폭이 제한된다. 당연히 메모리를 쓰고 읽는 속도가 빠르지 않으면 처리 속도도 떨어진다. PC 사양에 메인 메모리 2GB 탑재라고 적혀 있다면 RAM의 용량을 말하는 것이다.

■ I/O(Input/Output)

I/O는 입출력 인터페이스와 주변 기기로 이뤄진다. 입출력 인터페이스는 키보드로 무언가를 입력했을 때 내부 CPU에 전달하거나, 또는 반대로 내부 데이터를 외부 모니터나 프린터로 출력할 때 쓰는 포트(port)다. 주변 기기는 마이컴 응용 기기에 필요한 타이머, AD 컨버터, 각종 통신 기능 등으로 구성된다.

■ 버스

버스(bus)는 이들 기능을 묶어서 명령하거나 여러 데이터를 교환하기 위한 통로다. 처리 속도를 올리려면 버스의 폭(비트 수)도 CPU 비트 수와 마찬가지로 커야 한다.

마이컴 성능과 응용 기기

전자 기기는 최근 들어 디지털화가 진행되면서 대부분 제품이 마이컴을 탑재하고 있다. 기존 가전제품인 냉장고, 에어컨, 세탁기부터 최신 디지털 기기인 휴대 정보 단말기, 전자수첩, 디지털 TV, 게임기(32비트/64비트), 디지털카메라, DVD/CD플레이어, 내비게이션, 휴대전화까지 우리가 편리하게 생활하도록 도와주는 전자 기기 대부분에 마이컴이 사용된다. 그리고 자동차용 마이컴(1대당 50~100개가 사용됨)을 비롯해 농업 기계, 건설 기계, 산업 기계, 선박, 철도 등의 인프라 시스템, 로봇, 우주 항공 등 여러 분야에서 마이컴을 활용하려는 요구가 점점 높아지고 있다.

마이컴(원칩 마이컴)의 기본 구성과 응용 사례

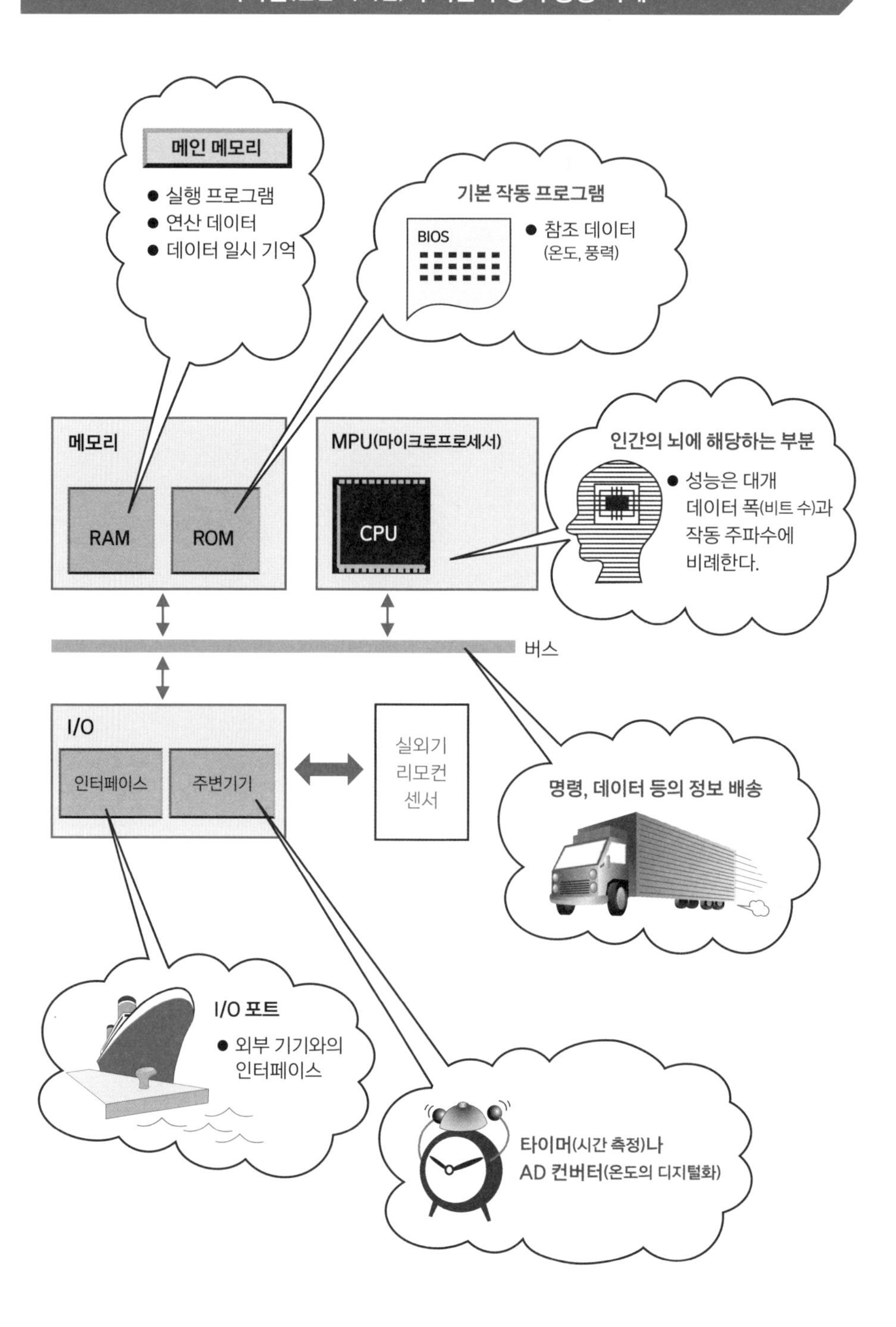

온갖 기능을 원칩화, 시스템 LSI로 발전하다

시스템 LSI란 LSI 여러 개로 구성된 전자 기기의 시스템 기능을 칩 하나에 통합한 것을 말한다. 대규모 기능 블록 IP에 메모리나 CPU 등도 탑재한다. 예를 들면 원칩 휴대전화나 원칩 디지털카메라가 실용화되는 추세다.

여러 기능을 칩 하나로

우리가 사용하는 스마트폰은 어떻게 그렇게 작고 가볍게 만들었을까? 스마트폰은 고사하고 휴대전화만 해도 처음 등장했을 때는 몹시 무겁고 큰 제품이었다. 그렇다. 시스템 LSI는 고도 정보 기술에 부응해 초소형·저전력 소비를 실현한 핵심 장치다. 모든 시스템이 칩 하나에 들어간다고 해서 **SoC**(System on a Chip)라고 부르기도 한다.

LSI의 제조 및 설계 방법이 발전하면서 칩 하나에 탑재할 수 있는 트랜지스터 소자의 수는 경이적으로 늘어났고, 지금은 수십억 개를 넘는 수준까지 이르렀다. 원래는 마이컴, 아날로그회로, 메모리, 통신 인터페이스 등 개별 LSI로 시스템을 구성했는데 지금은 칩 하나에 모두 탑재할 수 있게 된 것이다. 이 같은 발전은 '2-6 오더 메이드 ASIC에는 어떤 종류가 있을까?'에서 설명한 셀 베이스 IC의 고기능화와 대규모화 덕분에 실현된 것으로 생각할 수 있다.

마이컴이나 메모리의 기능을 LSI에 탑재할 때 블록 단위로 묶어서 **기능 블록, 코어 셀, 매크로 셀** 등으로 다양하게 부른다. 최근에는 이들을 소프트웨어 프로그램까지 확대해서 **IP**•(Intellectual Property)라고 부르는 표현이 일반적이다. 참고로 IP의 원래 뜻은 특허나 저작권 등 지식재산권을 말한다.

따라서 시스템 LSI를 자사나 타사에서 구입한 IP를 이용해 설계한 경우를 **IP 베이스 설계**라고 한다. IP가 부품의 일종으로 유통되면, 시스템 LSI 설계는 IP 베이스 설계가 주류가 될 것으로 보인다. (영국의 반도체 회사 ARM의 IP를 이용한 AP 설계는 이미 주류다.)

• **IP** : 158쪽 '5-7 최신 설계 기술 동향'을 참고

셀 베이스 IC가 대규모화한 것이 시스템 LSI

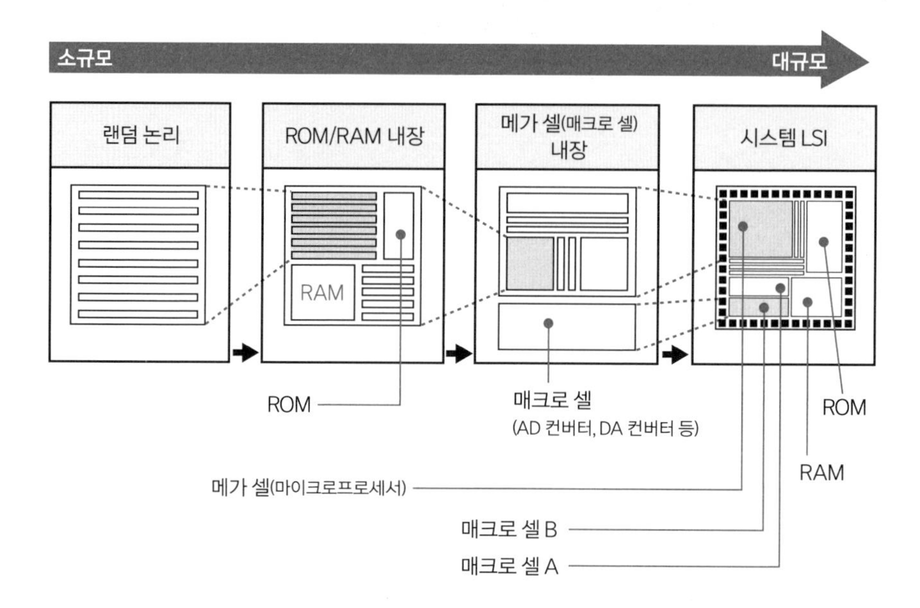

시스템 LSI를 받쳐주는 기술

■ 제조 기술•

메모리, CPU 등을 만들려면 10nm 이하에 이르는 초미세 가공 기술이 필요하다. 여기에는 정밀한 노광 기술, 성막 기술, 식각(에칭) 기술 등이 필요하다.

최신 시스템 LSI를 실리콘 위에 실현하려면 기존에 사용했던 ArF(불화아르곤) 노광 장치로는 해상도 측면에서 한계가 있기 때문에 ArF 액침 노광 장치 및 더블 패터닝 기술 같은 초해상 기술을 이용한다. 또한 트랜지스터나 IP끼리 접속하는 배선도 어마어마해졌다. 소자 수가 100만 개를 넘으면 단순한 배선 방식으로는 배선 지연이 생겨서 처리 속도가 느려진다. 이 같은 난점을 돌파하려고 지금은 배선의 층수가 5~10층 이상으로 더욱더 복잡해졌다. 게다가 배선 저항을 떨어뜨리려고 배선 금속으로 알루미늄과 더불어 구리도 사용한다.

원래 LSI 제조에서 메모리와 ASIC 논리(로직)를 제조하는 방식은 다르다. 그러나 메모리를 탑재하는 시스템 LSI를 제조할 때는 동일한 웨이퍼 위에서 각기 다른 제조 공정을 적용하는 일도 필요하다.

• **제조 기술 :** 자세한 내용은 167쪽 '제6장 LSI 제조의 전 공정'을 참고

■ 설계 기술●

모바일 기기는 전력 소비가 적어야 한다. 배터리로 작동하는 기기들은 작동 시간이 길어야 상품 차별화의 포인트가 되기 때문이다. 또한 패키지에서 열 발생을 줄인다는 면에서도 전력 소비를 줄이는 일은 중요하다.

처리 속도도 올라가도록 궁리해야 한다. 처리 속도를 올리려면 작동 주파수를 올리는 일이 중요하므로 이 같은 요구에 대응하는 논리 설계나 회로 구성이 필요하다. 그리고 이러한 시스템 LSI의 성능과 관련한 요구에 부응하면서도 컴퓨터 자동 설계 지원 EDA(Electronic Design Automation) 장치를 사용해 설계 효율화를 진행해서 설계 개발 기간을 더 단축할 필요가 있다.

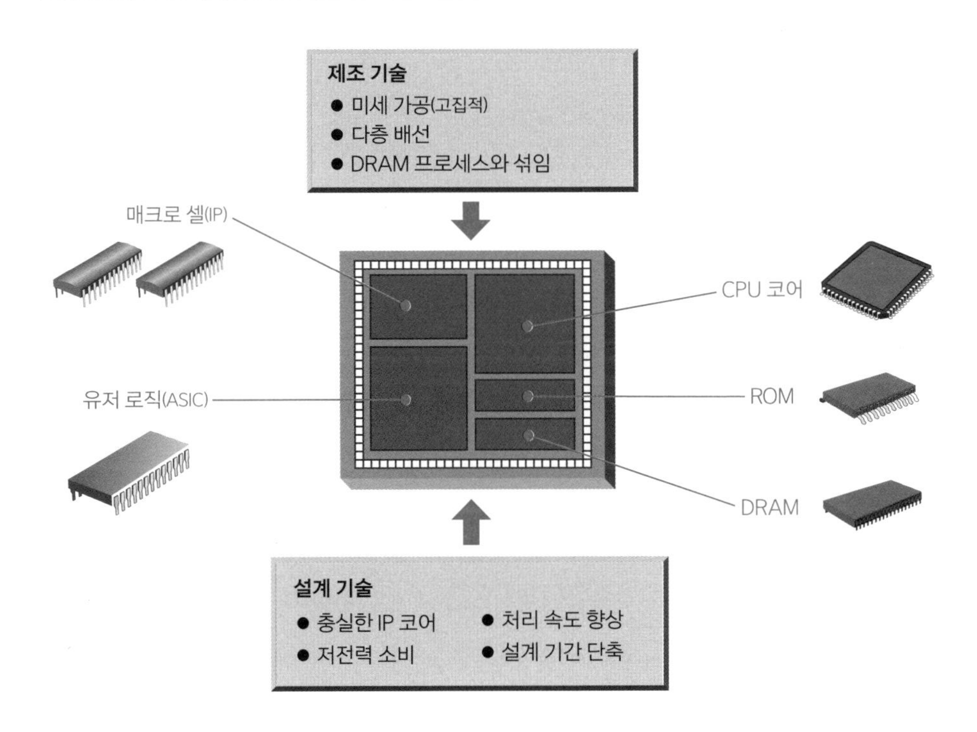

● **설계 기술 :** 자세한 내용은 137쪽 '제5장 LSI의 개발과 설계'를 참고

시스템 LSI 탑재 기기
1 휴대전화

휴대전화가 점점 작아지면서도 성능이 고도화된 것은 최신 반도체 기술을 적용했기에 가능했다. 휴대전화에 탑재된 시스템 LSI 세트는 어떤 것인지, 그리고 어떤 식으로 작동하는지 살펴보자.

휴대전화로 상대방과 통신하는 방법

휴대전화는 전국에 걸쳐 몇 km마다 설치된 기지국과 송수신을 한다. 빌딩 옥상에 안테나가 설치된 모습을 본 적이 있을 것이다. 이 기지국 하나가 커버하는 통신 범위를 셀이라고 한다. 휴대전화가 켜진 상태에서는 일정 시간마다 가장 가까운 기지국에 접근해서 어느 셀에 있는지가 기록된다. 전화를 걸면 자신과 인접한 기지국과 통신사의 전화망을 경유해서 상대 번호가 기록된 셀의 위치와 기지국을 찾아내고, 그 기지국에서 상대에게 전파를 발사한다. 이런 원리로 통신이 가능한 것이다.

휴대전화의 구성

2000년대 들어 휴대전화는 전화번호 기록, 착신 멜로디 재생, 컬러 화면 표시(동영상, 사진), 카메라 등을 갖추며 점점 더 고도화됐다. 고성능 처리를 위해 32~64비트 CPU나 대용량 메모리를 탑재했으며, 급기야 스마트폰으로 진화해 PDA●를 능가했다. 초기 휴대전화는 현재의 베이스 밴드 LSI●에 해당하는 것이 CPU를 별개로 해도 몇 개의 칩이었다. 그러다 CPU까지 포함해서 칩 하나(베이스 밴드 프로세서)에 모두 들어갔다. 이 덕분에 기본적으로는 애플리케이션 프로세서를 하나 더 합쳐서 시스템 LSI 칩 2개로 구성할 수 있었다. 현재는 앞서 말한 프로세서 2개를 시스템 LSI 칩 하나로 통합해서 집적도를 더 높였다.

- **PDA** : Personal Digital Assistance, 개인용 디지털 단말기
- **베이스 밴드 LSI** : 전파 송수신 신호와 실제 음성 영상 데이터를 쌍방향 변환 처리하는 LSI

휴대전화가 상대방과 통신하는 구조

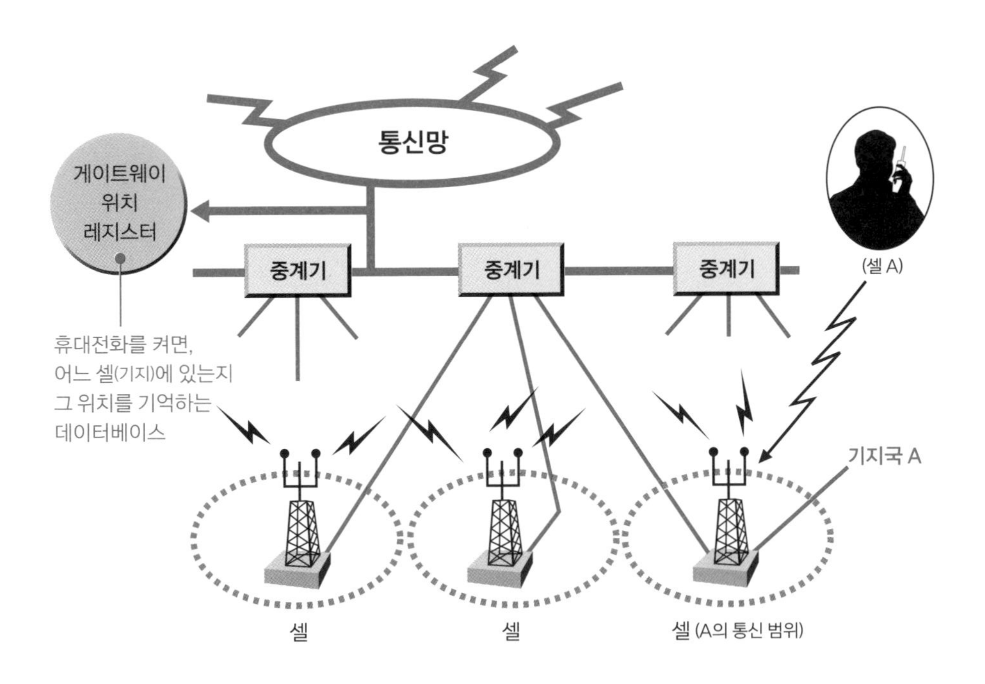

휴대전화의 시스템 LSI 세트와 하는 일

휴대전화는 기본적으로 다음과 같은 작동을 한다. 안테나에서 수신 신호를 받아 RF · LSI*를 이용해 베이스 밴드 LSI에 입력한다. 그리고 음성은 증폭해서 스피커를 울리고, 화상은 액정 디스플레이에 표시한다. 반대로 마이크로폰에서 나오는 입력 신호는 송신 신호로 베이스 밴드 LSI를 거쳐 RF · LSI에 입력되고, 고주파로 변환된 후에 내부의 송신용 파워 앰프에 의해 전파가 돼 기지국으로 발사된다.

현재 스마트폰은 통신 속도가 빠르고, 고화소 카메라와 크기가 커진 고해상도의 화면, 동영상 촬영과 음악 전송, GPS 등 여러 기능이 탑재돼 있다. 이에 대응하기 위해 전용 칩 세트 여러 개를 이용한다. 한편, 스마트폰의 기본 성능은 전화 기능이므로 충분한 통신 시간과 대기 시간을 확보하는 것이 중요한 과제가 됐다. 전력 소비를 줄이면서도 일정 수준 이상의 성능을 유지하는 기술이 필요해진 것이다.

- **RF · LSI** : 수신할 때 안테나가 잡은 고주파 전파 신호를 증폭해서 베이스 밴드 프로세서에 전달하고, 반대로 송신할 때는 파워 앰프 역할을 하는 LSI

휴대전화의 대략적인 시스템 구성

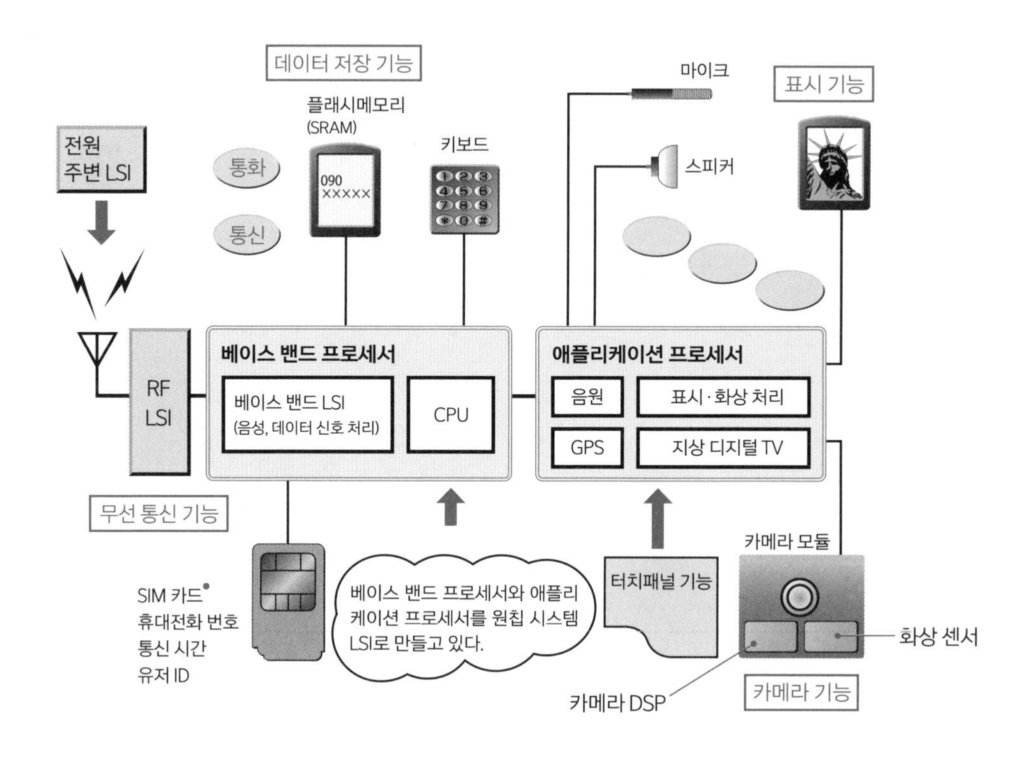

휴대전화 단말의 발전

휴대전화가 점점 작아지는 경과가 IC, LSI의 발전사라고도 할 수 있다. 초기 NTT 도코모의 대표 휴대전화와 현재 스마트폰(아이폰)을 비교해 봤다. (크기는 높이×폭×두께)

1980	어깨걸이 전화 숄더폰(100형)	190×55×220mm	3,000g
1991	휴대전화(무바N)	100×55×38mm	280g
1999	휴대전화(디지털 무바N)	125×41×20mm	77g
2002	카메라가 달린 최신 휴대전화 (N504iS)	95×48×19.8mm	105g
2010	스마트폰(아이폰4)	115.2×58.6×9.3mm	137g
2023	스마트폰(아이폰15)	147.6×71.6×7.8mm	171g

• **SIM 카드 :** SIM, Subscriber Identity Module Card, 전화번호를 특정하기 위한 고유 ID 번호가 기록된 카드

시스템 LSI 탑재 기기 ❷ 디지털카메라

디지털카메라는 화상을 기억하는 부분에 필름 대신 이미지 센서(광전기 변환 소자)를 이용한다. 이미지 센서의 수광 부분에는 300만~1,000만을 넘는 화소(픽셀)가 그물코처럼 배열돼 있다. 시스템 LSI로 한 장씩 화면으로 만들고, 데이터로 변환해서 메모리에 기록한다.

이미지 센서의 구조

이미지 센서란 광 강도(밝기)를 전기신호로 변환하는 광전기 변환 소자를 말한다. 제1장에서 설명한 반도체의 전기저항을 떠올려보자. 전자나 홀이 원자와 충돌해서 소멸하면 빛이나 열에너지가 된다고 했다. 이와 반대로 빛이나 열에너지가 반도체에 가해지면 전자(자유전자)가 생성되는 현상도 있다. 이렇게 빛을 자유전자로 변환하는 원리를 응용한 반도체인 포토다이오드를 여러 개 나열한 것이 이미지 센서다.

이미지 센서에는 **CCD**• 나 **CMOS**형이 있는데, 현재 대부분이 CMOS형을 쓴다. 전력 소비, LSI 시스템화 등 여러 면에서 유리하기 때문이다. 다만 의료용, X선 검출용 등 특수한 영역에서는 아직도 CCD를 사용한다.

카메라 성능에서 자주 말하는 화소 수(픽셀 수)란 촬상 화상이 되는 이미지 센서가 픽셀 몇 개로 구성돼 있는지를 나타낸 것이다. CMOS형 이미지 센서의 픽셀 치수는 크면 사방이 8~11㎛, 작으면 사방이 4~5㎛다. 최근에는 사방이 1㎛인 제품도 개발됐다.

이미지 센서(CCD, CMOS형)는 원래 흑백 화상인데, 컬러 필터(R 빨강, G 초록, B 파랑)가 붙어 있어 각 화소는 각 블록에서 RGB에 대응한 전자를 생성한다. 그 후 시스템 LSI에서 색 보정 같은 화상 해석을 처리한 다음, 화상으로 추출한다. CCD나 포토다이오드의 원리는 '8-3 방대한 수의 포토다이오드를 집적화한 이미지 센서'(241쪽)에서 자세히 설명한다.

• **CCD** : Charge Coupled Device

■ 디지털카메라용 시스템 LSI

디지털카메라의 포인트는 이미지 센서를 써서 광량에서 전기량으로 전환된 RGB 대응 데이터를 얼마나 깨끗하게 화상으로 재현할 수 있는가다. 화상 데이터 처리 LSI에서는 방대한 데이터를 아주 빠르면서도 낮은 전력 소비로 처리해야 한다. 가공된 데이터는 모니터 화면인 액정 패널에 표시되며 플래시메모리 같은 기록 미디어(원래는 카메라 필름)에 입력된다.

화상 데이터 처리 LSI는 CMOS(CCD) 센서에서 받은 아날로그신호를 디지털신호로 변환한다. 그리고 RGB 디지털 데이터에서 각 화소의 색을 보정(이미지 프로세싱)해서 실물에 가까운 빛깔을 낸다.

이 화상 데이터 처리 LSI는 크게 나눠서 CMOS 인터페이스, 화상 데이터 처리, 화상 데이터 압축(JPEG 방식으로 방대한 데이터의 품질을 떨어뜨리지 않고 압축), 비디오 인코더(화상 재생), 기록 미디어 제어, PC 기기 인터페이스, 카메라 제어(줌, 스트로브, 타이머, 자동 초점 등)와 그들을 제어하는 CPU로 구성된다. 기존에는 여러 개였던 칩이 현재는 하나에 모두 담겨 있다.

디지털카메라 화상의 메모리 용량

디지털카메라의 화소 수(픽셀 수)는 초기 31만 화소에서 현재 5,000만 화소를 넘는 제품까지 나왔다. 화소 수가 많을수록 당연히 색깔이 깨끗하고 풍부한 사진을 찍을 수 있다. 하지만 그것을 저장하는 메모리(플래시메모리) 용량은 촬영 화소 수에 따라 어마어마하게 커진다는 것을 이해하자. 아래 표에 대략적인 카메라 화소 수와 필요한 메모리 크기를 정리했다. 화상 압축 방식에 따라 메모리 크기는 조금씩 차이 난다.

화소	메모리 크기
31만 화소(640×480픽셀)	약 70KB
131만 화소(1,280×1,024픽셀)	약 400KB
192만 화소(1,600×1,200픽셀)	약 800KB
432만 화소(2,400×1,800픽셀)	약 2MB
675만 화소(3,000×2,250픽셀)	약 3MB
1,300만 화소(4,200×3,150픽셀)	약 6MB

디지털카메라의 구조

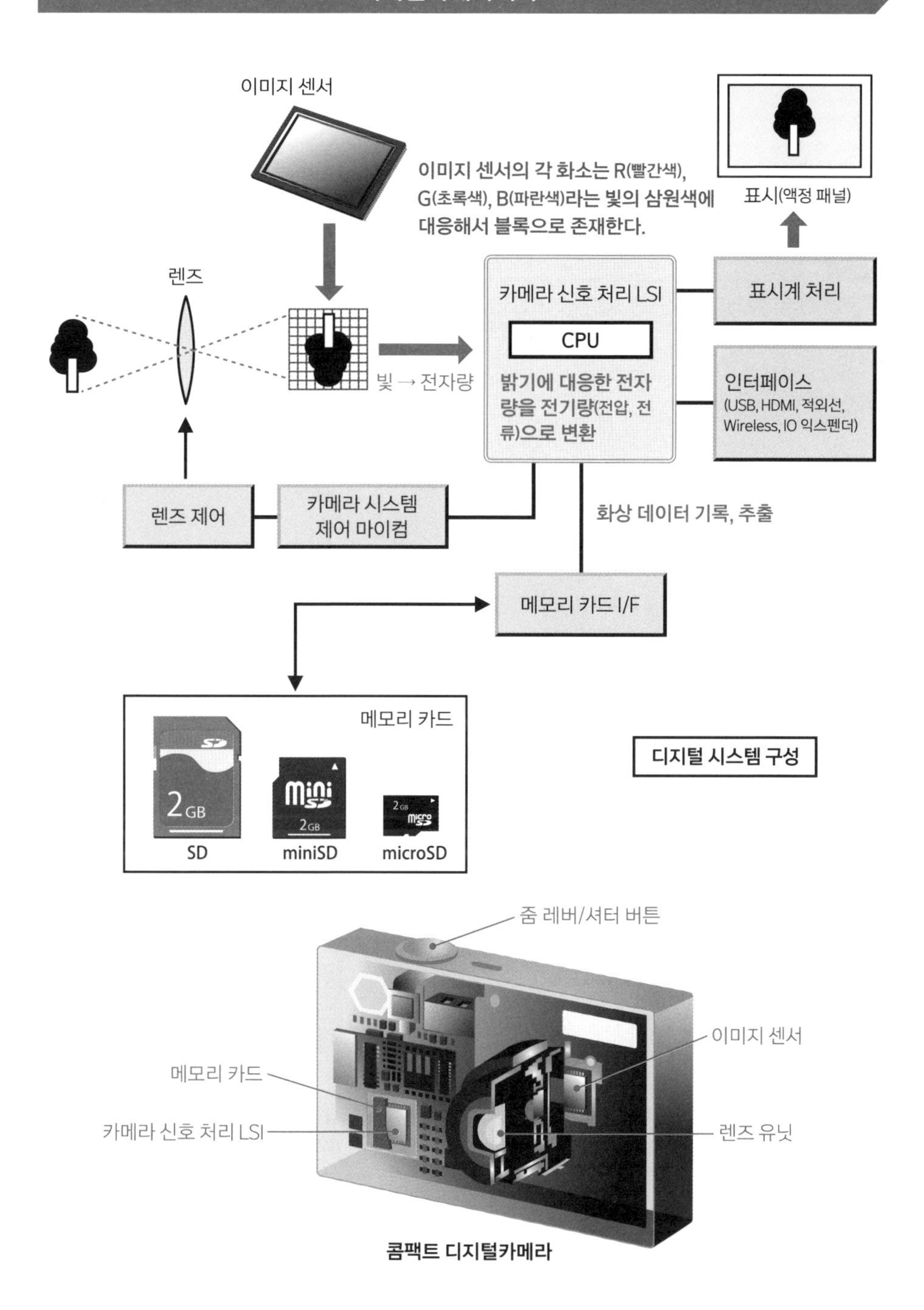

콤팩트 디지털카메라

IC, LSI 이외에도 반도체에는 여러 가지가 있다

이 장에서 소개한 IC, LSI 이외에도 IT 시대에 중요한 몇 가지 반도체가 있다.

1 바이폴라 트랜지스터

실리콘 소신호 트랜지스터 : RF 수신기에 이용하는 미소 신호 증폭용
전력 증폭 전력 트랜지스터 : 송신 출력의 전력 증폭용
오디오용 전력 트랜지스터 : 대출력 스피커 구동용
전원용 트랜지스터 : 스위칭 전원용

2 MOSFET(MOS 전계 효과 트랜지스터)

전력 MOSFET : 송신 출력이나 전원용 MOSFET(251쪽 참고)
IPD(Intelligent Power Device) : 부가 기능을 일체화한 전원용 IC

3 화합물 반도체

갈륨비소(GaAs) : 46쪽 참고
헴트(HEMT), SiGe HBT
실리콘카바이드(SiC)
갈륨나이트라이드(GaN)

4 광 반도체 소자

포토다이오드 : 236쪽 참고
이미지 센서(CCD, CMOS형) : 241쪽 참고
반도체레이저 : 247쪽 참고
발광다이오드(LED) : 235쪽 참고

■ 반도체 센서

자기 센서 : 자속 밀도(단위 면적당 자속량)의 변화로 물체의 접근이나 이동, 회전 등을 검지
압력 센서 : 단결정 반도체의 피에조 저항 효과(기계적인 힘에 따른 전기저항의 변화)를 이용해서 압력 변화를 검지
가속도 센서 : 가속도(단위 시간당 속도 변화)를 검출해서 진동, 충격, 기울기, 가로세로 등의 움직임 정보를 얻음
가스 센서 : 가스 누출, 배기가스 등을 검출
이온 센서 : 액체 속의 특정 이온에만 반응해서 이온 농도를 검출

제3장

반도체 소자의 기본 작동

트랜지스터의 기초 원리 배우기

LSI 전자회로의 기본 작동 원리를 이해하려면 P형과 N형 반도체가 접촉하는 PN 접합과 그 다이오드의 기능을 알아야 한다.

이 장에서는 PN 접합을 이용한 LSI에 탑재되는 바이폴라 트랜지스터, MOS 트랜지스터, LSI에서 가장 많이 사용되는 CMOS 트랜지스터, 메모리(DRAM, 플래시) 등의 기본을 설명한다.

PN 접합이 반도체의 기본

N형 반도체와 P형 반도체를 접합하면 N형 반도체의 전자는 P형 반도체 영역을 향해, 반대로 P형 반도체의 홀은 N형 반도체 영역을 향해 이동한 후 서로 합체해서 소멸한다. 그러면 두 반도체의 접촉면에는 전자와 홀이 모두 존재하지 않는 영역(공핍층)이 생긴다.

N형 반도체가 P형 반도체와 접촉하면 일어나는 확산 현상

전자와 홀에 대해서는 '1-5 불순물 종류에 따라 P형 반도체와 N형 반도체가 된다'에서 설명했지만, 다시 한번 복습해 보자. 불순물이 전혀 들어 있지 않은 고순도 단결정 반도체가 진성 반도체다. 진성 반도체에 불순물인 인(P), 비소(As), 안티모니(Sb)를 첨가한 것이 N형 반도체다. 알루미늄(Al), 붕소(B)를 첨가하면 P형 반도체다. 불순물을 첨가하면 반도체는 도체에 가까워진다. 도체란 전기전도가 있는 물질을 말한다. N형 반도체에서는 전기전도에 기여하는 캐리어(반도체 안에서 전류를 옮기는 것)가 전자, P형 반도체에서는 홀(전자가 나가고 뚫린 곳)인데, 불순물을 첨가할수록 각 반도체에서 캐리어가 생긴다.

전압을 가하지 않은 상태에서도 상온에서 일어나는 열여기* 때문에 불순물이 첨가된 N형 반도체에는 전자가, P형 반도체에는 홀이 많이 존재한다. 이 상태에서 N형 반도체와 P형 반도체를 접촉하면, N형 반도체의 자유전자는 P형 반도체 영역을 향해, 반대로 P형 반도체의 홀(자유롭게 돌아다닐 수 있는 홀)은 N형 반도체 영역을 향해 이동한다. 이를 확산 현상이라고 한다.

확산은 혼합물들의 농도가 다를 때 서로 섞여서 농도가 균일해지는 현상이다. P형 반도체와 N형 반도체는 전자(- 전하)와 홀(+ 전하)의 전하 에너지를 갖고 있는데, 이들이 하나로 묶이면 소멸한다. 전자와 홀이 하나로 묶여서 소멸한 영역은 캐리어인 전자나 홀이 거의 없는 상태가 된다. 이 영역을 **공핍층**이라고 부른다.

- **열여기** : 열 온도에 따른 에너지 충진

공핍층의 정체

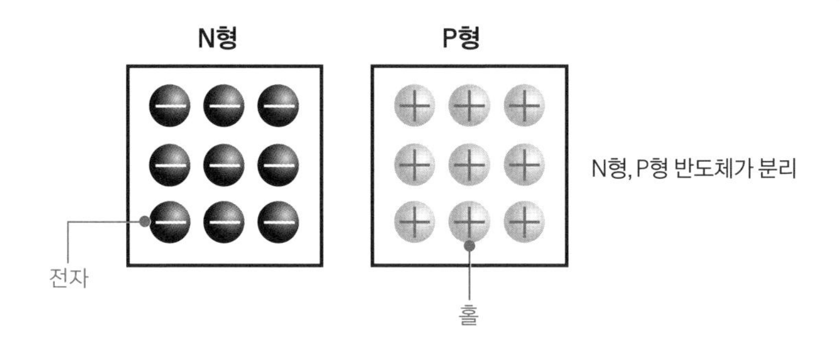

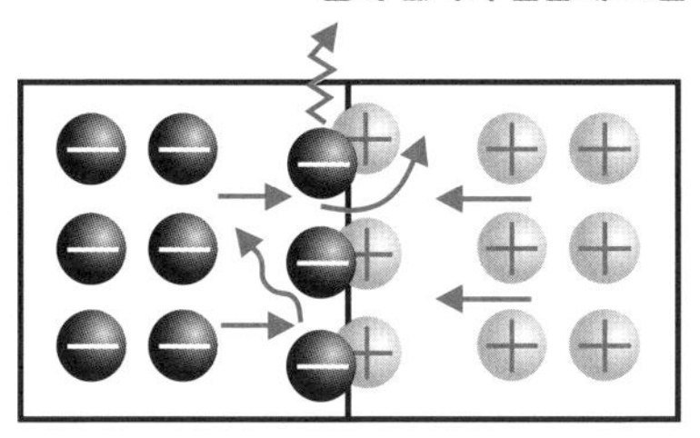

N형과 P형 반도체를 접촉하면, 전자와 홀은 서로 끌어당겨 결합한 다음 소멸한다.

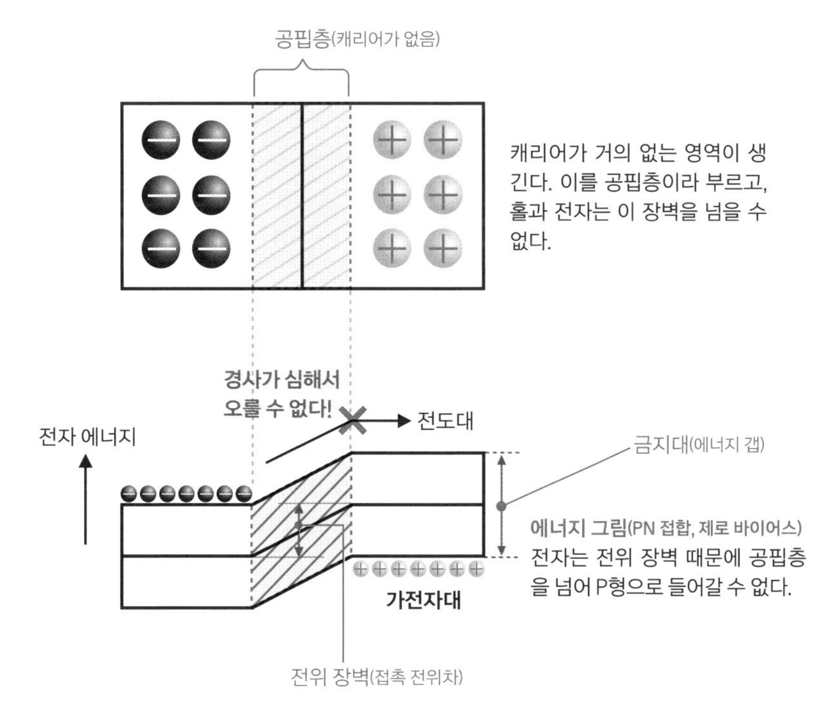

공핍층과 순방향/역방향 바이어스

공핍층은 사실 P형 반도체와 N형 반도체의 에너지가 천천히 평행이 되는 영역이라서 에너지 레벨은 경사가 지고, **전위 장벽**이라 불리는 에너지 벽이 만들어져 있다. 그래서 보통은 전자나 홀도 이 벽을 넘어 반대편 반도체로 갈 수 없다. 따라서 공핍층이 생긴 후에도 확산 중화해서 소멸하지 않은 전자와 홀이 아직 많이 남아 있다. 이렇게 공핍층을 가운데에 끼고 P형 반도체와 N형 반도체 각각에 홀과 전자가 존재하는 PN 접합이 생긴다.

PN 접합에 **순방향 바이어스**(PN 접합의 P 측에 전지의 +전극을, N 측에 −전극을 접속)를 하면, 전지의 −전극에서 전자가 N형 반도체로 공급된다. 이 조건에서는 전지 전압이 공핍층을 좁혀서 전위 장벽이 점점 작아지므로 캐리어가 쌍방으로 이동할 수 있고, 전자는 장벽을 넘어 P형 영역으로 흘러 들어가 홀과 결합한다. 전자는 잇따라 전지에서 공급되기 때문에 결합해서 소멸하지 않는 전자가 많다. 이 과잉된 전자가 전지의 −전극에서 +전극을 향해 흘러간다. 바꿔 말하면 전지의 +전극에서 −전극으로, PN 반도체를 통해 전류가 흐르는 상태다.

PN 접합에 **역방향 바이어스**(PN 접합의 P 측에 전지의 −전극을, N 측에 +전극을 접속)를 하면 전자가 전지의 −전극에서 P형 반도체로 공급되는데, P형 반도체의 홀과 결합해서 소멸하고 만다. 이 조건에서는 공핍층이 넓어져서 전위 장벽이 점점 커지므로 전자는 더욱더 장벽을 넘지 못하고 활동을 전혀 하지 못한다. 이때가 바로 PN 반도체에 전류가 흐르지 않는 상태다.

PN 접합에 순방향 바이어스를 한 경우

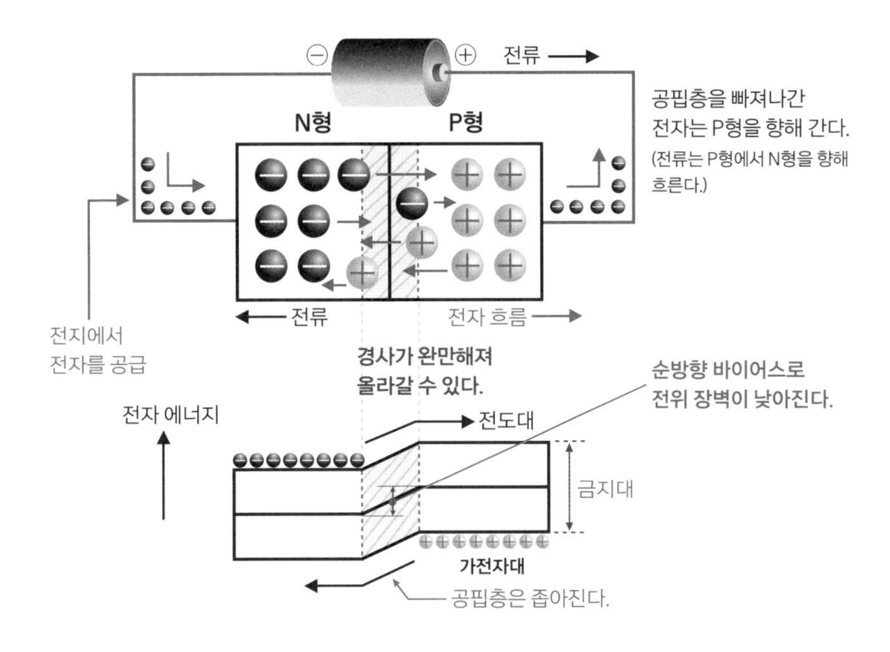

PN 접합에 역방향 바이어스를 한 경우

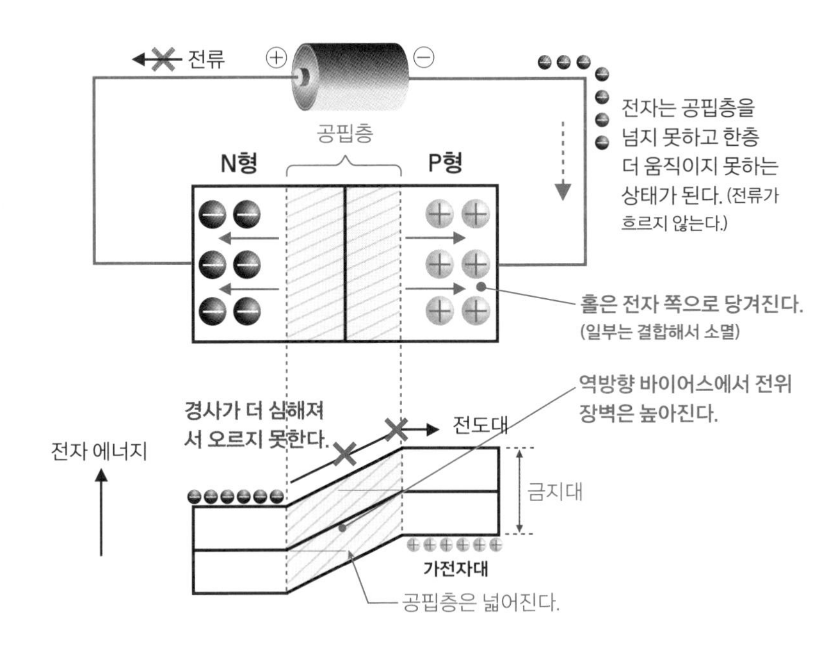

전류를 한 방향으로 보내는 다이오드란?

P형 반도체와 N형 반도체를 접합한 것이 반도체 전자 부품인 다이오드(diode)다. 다이오드는 P형에서 N형 반도체 방향으로만 전류를 보내는 정류 작용을 한다.

다이오드

P형 반도체와 N형 반도체를 접합한 것이 다이오드인데, 순방향 바이어스(P형 반도체에 +, N형 반도체에 −를 인가*)일 때는 전류가 흐른다. 또한 반대로 역방향 바이어스(P형 반도체에 -, N형 반도체에 +를 인가)일 때는 전류가 흐르지 않는다. 이 모습이 다이오드의 전압(V) 전류(I) 특성에 나타난다.

순방향 바이어스에서는 전자가 전위 장벽을 넘는 전압(이를 **순방향 전압** V_F라고 부름)을 인가했을 때, 전압값에 맞게 전류가 흐른다. 반대로 역방향 바이어스에서는 전류가 흐르지 않는다. 단, 반도체 구조에 따르기는 하지만 어떤 일정량 이상의 역방향 전압(이를 **역방향 내압 전압** V_R이라고 부름)에서는 전류가 흐른다. 이는 IC 구조(반도체 구조)

다이오드 V-I 특성

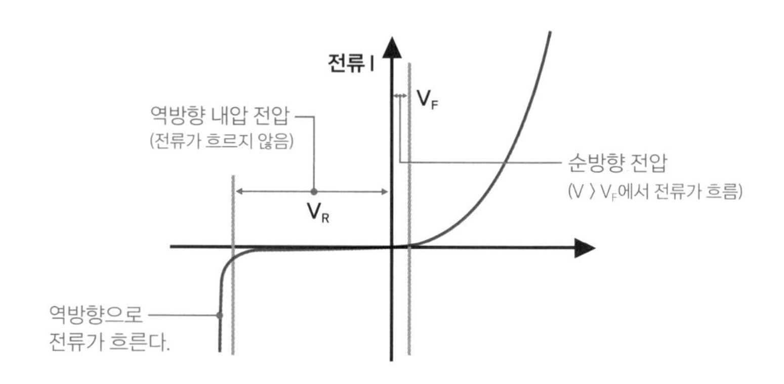

* **인가(印加)** : 전압을 가하는 것

상에서는 어쩔 수 없다. 따라서 LSI의 전류 전압은 역방향 내압 전압보다 충분히 낮은 전압으로 작동시킬 수 있다.

다이오드의 구조와 전류의 흐름

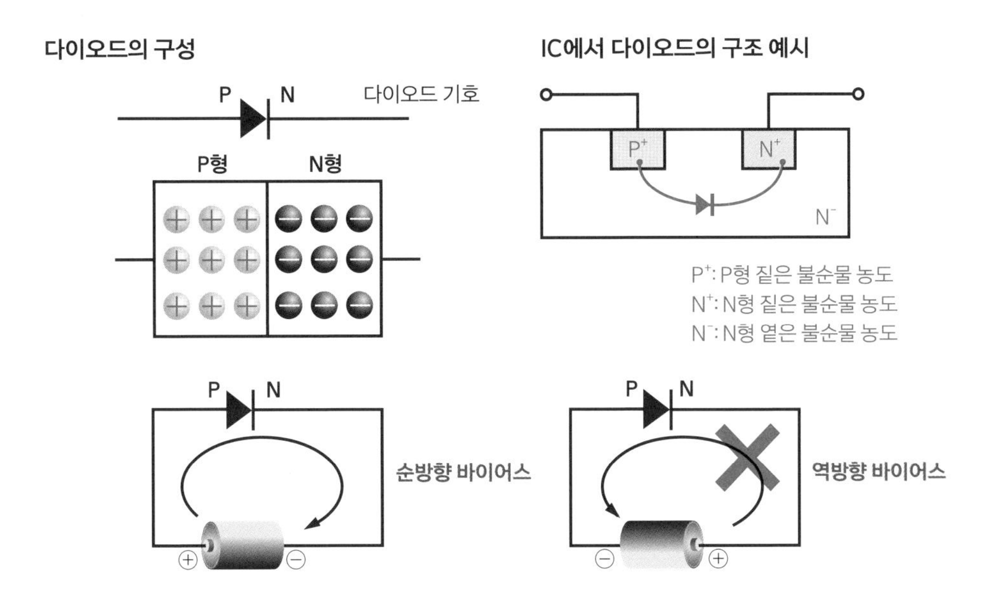

정류 작용

다이오드 정류 작용의 전형적인 예시가 교류(교대로 전류가 왔다 갔다 하는 전류로 예를 들면 가정의 전원 콘센트)를 직류(한 방향으로만 흐르는 전류로 예를 들면 전지)로 바꾸는 작용이다. 가정의 전원 콘센트(교류)에 전구를 접속해서 불을 켠 경우를 생각해 보자. 다이오드 없이 직접 전구를 접속한 경우는 일반 가정의 전등과 마찬가지로 전구가 밝게 빛난다. 교류이기 때문에 전기는 +와 – 쪽으로 교대로 흐른다.• 전구 쪽에서 보면 시간축 위에서는 항상 전류가 흐른다.

다이오드를 전류 콘센트에서 전구를 향해 순방향으로 접속한 경우, 절반의 시간만 전류가 흘러서 전류는 절반이 된다. 따라서 전구의 밝기가 어두워진다. 이 상태를 파형으로 나타내면, 파형은 +쪽에만 있다.

• **교대로 흐른다 :** 한국의 표준 전력 주파수는 60Hz로 이 주기에 맞춰 전류가 교대로 흐른다.

다이오드를 전원 콘센트에서 전구를 향해 역방향으로 접속한 경우, 전류의 파형은 – 쪽으로만 흐른다. 당연하지만 전구의 밝기는 순방향으로 접속했을 때와 똑같다. 전원을 전원 콘센트에서 전지로 바꿔 생각해 보자.

다이오드의 정류 작용(교류)

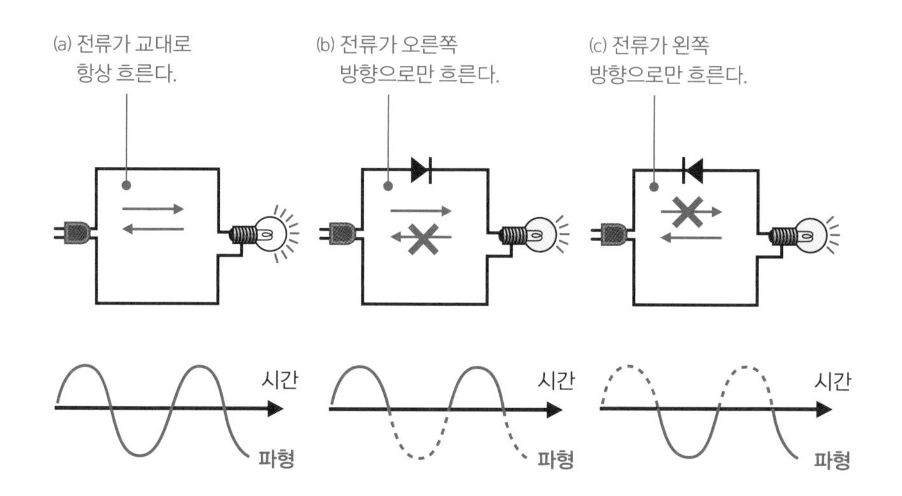

다이오드를 전지에서 전구를 향해 순방향으로 접속한 경우(a), 전류가 흐르기 때문에 전구에 불이 들어온다. 하지만 다이오드를 전지에서 전구를 향해 역방향으로 접속한 경우(b), 전류가 흐르지 않아 전구에 불이 들어오지 않는다. 이것이 전류를 한 방향으로만 흐르게 하는 **정류 작용**이다. (아래 그림 참고)

다이오드의 정류 작용(직류)

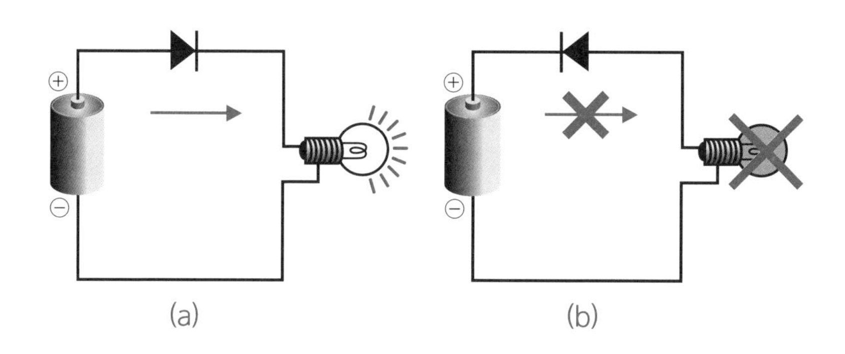

트랜지스터의 기본 원리, 바이폴라 트랜지스터란?

P형 반도체와 N형 반도체를 NPN 또는 PNP라는 샌드위치 모양으로 접합한 반도체 소자가 바이폴라 트랜지스터다. 바이폴라는 홀(+전하)과 전자(-전하)라는 쌍방 극성(폴)의 캐리어가 작동에 기여한다는 것에서 이름이 유래했다.

NPN 트랜지스터와 PNP 트랜지스터

트랜지스터는 P형 반도체와 N형 반도체를 NPN 혹은 PNP라는 샌드위치 모양으로 접합해서 구성한다. 소자 구조는 에미터(Emitter. 캐리어 주입), 베이스(Base. 작동 기반), 컬렉터(Collector. 캐리어 수집)라는 3단자로 이뤄진다. NPN 트랜지스터와 PNP 트랜지스터의 기본 구성, IC 구조, 기호는 다음 페이지에 각각 나타냈다.

NPN 트랜지스터의 기본 작동

여기서는 **NPN 트랜지스터**의 기본 작동을 생각해 보자. 전원은 컬렉터(C)~에미터(E) 사이에 살짝 큰 전압 V_{CE}를, 베이스(B)~에미터(E) 사이에 V_{BE}를 인가한다. V_{CE}는 원래 컬렉터(C)~베이스(B) 사이가 역방향 바이어스이기 때문에 전류가 흐르지 않는다.

한편 V_{BE}는 PN 접합의 순방향 바이어스가 인가돼 있기 때문에 베이스 전류 I_B가 흐른다. 그 말인즉슨, 전자가 에미터에서 베이스를 향해 주입된다. 에미터에서 베이스를 향해 주입된 전자의 일부는 베이스를 향하지만, 전자 대부분은 컬렉터~베이스 사이가 역방향 바이어스인데도 베이스 영역(실제로는 매우 얇은 층으로 이뤄져 있음)을 뚫고 나가 그대로 컬렉터를 향해 이동해서 컬렉터 전류 I_C가 된다. 이는 작은 베이스 전류 I_B로 인해 큰 컬렉터 전류 I_C를 얻었다는 뜻이다. 이것이 바이폴라 트랜지스터의 **증폭 작용**이다.

- **바이폴라 트랜지스터 :** Bipolar Transistor
- **트랜지스터 :** 보통 바이폴라 트랜지스터를 단순히 트랜지스터라고 부른다.

NPN 트랜지스터

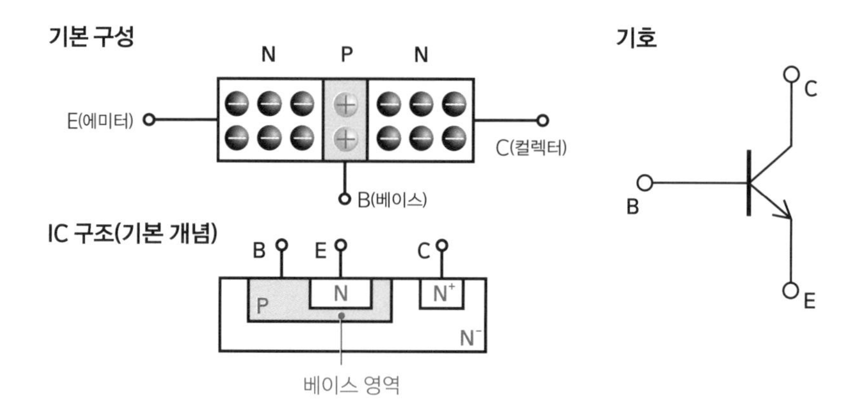

PNP 트랜지스터

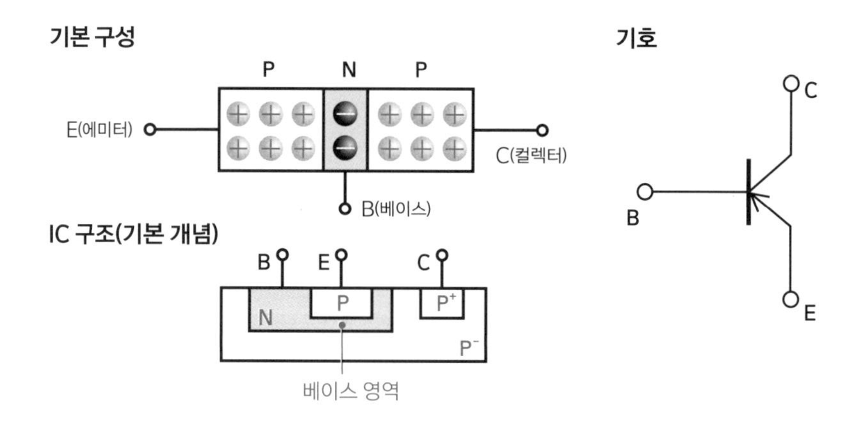

증폭 작용

증폭 작용에 대해 조금 더 설명해 보겠다. 다음 페이지의 회로도에서 이런 관계가 성립한다.

$I_E = I_B + I_C$

하지만 $I_C \gg I_B$이므로 이렇게 된다.

$I_E = I_B + I_C \fallingdotseq I_C$

여기서 $I_C / I_B = hfe$(전류 증폭률)이라고 하면 이렇게 되고,

$I_C = hfe \cdot I_B$

컬렉터 전류 I_C는 베이스 전류 I_B가 hfe 배로 증폭된 것이 된다. 이것이 증폭 작용의 기본이다.

실제 회로에서 증폭하는 기호는 노래방 마이크로 입력하는 것처럼 복잡한 교류 신호다. 여기서 실제 증폭 회로가 입력한 미소 신호를 충실히 증폭해 스피커에서 울리려면 더 복잡해진다.

NPN 트랜지스터의 기본 작동

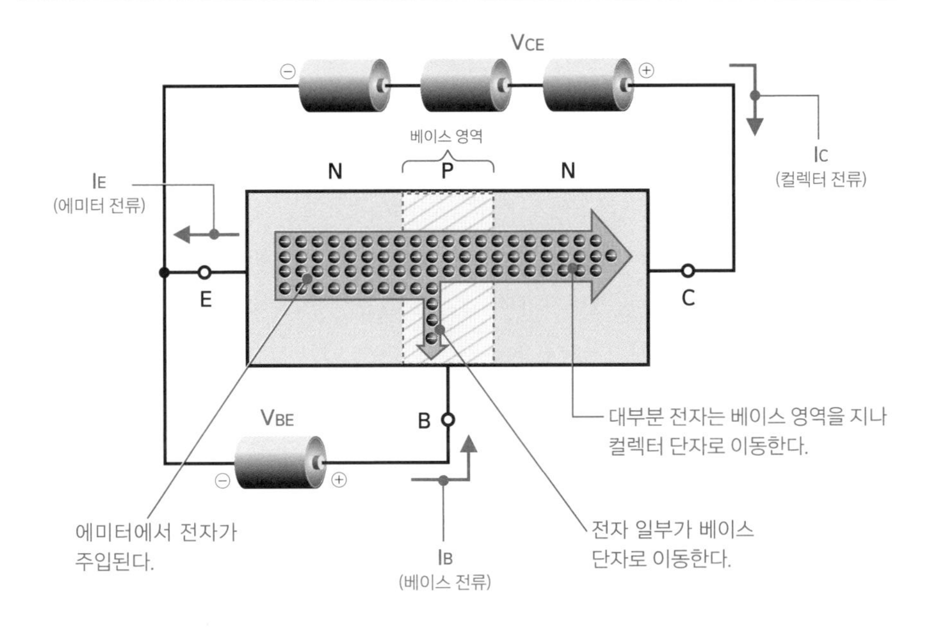

회로도에 따른 증폭 회로 설명

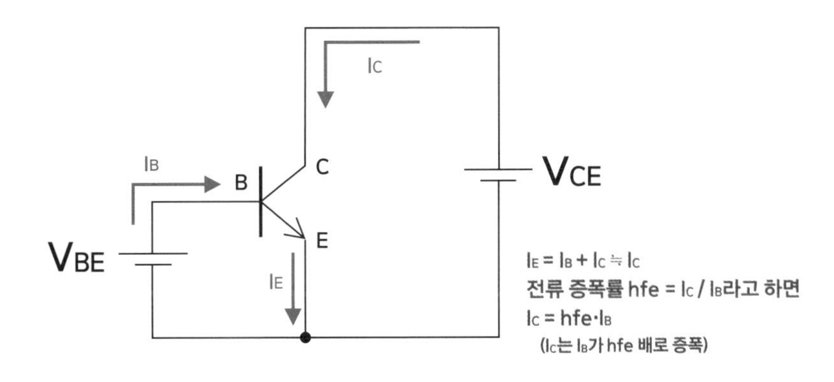

LSI의 기본 소자, MOS 트랜지스터란?

바이폴라 트랜지스터는 구조적으로 집적도를 올릴 수 없다. 그래서 주로 디지털회로로 쓰는 현재의 LSI에는 미세화가 어울리는 MOS 트랜지스터가 많이 사용된다. MOS 트랜지스터에는 N채널형과 P채널형이라는 두 종류가 있다.

MOS 트랜지스터의 기본 구조

MOS 트랜지스터의 정식 명칭은 MOS 전계효과형 트랜지스터(MOS Field Effect Transistor)다. 바이폴라 트랜지스터가 전류 제어로 작동하는 반면, MOS 트랜지스터(이하 MOST)는 전압(전계) 제어로 작동하기 때문이다. 또한 바이폴라 트랜지스터는 전류가 흐르는 데 기여하는 캐리어가 두 종류(홀과 전자)인 반면, MOST는 캐리어가 한 종류라서 모노폴라 트랜지스터로 분류하는 방법도 있다.

바이폴라 트랜지스터는 세로 구조의 베이스 영역에서 홀과 전자가 캐리어 작동을 한다. 이에 비해 MOST의 구조는 매우 단순하다. 게이트(G) 전압을 줄지 말지 제어하는 것에 따라 드레인(D)과 소스(S)라는 두 가지 전극 사이에 전류 패스(채널이라고 부름)를 유기시키고, 드레인~소스 사이에 전류를 흐르게 한다. 따라서 반도체 기판에 소스와 드레인을 만들고, 게이트에서 절연막을 통해 전압을 가하는 단순한 구조다. 채널 영역에서 전도에 기여하는 캐리어가 흐르는 폭 방향을 채널 폭(W), 주행하는 거리 방향을 채널 길이(L)이라고 부른다.

바이폴라가 세로 구조인 것과 달리 MOST는 가로 방향(표면) 구조이므로 비교적 단순하고 미세화가 가능해서 고집적이 필수인 LSI에 적합하다. MOST 작동을 전류 전도에 기여하는 캐리어에 따라 분류할 수 있다. 전자가 기여하는 것이 N채널형 MOS 트랜지스터(**NMOS**), 홀이 기여하는 것이 P채널형 MOS 트랜지스터(**PMOS**)다.

NMOS 트랜지스터의 스위칭 작동

NMOS에서는 드레인(D)~소스(S) 사이에 드레인 전압 V_{DS}를, 게이트(G)~소스(S) 사이에 게이트 전압 V_{GS}를 인가한다.

V_{GS}에 전압을 인가했을 때, 그 전압(+전하)에 따라 P기판(홀이 가득한 반도체 기판)에서 전자(이 경우 소수 캐리어가 됨)가 MOS 트랜지스터로 표면 유기된다. 이것은 게이트가 +전하로 채워져서 그에 따른 유인 작용 때문에 −전하의 전자를 게이트 바로 아래 표면으로 끌어당기는 것이다. 만약 V_{GS}가 점점 커져서 많은 전자가 게이트 바로 아

MOS 트랜지스터(N채널형)의 기본 개념

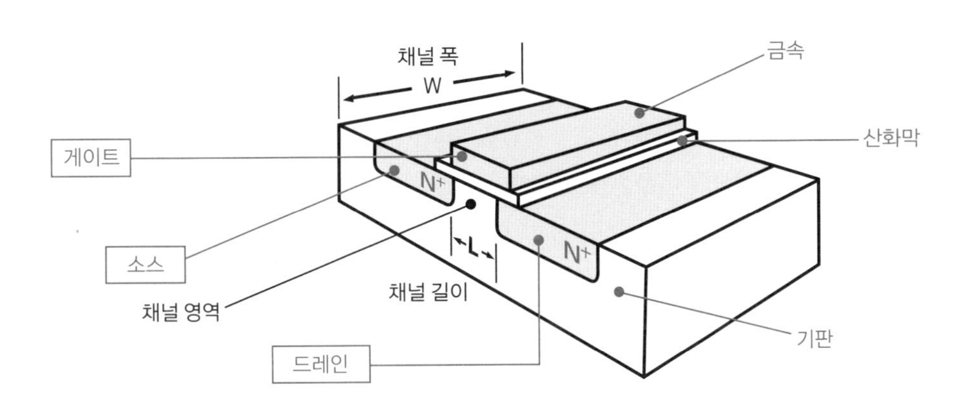

MOS 단면의 기본 개념

N채널 MOS의 단면도

게이트(G)
산화막
소스(S)
드레인(D)
N+
N+
P기판
채널 영역

P채널 MOS의 단면도

G
산화막
S
D
P+
P+
N기판
채널 영역

래 표면(채널 영역)으로 유기되면, 드디어 드레인(전자가 가득함)과 소스(전자가 가득함) 사이에 전자가 이동할 수 있는 채널이 형성되고, 양 단자는 접속된다.

여기서 V_{DS}가 인가돼 있기 때문에 드레인(D)에서 소스(S) 쪽으로 전류 I_{DS}가 흐른다. 이것이 NMOS의 스위치 작동인데, SW(스위치)가 OFF에서 ON이 된 상태다. 또한 SW=ON이 되는 데 필요한 V_{GS}를 **V_{th}(임계 전압)**이라고 부른다. NMOS는 $V_{GS} < V_{th}$일 때 OFF, $V_{GS} \geqq V_{th}$일 때 ON이 된다.

PMOS의 스위치 작동도 똑같이 생각할 수 있다. 그러나 PMOS는 NMOS와 달리 모든 부전압에서 작동한다. 이들의 전압 V_{GS}—전류 I_{DS} 특성을 다음 페이지의 그림에 나타냈다.

전압 V_{GS}—전류 I_{DS} 특성에서 알 수 있듯이, V_{GS}의 크기에 비례해서 I_{DS} 전류는 증가한다. 이것은 MOST에서는 V_{GS} 전압에 따라 증폭 작동이 있다는 사실을 나타낸다. 바이폴라 트랜지스터가 전류 때문에 증폭 작동(스위치 작동)을 하는 것과 달리, MOST에서는 전류를 거의 필요로 하지 않고 전압만 가지고 증폭 작동(스위치 작동)을 할 수 있다. 이것을 **전압 제어**라고 부른다.

NMOS의 스위치 작동

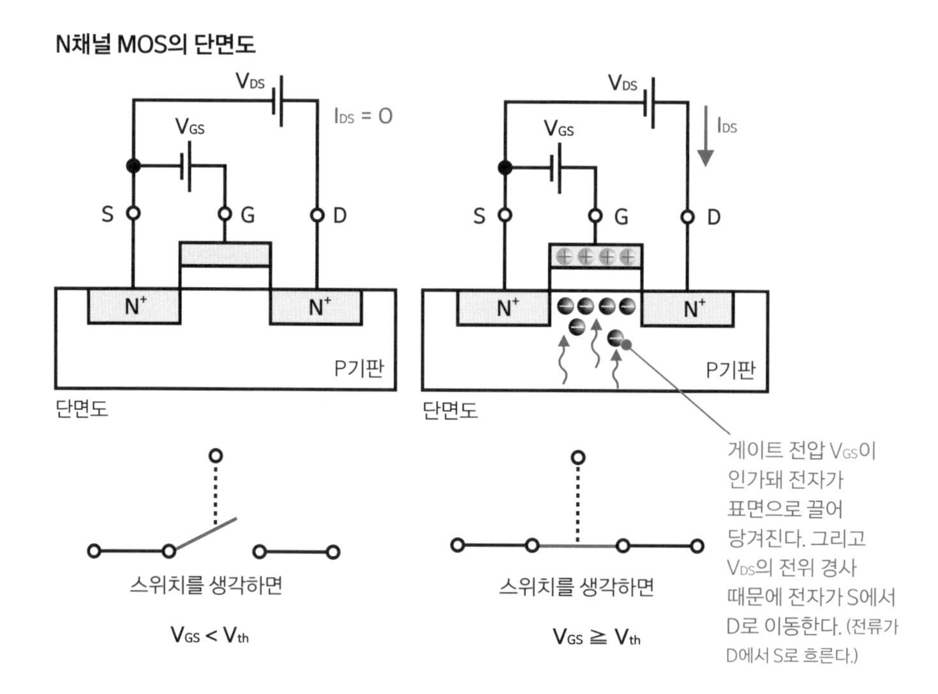

미세화와 더불어 간단하게 구조를 더할 수 있고, 전력 소비 측면에서도 MOST가 바이폴라 트랜지스터보다 유리하기 때문에 MOST는 LSI의 주류가 됐다.

NMOS, PMOS의 전압 V_{GS}—전류 I_{DS} 특성

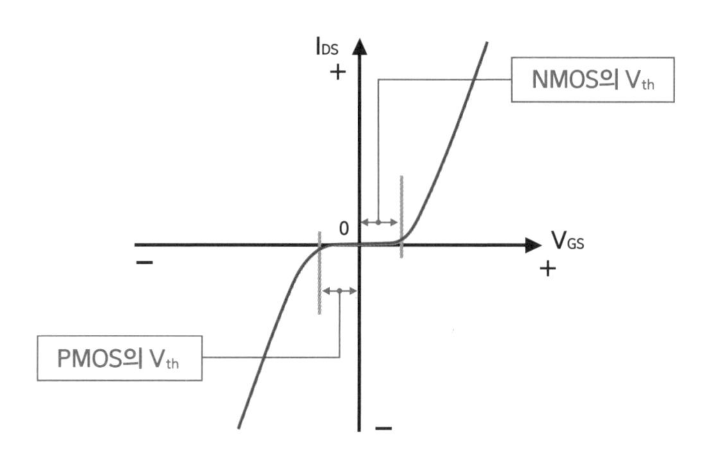

PMOS의 스위치 작동

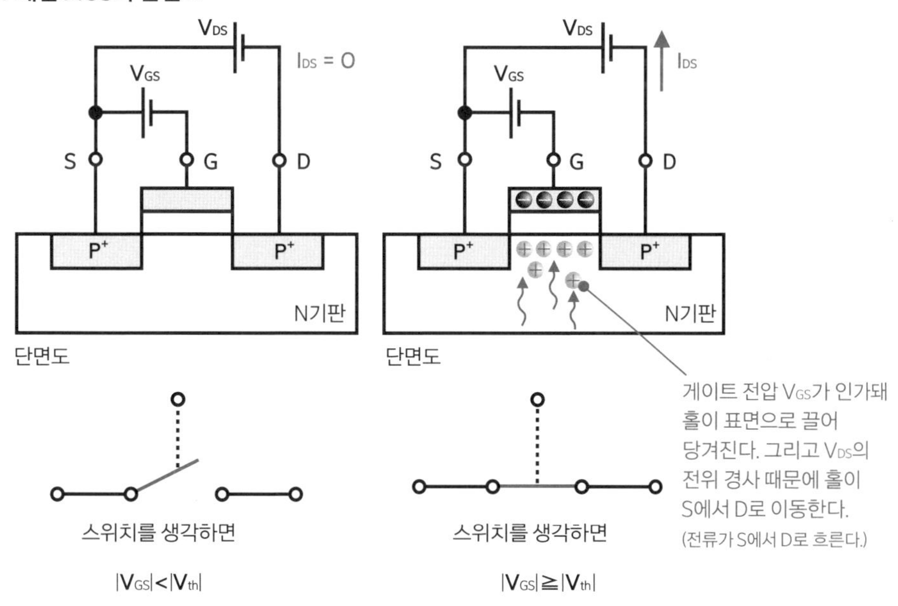

3-05 가장 자주 쓰이는 CMOS란 무엇인가?

PMOS와 NMOS의 작동 특성을 상호 보완적(Complementary)으로 조합한 LSI가 CMOS다. CMOS·LSI는 PMOS나 NMOS에서 쓰는 회로 구성과 비교해서 전력 소비가 낮다. 저전압에서 작동하며, 내잡음 여유도가 커서 LSI 종류 중에서도 가장 많이 쓰인다.

PMOS+NMOS=CMOS

CMOS(Complementary MOS)는 PMOS와 NMOS를 한 쌍으로 이용한다. 아래 그림 왼쪽은 LSI 논리회로에서 가장 기본적인 구성을 보여준다. 인버터•(이 경우 **CMOS 인버터**)라고 불린다. 이 작동을 이해하면 CMOS의 최대 특징인 **저전력 소비**를 이해할 수 있다.

아래 그림 오른쪽은 이 기본 구성을 실제 반도체로 만들어낸 사례인데, 아래 그림

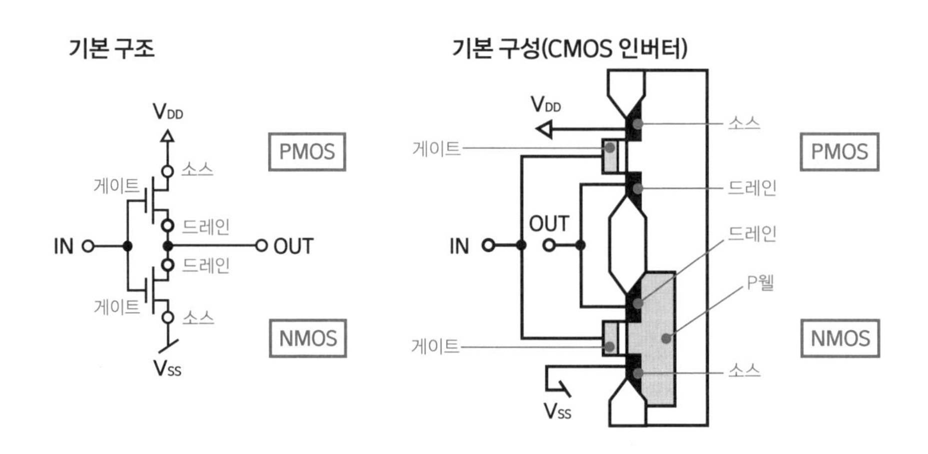

• **인버터** : 입력 신호를 반전하는 회로를 말한다. 자세한 내용은 116쪽 '4-4 LSI에서 이용하는 기본 논리게이트란?'을 참고.

왼쪽의 회로도와 마찬가지로 실리콘 기판에도 **NMOS**, **PMOS**는 한 쌍으로 만들어져 있다. 반도체 기판 하나에 반도체 두 종류를 만들어야 하므로 이 예에서 NMOS는 P 웰(P형 반도체 영역) 안에 만든다.

CMOS 인버터의 기본 작동을 보면, NMOS의 스위칭 작동을 PMOS에도 똑같이 이용한다. 인버터(반전 회로)는 나중에 자세히 설명하겠지만, 여기서는 입력 신호를 반전하는 회로, 다시 말해 입력이 H(=V_{DD})일 때 출력이 L(=V_{SS})이 되고, 입력이 L(=V_{SS})일 때 출력이 H(=V_{DD})가 되는 회로라고 이해하면 된다. 그러므로 여기서 CMOS 인버터를 설명할 때 NMOS와 PMOS를 스위치로 생각하려고 한다.

먼저 입력이 H인 경우에 PMOS 트랜지스터는 OFF가 되므로 스위치는 오픈, 반면 NMOST는 ON이 되므로 스위치는 쇼트가 된다. 따라서 출력은 L이 된다.

그런데 실제로는 그림처럼 기계적으로 오픈, 쇼트가 있는 것은 아니다. 각 트랜지스터는 고유의 저항값을 갖는다. 예를 들어 OFF 상태에서 PMOS 트랜지스터의 저항값은 대략 1,000MΩ 이상, ON 상태에서 NMOST는 1~10kΩ(채널 폭 W/채널 길이 L, 게이트 전압 등에 의존)으로 생각하자. 따라서 출력전압은 저항 분할비로 결정되고, 대부분 L과 같아진다.

반대로 입력이 L일 때 PMOS 트랜지스터는 ON이므로 스위치는 쇼트, 반면 NMOS 트랜지스터는 OFF이므로 오픈이 된다. 따라서 위의 설명과 같은 이유로 출력은 H(=V_{DD})와 같아진다.

CMOS 인버터는 입력이 일정하다면 여분의 전류가 생기지 않는다

이처럼 NMOS와 PMOS의 작동 전압 관계를 상보적으로 이용하면 입력이 일정(H, L)할 때는 이 한 쌍의 MOS 가운데 한쪽이 OFF가 되고, 전원인 V_{DD}에서 접지 V_{SS}로 여분의 소비 전류가 흐르지 않는다.

그러나 NMOS 인버터로 생각해 보면, 입력이 H(=V_{DD})로 일정할 때 NMOS는 ON이 되므로 V_{DD}에서 V_{SS}를 향해 전류 $I=(V_{DD}-V_{SS})/R$은 계속 흐른다. 그러면 디지털회로('1', '0')보다 절반의 주기로 여분의 전류가 생겨버리고 만다. PMOS 인버터에서도 똑같은 일이 일어난다.

따라서 PMOS·LSI나 NMOS·LSI가 회로 작동하지 않을 때도 항상 여분의 소비 전류를 필요로 하는 것과 달리, CMOS·LSI는 큰 우위를 점하는 것이다.

CMOS 인버터의 기본 특성(스위치 특성)

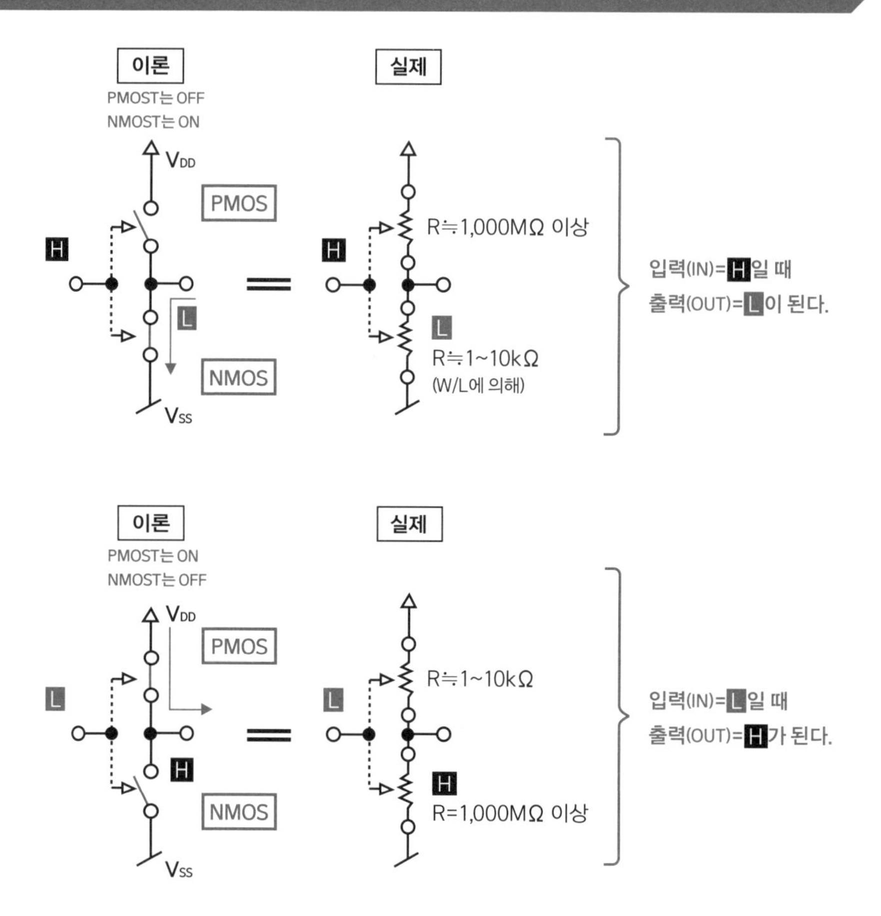

CMOS 인버터는 입력이 일정(H, L)하다면 여분의 소비 전류가 흐르지 않는다

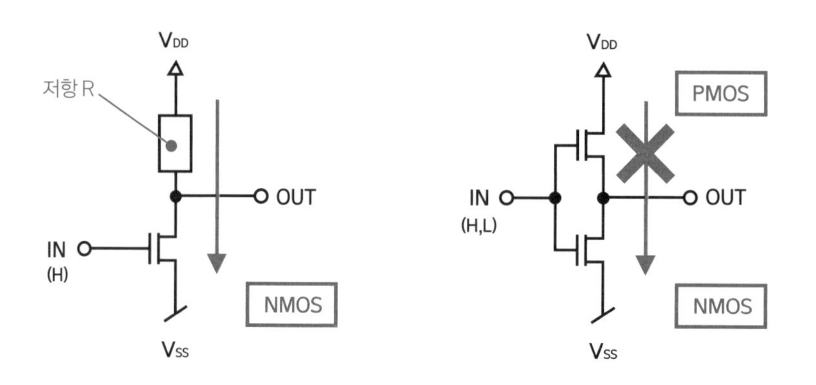

메모리 DRAM은 어떻게 작동하고 기본 구조가 어떠한가?

대표적인 반도체 메모리인 DRAM의 메모리 셀은 MOS 트랜지스터 1개와 콘덴서 1개로 이뤄져 있다. 콘덴서는 전하를 축적하는데, 콘덴서에 전하가 있을 때를 '1', 없을 때를 '0'으로 기억한다. MOS 트랜지스터는 콘덴서 전하를 기억하거나 읽기 위한 스위치다.

DRAM의 메모리 셀 구조와 작동 이론

DRAM(Dynamic RAM)의 **메모리 셀**•은 MOS 트랜지스터 1개와 콘덴서 1개로 이뤄졌다. **워드 라인**•(word line)과 **비트 라인**•(bit line)을 제어해 워드 라인과 비트 라인의 교차점을 선택한 후, MOS 트랜지스터를 이용해 콘덴서에 전하를 충전(쓰기)하거나 방전(읽기)해서 메모리를 작동한다. 콘덴서는 전하가 있을 때를 '1', 없을 때를 '0'으로 기억한다. 대용량화와 더불어 MOS 트랜지스터, 콘덴서 모두 미세화가 진행되고 있는데, 콘덴서는 단위 면적당 용량을 늘리려고 수직 기둥 모양 구조로 돼 있다.

DRAM의 메모리 셀 구성

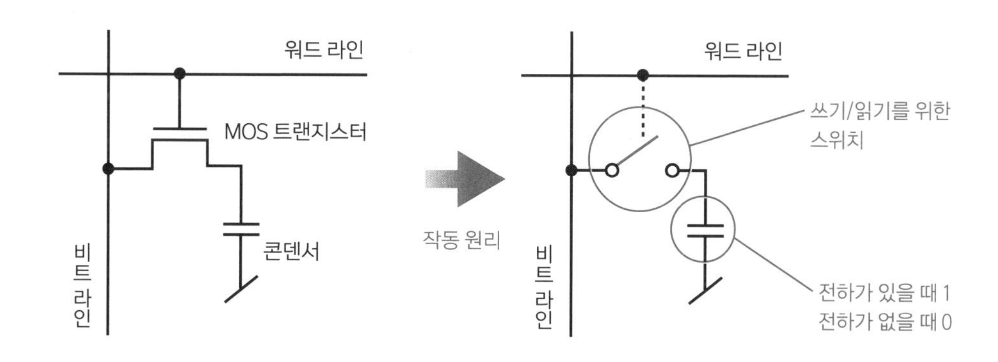

- **메모리 셀 :** 기억 소자를 구성하는 기본 단위. 메모리는 메모리 셀의 집합체로 생각한다.
- **워드 라인 :** 메모리 셀 어레이 중에서 한 행을 선택하기 위한 제어 신호선
- **비트 라인 :** 메모리 셀 어레이 중에서 한 열을 선택하기 위한 제어 신호선

메모리 셀에 쓰고 읽는 방법

1 '1'을 쓸 때는 워드 라인을 H레벨(MOS 트랜지스터가 ON, 즉 스위치가 ON이 되는 전압 상태)로 하고, 비트 라인의 전압도 올려서(H레벨) 콘덴서에 전하를 충전한다. 이것이 메모리 상태 '1'이다. 이때 콘덴서가 이미 전하가 있는 '1'의 상태라면, 아무리 써도 변화는 없다.

2 '0'을 쓸 때는 워드 라인을 H레벨로 하고, 비트 라인의 전압은 OV로 해서(L레벨) 콘덴서의 전하를 방전시켜 콘덴서의 전하를 없앤다. 이것이 메모리 상태 '0'이다. 이때 이미 콘덴서에 전하가 없는 '0'의 상태라면, 아무리 써도 변화는 없다.

3 '1'을 읽을 때는 워드 라인을 H레벨로 하고, 비트 라인을 검출 상태로 한다. 만약 콘덴서의 전하가 '1'이라면 콘덴서에서 전하가 검출 상태인 비트 라인으로 흘러 들어와서 비트 라인의 전압은 순간적으로 올라간다. 이것을 '1' 상태로 해서 읽는다. 이때 기억 내용은 일시적으로 사라진다.

4 '0'을 읽을 때는 워드 라인을 H레벨로 하고, 비트 라인을 검출 상태로 한다. 만약 콘덴서의 전하가 '0'이라면 콘덴서에서 오는 전하가 없기 때문에 비트 라인의 전압은 변화하지 않는다. 이것을 '0' 상태로 해서 읽는다.

메모리 셀에 쓰고 읽는 방법

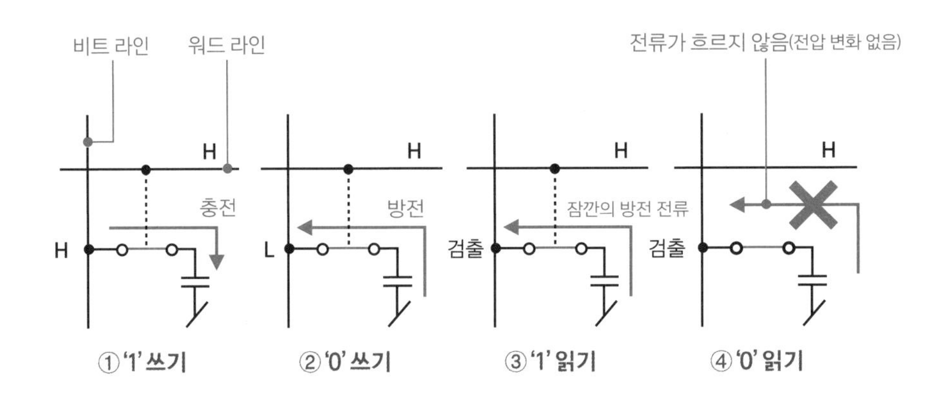

메모리 셀 위치 선택

메모리 셀을 워드 라인, 비트 라인을 따라 나열한 것이 실제로 사용하는 메모리 어레이다. 아래 그림에 나타낸 메모리 어레이는 4bit×4bit다. 여기서는 알기 쉽게 MOS 트랜지스터를 스위치로 바꿨다.

리플래시 작동

앞서 설명했듯이 DRAM에서는 읽기 때문에 메모리 셀의 전하가 유실되고, 기억 내용이 사라진다. 또한 콘덴서 전하도 매우 적어서 구조상 매우 적은 누설 전류로 기억 내용이 바뀐다. 그래서 DRAM에서는 기억 내용을 유지하기 위해 일정 시간마다 동일한 데이터를 반복해서 쓰는 **리플래시 작동**이 필요하다.

미세 가공 기술에 따른 대용량화

반도체 미세 가공 기술의 발전에 따라 DRAM의 대용량화가 진행되고 있다. 미국 인텔이 1970년에 선보인 DRAM은 1Kb였지만, 현재는 다양한 회사에서 32Mb~8Gb(프로세스 룰• 18nm~20nm)의 제품을 판매하고 있다. 메모리 용량이 1Kb에서 8Gb로 무려 약 800만 배가 된 것이다.

메모리 어레이

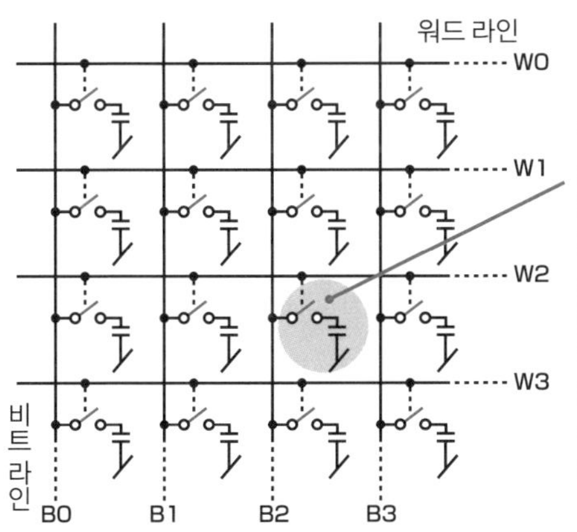

메모리 어레이에서 이 부분의 셀(W2, B2)을 선택하려면 먼저 W2=H로 둬서 스위치를 ON으로 하고 B2를 선택해 쓰기 작업에서는 H 혹은 L, 읽기 작업에서는 검출 상태로 둔다.
선택한 셀 이외의 워드 라인은 L이므로 콘덴서는 스위치로 비트 라인과 동떨어져 있어 변화하지 않는다. 이처럼 차례차례 비트 라인을 워드 라인으로 바꾸고, 모든 메모리 셀을 주사(走査)해서 모든 정보를 쓰고 읽는다.

• **프로세스 룰 :** 반도체 제조 공정에서 최소 가공 수치를 규정한 것. 프로세스 룰에 따라 회로 패턴 설계의 디자인 룰이 정해진다.

휴대기기에서 활약하는 플래시메모리란?

플래시메모리는 데이터 덮어쓰기(쓰기, 삭제)가 가능한 RAM과 전원을 꺼도 데이터 보존이 가능한 ROM의 장점을 모두 가진 EEPROM에 속하는 비휘발성 메모리다.

메모리 분야를 DRAM과 플래시메모리로 나눈다

기존 메모리는 컴퓨터나 PC에서 DRAM이 견인해 왔지만, 현재는 **플래시메모리**가 휴대전화의 작동 프로그램, 메일과 화상 데이터, 디지털카메라 화상 데이터 등의 저장 용도로 쓰인다. 디지털 정보 가전 기기에는 빠질 수 없는 존재이며 메모리 분야를 DRAM과 양분하고 있다.

플래시메모리는 데이터 덮어쓰기(쓰기, 삭제)가 가능한 RAM과 전원을 꺼도 데이터 저장이 가능한 ROM의 장점을 모두 가진 EEPROM•에 속하는 비휘발성 메모리다. 삭제 방법을 일괄화(플래시 타입)해서 기존 EEPROM의 삭제 방법이 주소 지정이었던 것과 달리 바이트나 블록 단위로 한꺼번에 처리한다. 이 덕분에 메모리 셀 구조를 단순화하고, 이것으로 고집적 대용량화나 데이터 읽기의 고속화(덮어쓰기는 저속) 등을 실현하면서 나아가 비용도 쉽게 줄일 수 있다.

플래시메모리는 ROM과 RAM의 장점을 겸비했다

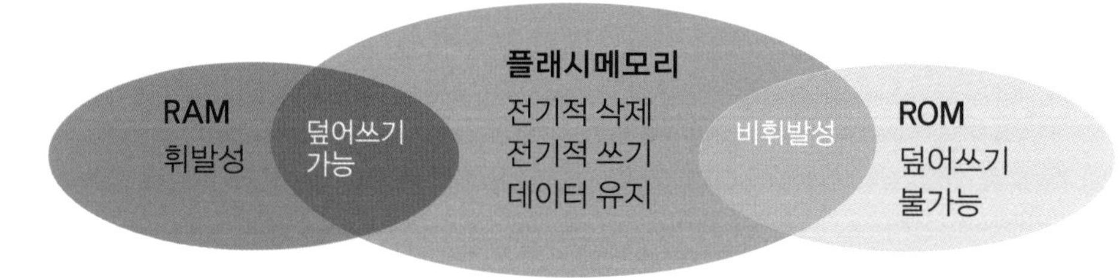

• EEPROM : 자세한 내용은 50쪽 '2-5 메모리 종류'를 참고

플래시메모리의 분류와 특징

플래시메모리는 구성 방법에 따라 몇 종류가 있지만, 크게 **NAND형**과 **NOR형**으로 분류할 수 있다.

NAND형은 메모리 셀을 직렬 접속해서 비트 라인의 셀 1개당 콘택트 수(트랜지스터와 배선 금속을 접속하는 수)를 줄여 집적도를 높인다. 이 방식은 일괄적으로 데이터에 액세스할 때 유리하고, 메모리 대용량화 요구에 맞게 디지털카메라(화소 수), 스마트폰(영상의 데이터 용량), 비디오카메라(녹화 시간) 등 매우 많은 기기에 탑재돼 있다. 양산을 하면서 급격히 비용을 절감할 수 있었고, PC의 하드디스크를 대신해 SSD*로 사용되고 있다.

NOR형은 비트 라인을 각 셀에 병렬 접속했기 때문에 집적도는 NAND형보다 떨어진다. 하지만 랜덤 읽기(메모리 셀에 대한 데이터 읽기가 규칙적으로 한정되지 않고 임의로 할 수 있는 것)를 할 수 있으면서 고속 데이터 액세스가 가능해서 NAND형과 비교했

플래시메모리 셀 어레이 구조

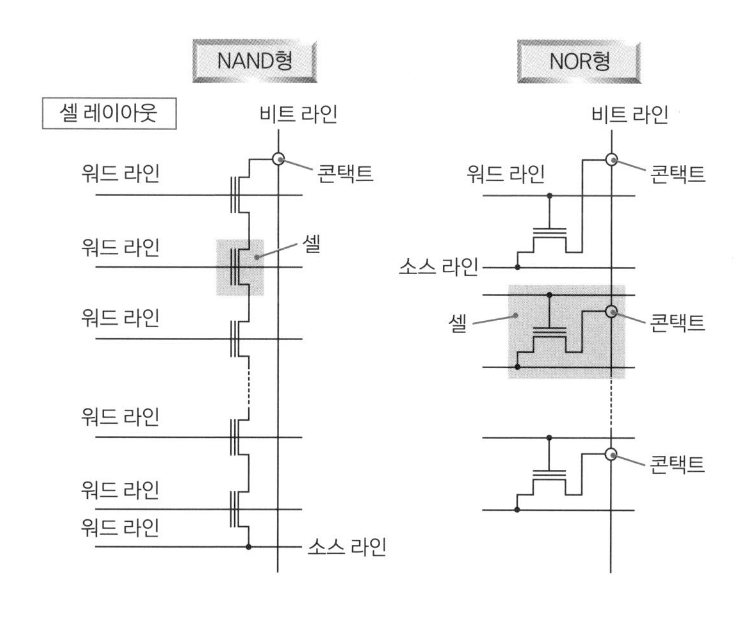

● **SSD** : Solid State Drive, 하드디스크 드라이브(HDD)와 같은 기능을 가진 반도체 메모리 기억장치

을 때 유리한 점도 있다. 이 때문인지 PC의 OS, 휴대전화의 프로그램, 데이터 등을 저장하는 메모리로 많이 이용한다. 또한 NAND형 플래시메모리의 용량은 급격히 커지고 있으며, 3DNAND형 플래시메모리가 실현되면서 1TB(1,000GB) 이상의 제품도 등장했다.

플래시메모리(NOR형)의 기본 구조

플래시메모리 NOR형의 기본 구조는 일반적인 MOS 트랜지스터와 비교해서 제어 게이트와 기판 사이에 제2의 게이트인 **플로팅 게이트**(floating gate)가 있는 것이 특징이다. 플로팅 게이트의 전하 상태(전하가 있거나 없는 상태)가 메모리의 '1', '0'을 만들어 낸다. 이 전하는 절연막으로 격리돼 새어 나오지 않기 때문에 전원을 꺼도 상태가 유지된다.

NOR형 플래시메모리 구조의 제어 게이트는 일반적인 MOS 트랜지스터의 게이트와 같지만, 기능적으로는 메모리의 쓰기·삭제·읽기를 위해 제어 전압을 가하려고 쓴다.

플로팅 게이트는 어떤 전위점에도 접속돼 있지 않고, 전기적으로 떠 있는 게이트를 말한다. 플래시메모리에서 쓰는 전하 축적용 특수 게이트다. 또한 플로팅 게이트의 아래층에는 수십 볼트의 전압으로 전류를 통하게 하는, 즉 쓰기 작업을 할 때 기능하는 **터널 산화막**이 있다. 이것은 몇 nm 두께의 극박 절연막이며, 터널 산화막이 흐르게 하는 전류를 **터널 전류**라고 부른다.

플래시메모리(NOR형)의 기본 구조

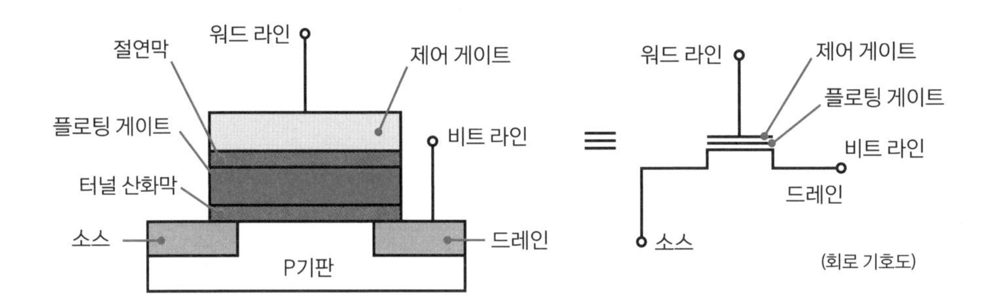

플래시메모리(NOR형)의 작동 원리

플래시메모리(NOR형)가 데이터를 쓰고 읽고 삭제하는 각 과정에 어떤 작동 원리가 있는지는 아래 그림으로 간단히 설명하겠다.

NAND형 플래시메모리의 다치화 기술

NAND형 플래시메모리는 셀 구조나 회로를 구성하는 기술, 프로세스 기술 등 신기술이 개발되면서 대용량화로 이어지고 있다. 다치(多値, multilevel) 기술 덕분에 정보 유지 형태가 **SLC**•(1비트/셀)에서 **MLC**•(n비트/셀)로 바뀌어 한층 더 용량이 커지고 있다.

플래시메모리(NOR형)의 작동 원리

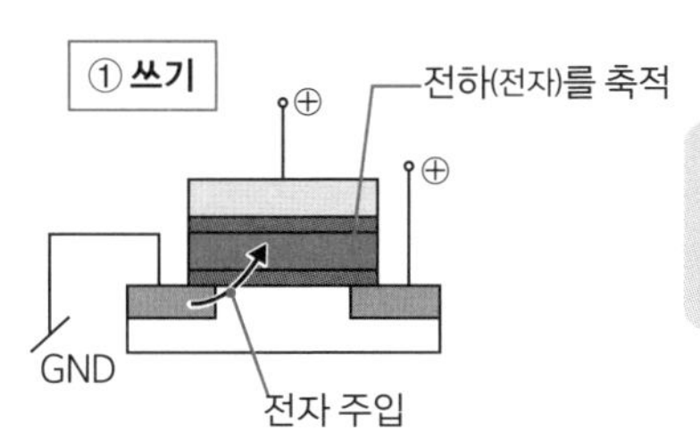

드레인과 제어 게이트에 양전압을 가하고, 터널 산화막을 통해 기판 쪽에서 전자를 주입해 플로팅 게이트에 전하를 축적(전하 있음)한다.

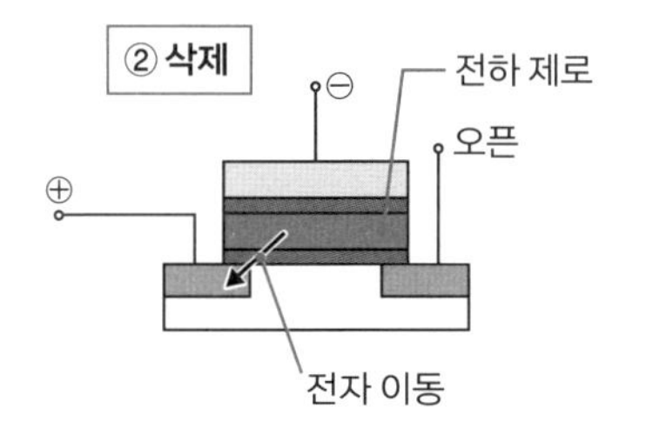

제어 게이트에 음전압, 소스에 양전압을 가하고, 반대로 플로팅 게이트에서 기판 쪽으로 전자를 보내서 플로팅 게이트의 전하를 제로(전하 없음)로 만든다.

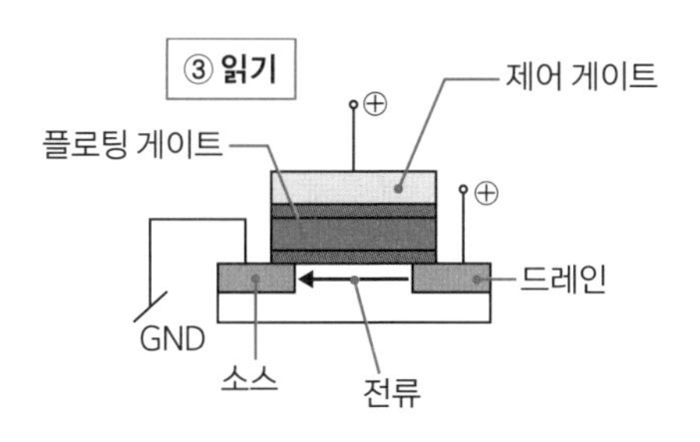

드레인과 제어 게이트에 양전압을 가하고, 그때 MOS 트랜지스터 전류의 유무(스위치의 온, 오프)를 데이터 쓰기 0, 데이터 삭제 1로 인식한다.

플로팅 게이트의 상태가
전하 축적 ➜ 전류가 흐른다. ➜ 0
전하 제로 ➜ 전류가 흐르지 않는다. ➜ 1

- **SLC** : Single-Level Cells
- **MLC** : Multi-Level Cell

SLC(1비트/셀) 기술에서는 두 가지 값 0, 1의 데이터를 기억하는데, MLC(2비트/셀) 기술에서는 네 가지 값 00, 01, 10, 11의 데이터를 기억한다. 이 덕분에 SLC와 비교하면 데이터를 단숨에 2배 더 많이 기억할 수 있게 됐다.

MLC 기술은 데이터를 유지하는 게이트 전극(플로팅 게이트) 전압의 고저를 이용한다. 예를 들어 SLC의 1비트(2치) 제품이라면 전압은 '있음'과 '없음'만 있으면 됐지만, MLC의 2비트(4치) 제품에서는 전압의 높이를 4단계로 제어할 필요가 있다. MLC에서는 비트가 많아지면 많아질수록 쓰기 전압의 제어, 메모리 액세스 속도 저하, 쓰기 횟수나 유지 시간 감소 등 문제가 발생한다. 현재 판매되고 있는 대용량 플래시메모리 제품에는 3DNAND형 다층화 기술과 함께 MLC 기술이 채용되고 있다.

MLC(2비트/셀)가 구현한 네 가지 상태의 데이터 기억

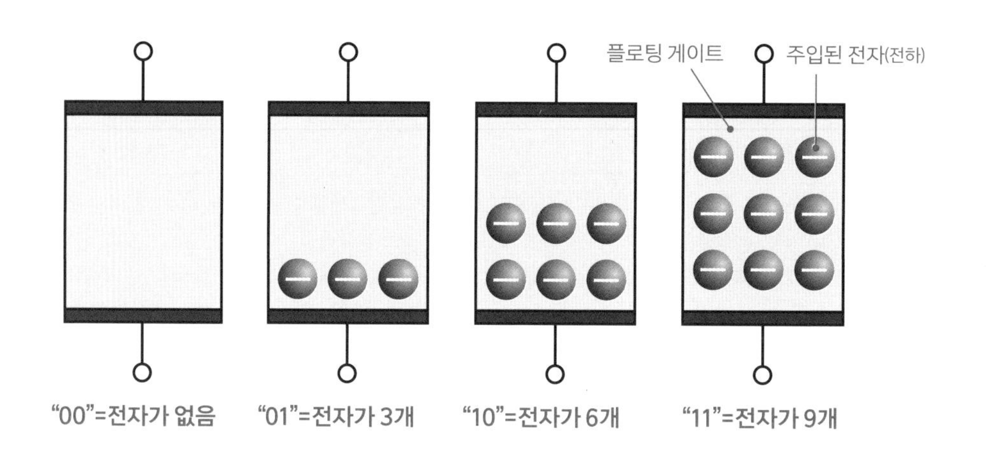

플래시메모리의 3차원화(3DNAND 플래시메모리)

플래시메모리(NAND형)는 매년 고밀도 대용량화를 실현해 왔지만, 이 이상의 미세화는 노광·성막·식각 기술의 문제뿐만 아니라 플래시메모리 셀의 본질적인 문제 때문에 곤란하다. 주요 이유는 이렇다.

1. 미세화가 진행돼 셀(플로팅 게이트)의 전자 밀도를 충분히 유지할 수 없다.
2. 프로세스 룰 축소화로 인접한 메모리 셀 사이에 간섭이 늘어나서 데이터를 읽고 쓰는 데 있어 장기 신뢰성을 확보하기가 어렵다.

이런 이유로 평면 위에 플래시메모리 소자를 나열했던 기존 NAND 구조(플래너형)가 아니라 실리콘 평면에서 수직 방향(입체형)으로 플래시메모리 소자를 쌓아 올린 3차원 구조를 고안했다. 이 덕분에 단위 면적당 메모리 용량을 압도적으로 늘리는 것이 가능했다. 이것이 2007년에 도시바가 발표한 BiCS(Bit Cost Scalable)라 불리는 적층 입체형 구조의 3DNAND 플래시메모리다.

평면형에서 3차원 구조화한 3DNAND 플래시메모리

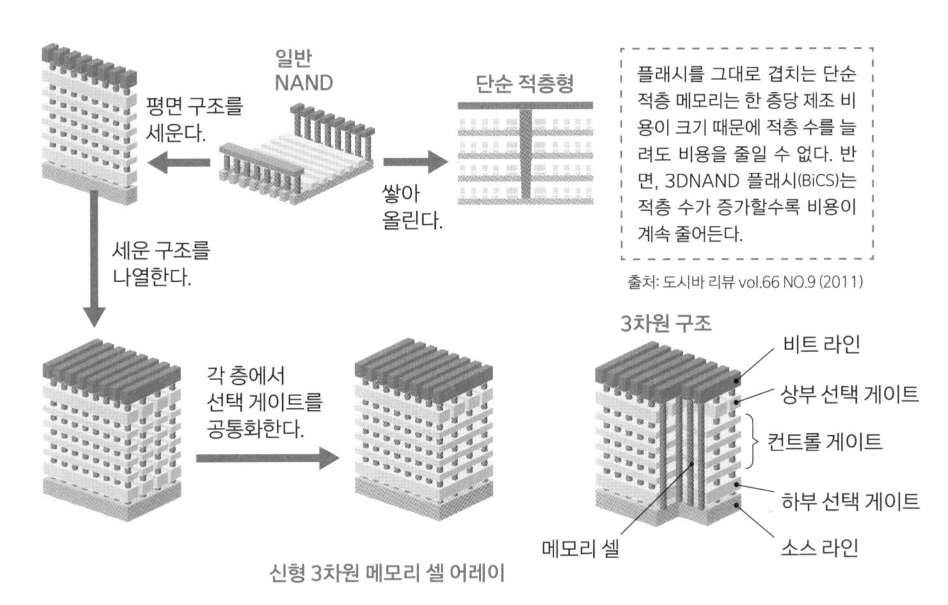

출처: 도시바 프레스 릴리스(2007.06.12-1)를 참고로 그림

3DNAND 플래시메모리 셀의 구조

실리콘 평면 위가 아니라 수직 방향으로 플래시메모리 셀을 쌓아 올린 구조로 단위 면적당 메모리 용량을 압도적으로 늘렸다. 게다가 성능적으로도 이점을 몇 가지나 만들어내면서 PC의 SSD나 데이터 센터의 서버에 탑재돼 극적으로 시장을 확대하고 있다. 3DNAND로 만들면 성능 이점은 이렇다.

1 고속화

메모리 셀의 크기를 키울 수 있어서 한 번 쓰는 데이터양이 증가해 실질적인 쓰기 속도를 높일 수 있다.

2 신뢰성 향상

메모리 셀 사이의 크기를 키울 수 있어 인접한 메모리 셀 사이의 전기적 간섭(비트 변화)이 경감한 덕분에 신뢰성이 향상한다.

3 저전력 소비

쓰기 속도가 빨라져 한 번에 쓸 수 있는 데이터양이 증가하므로 한 번에 쓰는 데이터양이 동일하다면 저전력 소비가 가능하다.

눈부신 발전을 이룬 플래시메모리는 2030년경 512층에 이를 것으로 예상된다.

3DNAND 플래시의 메모리 셀 구조

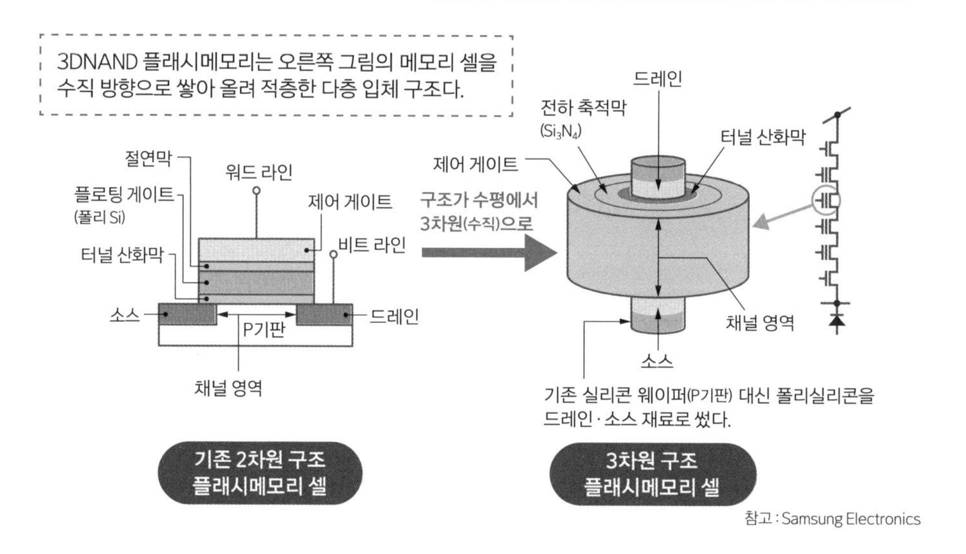

참고 : Samsung Electronics

DRAM, 플래시의 차세대를 짊어지는 유니버설 메모리

현재 시장은 DRAM과 플래시메모리가 전성기를 맞이했는데, 다음에 올 고고도(高高度) 정보사회를 위해 여러 종류의 메모리를 비휘발 메모리 기술 하나만으로 커버할 수 있는 (성능이 더 뛰어난) 차세대 유니버설 메모리 개발을 기대하고 있다.

유니버설 메모리란?

SRAM이나 DRAM은 덮어쓰기 작동 속도가 빠르고 그 횟수가 무제한이지만, 전원을 끄면 정보가 사라지는 휘발성이기 때문에 사용 중인 데이터를 유지하는 워크 메모리로 활용한다. 한편 플래시메모리는 비휘발성인 데다가 셀 면적이 작고 대용량화가 가능하다는 특징이 있지만, 덮어쓰기에 시간이 걸리고 횟수 제한도 있기에 프로그램 코드나 데이터를 기억하는 저장 메모리로 이용한다. 그래서 **유니버설 메모리**에는 아래와 같은 항목이 요구된다.

- SRAM 수준의 고속 액세스(쓰기/읽기)
- DRAM 수준의 고집적화(대용량화)
- 플래시메모리와 같은 비휘발성
- 소형 전지 구동에 알맞은 저전력 소비

이것이 실현되면 PC의 메인 메모리, 캐시 메모리, 휴대기기, 게임기 등 모든 전자기기에 대응하는 유니버설 메모리를 기대할 수 있다. 나아가 소형 고기능화도 기대할 수 있다. 하지만 현재 시점에서 사용하고 있는 여러 종류의 메모리를 비휘발성 메모리 기술 하나만으로 커버한다는 유니버설 메모리는 아직 실현이 어려운 상황이다. 왜냐하면 각종 전자 기기에 요구되는 메모리 용도는 사양이 각각 크게 다르기 때문이다. 그래서 이 장에서는 차세대 메모리로 기대되는 신규 메모리를 설명하려고 한다.

차세대 유력 후보는 FeRAM, MRAM, PRAM, ReRAM

DRAM이나 플래시에 이어 차세대 신규 메모리의 유력 후보로 강유전체막을 데이터 유지용 콘덴서에 이용한 강유전체 메모리 **FeRAM**•(FRAM이라고도 함), 자기저항효과를 이용한 자기저항 메모리 **MRAM**•, 성막 재료의 상변화 상태를 이용한 상전이 메모리 **PRAM**•, 전압 인가에 따른 전기저항 변화를 이용한 저항 변화 메모리 **ReRAM**• 등이 있다.

신구 메모리의 성능 비교

	현재 주요 메모리			신규 메모리			
	DRAM	SRAM	플래시	FeRAM	MRAM	PRAM	ReRAM
데이터 유지	휘발성	휘발성	10년	10년	10년	10년	10년
읽기 속도	고속	매우 고속	저속	고속	고속	고속	고속
쓰기 속도	고속	매우 고속	저속	고속	고속	중속~고속	고속
리프레시	필요 (ms마다)	불필요	불필요	불필요	불필요	불필요	불필요
셀 사이즈	소	대	매우 소	소~중	소~중	소	소
덮어쓰기 가능 횟수	10^{16}	10^{15}	10^{5}	10^{15}	10^{15}	10^{12}	10^{12}

각 메모리 데이터 성능 값은 가장 좋은 값을 썼다.
MRAM 데이터에는 STT-MRAM값도 포함한다.
FeRAM 데이터에는 강유전체 재료로서 이산화하프늄 박막 사용 데이터값도 포함한다.

강유전체 메모리(FeRAM)

FeRAM 셀은 전장을 주지 않아도 자발적으로 분극(+, - 방향성)을 지닌 강유전체막을 데이터 유지용 콘덴서(캐퍼시터)로 하고, 그 히스테리시스 특성을 이용한다.

히스테리시스 특성이란 인가한 전압을 제거한 후에도 전압을 가했을 때의 분극이 남는 강유전체의 성질을 말하는데, 그 분극의 방향성을 메모리 데이터의 '0', '1'에 대응한다. 또한 분극이란 유전체의 양 끝에 어느 정도의 전계를 가하면, 물질 안의 전하

- **FeRAM** : Ferroelectric Random Access Memory
- **MRAM** : Magnetoresistive Random Access Memory
- **PRAM** : Phase Change Random Access Memory
- **ReRAM** : Resistive Random Access Memory

가 +와 − 전극으로 정렬한 상태를 말한다.

FeRAM의 강유전체 메모리 셀은 비휘발성, 고속 저전압에서의 읽기/쓰기 작동, 데이터 덮어쓰기 횟수 10^{12}~10^{15}회 등 성능 면에서 휘발성 메모리인 DRAM이나 SRAM에 필적한다.

유전체 재료로 티탄산지르콘산연(PZT)이나 스트론튬·비스무트·탄탈라이트(SBT)를 이용하는데, 강유전체의 분극 전하가 시간과 함께 감소해 감도가 약해지기 때문에 미세화가 곤란하다. 이 탓에 컴퓨터에 탑재할 수 있는 대용량 메모리로는 적합하지 않다.(4M~8Mb 정도까지가 한계) 그래서 대용량 메모리가 필요하지 않고 저전력에 높은 보안이 요구되는 교통 IC 카드, 신용카드, OA 기기 같은 분야에서 실용화되고 있다.

그런데 2011년에 이산화하프늄(HfO_2) 박막의 강유전성이 발견되면서 미세화 구조의 메모리 셀을 제안하게 됐고, FeRAM의 대용량화 가능성이 불거졌다. 이 발견으로 FeRAM은 차세대 메모리로서 단숨에 각광을 받았다. 이산화하프늄 박막을 강유전체 재료로 하는 FeRAM에서는 PZT를 이용한 1트랜지스터·1캐퍼시터 구성이 아니라 강유전체층을 게이트 절연막의 일부에 이용하는 1트랜지스터형 FeFET을 구성할 수 있다. 이것은 NAND 플래시와 닮은 구조이며, 플래시메모리 수준의 미세화와 고밀도화가 기대되고 있다.

FeRAM(FRAM) 구조와 셀 구성

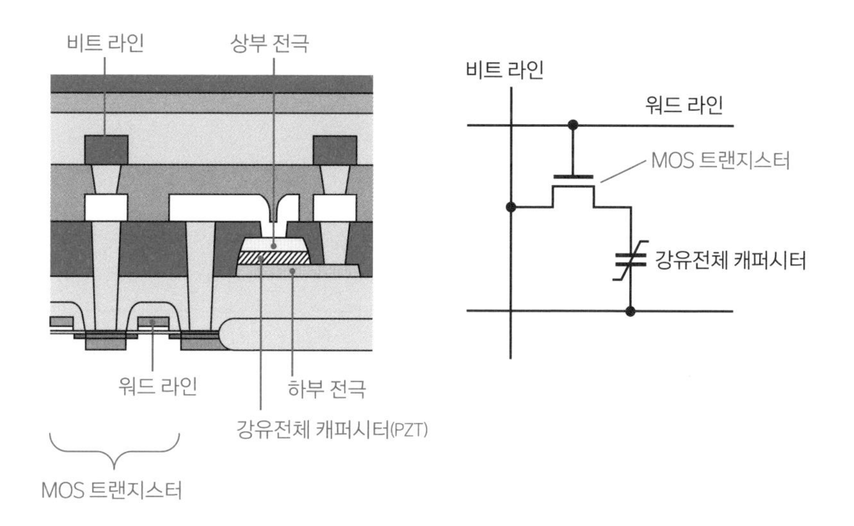

자기저항 메모리 MRAM

MRAM은 TMR[•] 소자의 저항값이 극박 절연막을 사이에 둔 강자성 금속층 2개의 상대적인 자기화 방향(분극)에 따라 저저항값과 고저항값이라는 두 상태를 나타내는 자기저항효과를 작동 원리로 하고 있다.

MRAM의 읽기는 먼저 워드 라인에 전압을 인가해서 선택하고 싶은 MOS 트랜지스터를 ON으로 하고, 이 상태에서 비트 라인에 전류를 흘려서 자기저항 소자의 전압을 검출해 전압이 작을 때(자기저항 작음: 자기화 방향이 평행)는 '0', 클 때(자기저항 큼: 자기화 방향이 반평행)는 '1'로 인식한다. 쓰기는 비트 라인과 워드 라인을 합산한 전류값을 이용해서 선택하고 싶은 자기저항 소자에만 자기화가 반전하도록 전류를 흘린다. (자기화는 전류의 진행 방향에서 오른쪽으로 발생한다.)

MRAM 메모리 셀과 기본 원리

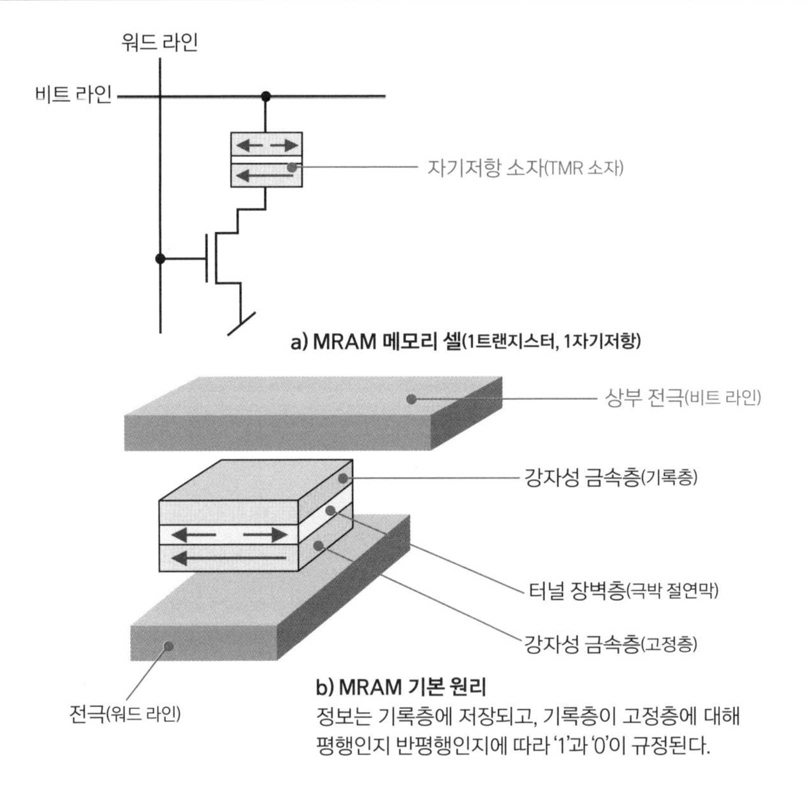

b) MRAM 기본 원리
정보는 기록층에 저장되고, 기록층이 고정층에 대해 평행인지 반평행인지에 따라 '1'과 '0'이 규정된다.

• **TMR** : Tunneling Magneto-Resistance

MRAM은 4Mb~256Mb의 제품이 이미 양산화되고 있는데, 소자 치수가 미세화될 정도로 강한 자계가 필요하기 때문에 DRAM 수준의 미세화에는 어울리지 않는다. 그래서 대용량화 MRAM이 가능한 미세 셀 구조의 스핀• 주입 자화 반전형 MRAM(STT-MRAM•)이나 스핀 궤도 토크 MRAM(SOT-MRAM•)이 개발되고 있다.

상전이 메모리 PRAM

PRAM은 기록 소자로서 다른 메모리처럼 전기적인 것이 아니라 화학 반응을 이용해서 성막 재료의 일부를 비결정질 상태 또는 결정(다결정) 상태로 바꾸고, 이 같은 상변화 상태를 이용한다.

PRAM 소자는 상부 전극과 하부 전극 사이에 칼코게나이드라 불리는 GST• 재료로 구성된 상변화 재료가 끼어 있다. 600℃ 정도로 용해하면 비결정질/고저항, 200℃ 정도로 천천히 식으면 결정/저저항이 된다. 그래서 PRAM 메모리 셀 구조에서는 매우 작은 히터를 비트마다 설치하고, 여기에 전류를 보내 줄 열(Joule's heat)을 발생시킨다. 이 열 변화에 따른 저항 변화를 메모리 데이터의 0과 1로 한다.

PRAM의 기본 구조와 작동 원리

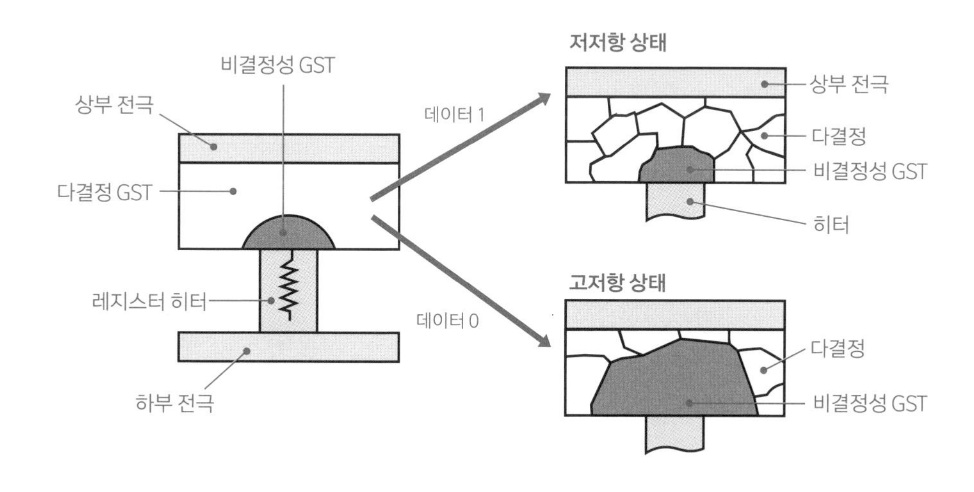

- **스핀** : 전자의 회전 및 회전으로 생기는 자기 모멘트
- **STT-MRAM** : Spin Transfer Torque-MRAM
- **SOT-MRAM** : Spin Orbit Torque-MRAM
- **GST** : Ge, Sb, Te(게르마늄, 안티모니, 텔루륨)

PRAM은 이미 인텔과 마이크론 테크놀로지(Micron Technology)가 '3D XPoint'라는 이름으로 공동 개발해 실용화했다.

저항 변화 메모리 ReRAM

저항 변화 메모리 ReRAM은 상하 전극 간에 기록 소자로서 저항 변화층을 끼고 있다. 저항 변화층 구조의 한 예로는 상부 전극 쪽에 절연층, 하부 전극 쪽에 합금층 2~3층으로 이뤄진 금속 산화물이 있다.

데이터 쓰기는 상하 전극 간에 전압 펄스를 인가해서 절연층에 전도 경로가 생성된 상태(저항 작음)를 1, 절연층의 전도 경로가 없어진 상태(저항 큼)를 0으로 한다. 데이터 읽기는 쓰기보다 낮은 전압 펄스를 기억 소자에 인가하고, 전류 차이로 저항값을 읽는다.

기억 소자의 저항값 변화는 이렇게 일어난다. 저항이 많은 상태에서 저항 변화층이 음전압 펄스를 인가하고, 절연층에 합금층의 금속 이온을 이동시켜서 전도 경로를 생성한다. 따라서 상하 전극 간은 저항이 작은 1이 된다. 이 상태에서 반대로 양전압 펄스를 인가하면, 이번에는 금속 이온이 절연층 안에서 합금층 방향으로 이동해 절연층 내부의 전도 경로가 없어져 저항이 큰 0이 된다.

저항 변화 메모리 ReRAM의 기본 구조와 작동 원리

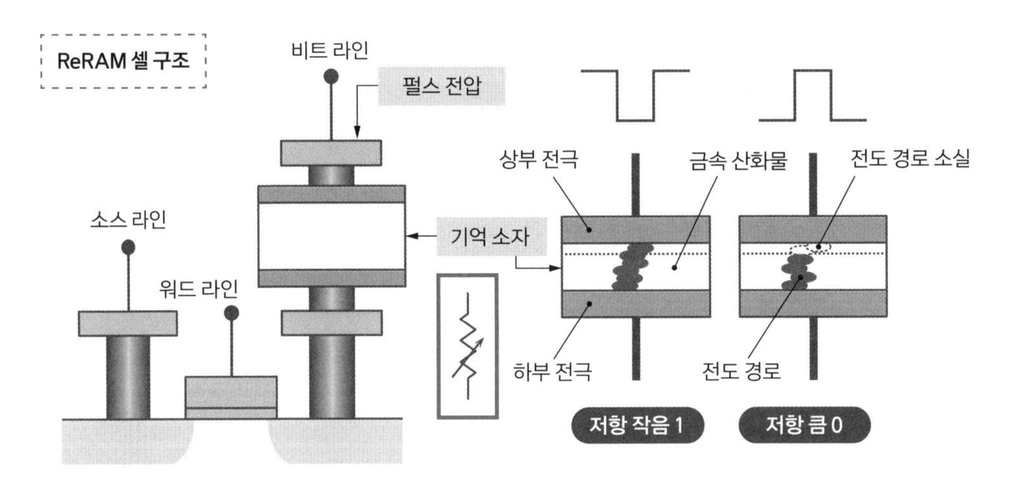

참고 : Panasonic (IMW2017에서 발표한 논문)

제4장

디지털 회로의 원리

어떻게 계산하는지 이해하기

LSI에서는 주로 디지털회로가 연산한다. 연산 기능 덕분에 DVD와 디지털 TV, 휴대전화 등 여러 전자 기기가 다양한 기능을 수행한다. 이 장에서는 디지털회로에 필요한 2진수의 기본, 2진수와 10진수의 변환, 2진수를 쓰는 기본 게이트, 그것을 응용한 가산 회로와 감산 회로의 원리를 설명한다.

4-01 아날로그와 디지털은 무엇이 다를까?

자연계를 둘러보자. 소리 크기, 밝기, 길이, 온도, 시간 등 모든 것이 연속적으로 변화하는 아날로그양이다. 이 아날로그양을 컴퓨터로 계산하고 처리하려고 모든 데이터를 '0', '1'로 수치화해서 표현한 것을 디지털이라고 한다.

모든 것을 2진수로 나타낸다

일반적으로 디지털이라고 하면 디지털시계처럼 기존 시침 표시를 숫자로 바꿔서 표현하는 것이나 숫자 표시가 되는 기기를 말한다.

시계를 예로 들어 아날로그와 디지털을 비교해 보겠다. 아날로그는 컴퓨터 사회로 접어들면서 디지털과 대조해 만들어진 표현이다. (원래 자연계는 모두 아날로그양이다.) 아날로그시계는 시각을 시침(각도)으로 표시한 시계이고, 디지털시계는 숫자로 표시한 시계다. 시각은 시간 흐름 속의 한순간이며, 한군데에 머물러 있지 않다. 시간은 아날로그양이다. 디지털시계와 아날로그시계는 디지털로 표시되는가, 혹은 그렇지 않은가(이것을 아날로그라고 표현)에 차이가 있다. 이것이 일반적인 디지털과 아날로그다.

일반적인 아날로그와 디지털

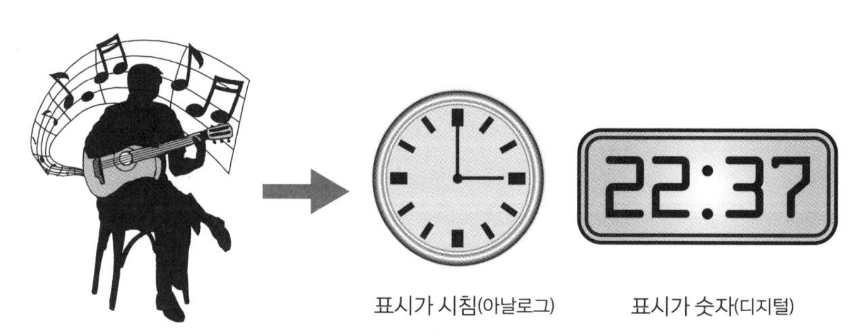

정보사회가 발전하면서 전자 기기가 디지털로 바뀌었다. 컴퓨터는 0 또는 1이라는 **디지털신호**로 계산해서 처리하는 일을 잘하지만, 아날로그 형태의 정보(데이터) 처리에는 적합하지 않기 때문이다.

0이나 1이라는 불연속한 신호는 **2진수**라는 매우 편리한 방식으로 아날로그 데이터를 변환할 수 있다. 예를 들어 CD에 기록할 때는 음악(아날로그 데이터)을 디지털화해서 기억한다. 우리는 이 디지털 부호를 원래의 아날로그 데이터로 되돌려서 음악을 듣는다. 실제 흐름을 간단히 살펴보자.

마이크에서 나오는 노랫소리(아날로그 데이터)는 AD 컴퓨터(아날로그 디지털 변환기)를 거쳐 CD에 디지털 부호로 녹음된다. 마이크가 잡은 음성 신호는 연속적인 파형으로 표시되는데, CD 기록은 모두 디지털이라서 0이나 1로 기억된다. CD 음악을 재생하면 디지털 부호를 다시 한번 DA 컨버터(디지털 아날로그 변환기)가 아날로그 데이터로 되돌려서 스피커나 이어폰으로 들을 수 있다. 옛날 레코드(굳이 말하자면 아날로그 레코드)는 원반의 홈에 연속적인(아날로그) 파형이 작게 새겨져 있는데, 그것을 턴테이블 바늘이 따라가며 검출하고 소리를 증폭해서 들었다.

디지털 정보 처리는 LSI 처리가 가능하며, 아날로그 처리와 비교해서 모호한 부분이 없고 기록을 0이나 1로 하기 때문에 정보의 열화나 변화가 없다는 점에서 유리하다.

CD 신호 처리의 흐름

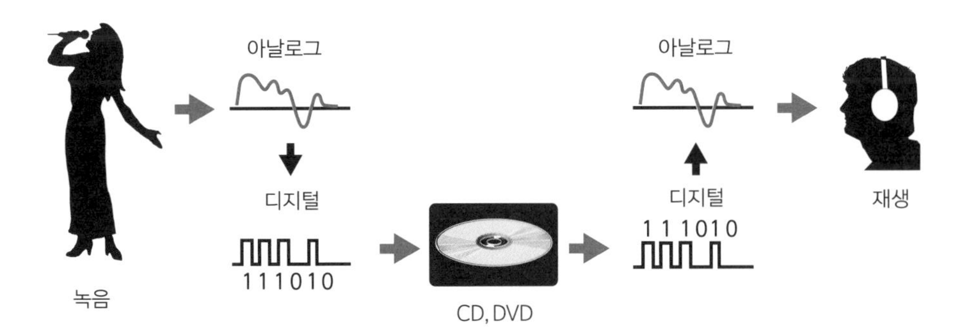

아날로그에서 디지털로 변환

아날로그 파형을 디지털 파형(디지털 부호)으로 변환하는 경우는 아래 그림과 같다. 이것은 아주 간단한 예다. 실제로는 디지털 부호로 여러 비트를 할당하고, 0이나 1을 사용해서 아날로그 데이터(음성으로 말하자면 크기, 높낮이 등)를 모두 표현한다. 따라서 LSI에서는 이들 아날로그 데이터를 우리가 일반적으로 사용하는 10진수에서 2진수로 변환해 처리한다.

비트와 바이트

비트(bit)와 **바이트**(byte)는 컴퓨터 정보량의 기본 단위로 사용한다. 1비트는 0과 1이라는 두 상태를 표현할 수 있다. 이때 비트라는 말은 Binary Digit에서 유래했다.

또한 8비트를 하나로 묶은 정보 단위를 바이트라고 부른다. 1비트가 0과 1이라는 두 가지 상태밖에 표현하지 못하는 것과 달리, 1바이트는 256가지의 상태를 표현할 수 있다.(1바이트 = 2^8 = 256)

아날로그에서 디지털로 변환하는 구조

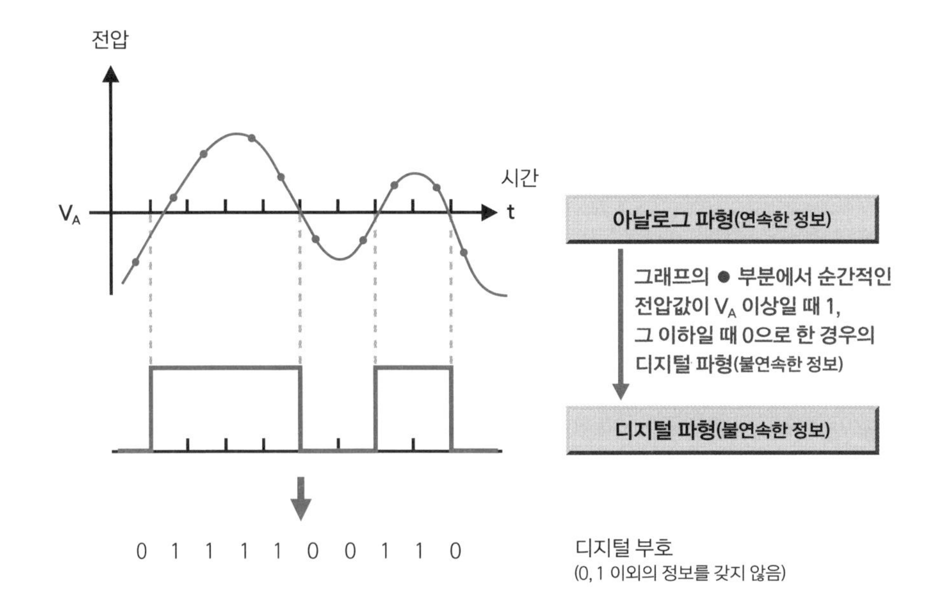

디지털 처리의 기본, 2진수란?

컴퓨터는 0과 1을 이용한 2진수로 정보 처리를 실행한다. 우리가 평소에 사용하는 10진수가 10마다 자릿수가 올라가는 것과 달리, 2진수는 2마다 자릿수가 올라간다. 실제 LSI 전자회로에서 디지털신호(1과 0)를 다루는 방식은 이렇다. 전압이 3V일 때 1, 0V일 때 0이다.

10진수의 구조와 2진수의 구조

2진수를 설명하기 전에 먼저 평소에 쓰고 있는 **10진수**의 구조를 이해해 보자. 예를 들어 10진수 123은 일의 자리가 3, 십의 자리가 2, 백의 자리가 1이다. 동전이나 지폐를 떠올리면 이해하기 쉬운데, 123원은 100원짜리 동전 하나, 10원짜리 동전 둘, 1원짜리 동전 셋이다. 그러니까 아래와 같이 구성된다.

10진수 $123 = 1 \times 100 + 2 \times 10 + 3 \times 1$

$= 1 \times 10^2 + 2 \times 10^1 + 3 \times 10^0$

↑ 백의 자리 ↑ 십의 자리 ↑ 일의 자리

각 자리는 10의 0제곱부터 10의 2제곱으로 돼 있다. 이때 10을 **기수**라고 부른다. 그리고 자리마다 10배의 무게가 있다는 뜻이 된다. 10진수는 모두 10^0, 10^1, 10^2……등이 몇 개 있는지로 표현할 수 있다.

10진수 123을 **2진수**로 나타내 보자. 2진수는 기수가 2, 무게가 2이므로 n자리의 2진수는 $2^0+2^1+2^2+\cdots\cdots+2^{n-1}$로 나타낸다는 것을 알 수 있다.

가상의 돈으로 예를 들자면, 1(2^0)원짜리, 2(2^1)원짜리, 4(2^2)원짜리, 8(2^3)원짜리가 몇 개 있는가를 보면 된다.

10진수 123의 구성

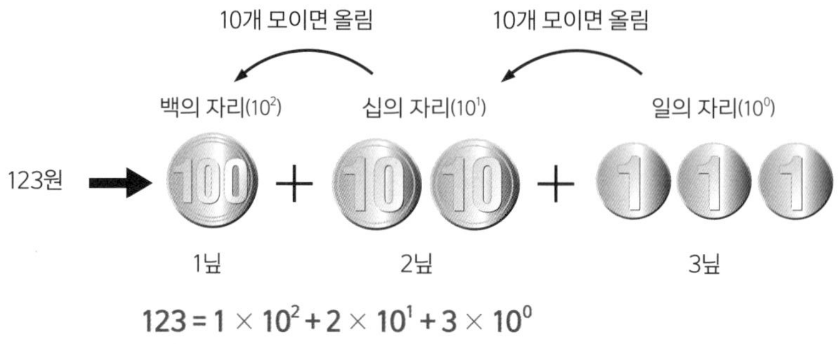

$$123 = 1 \times 10^2 + 2 \times 10^1 + 3 \times 10^0$$
$$123 = 100 + 20 + 3$$

10진수에서 2진수로 변환할 때는 10진수를 차례차례 기수 2로 나누고, 그 나머지(0 혹은 1)가 2진수 각 자리의 계수가 된다. 이때 마지막 나눗셈의 자릿수는 2로 나누는 횟수가 가장 많기 때문에 마지막 나머지가 가장 윗자리에 온다. 10진수 123을 2진수로 나타내면 다음과 같다.

1×2^6	+	1×2^5	+	1×2^4	+	1×2^3	+	0×2^2	+	1×2^1	+	1×2^0
↑		↑		↑		↑		↑		↑		↑
2^6자리		2^5자리		2^4자리		2^3자리		2^2자리		2^1자리		2^0자리

이렇게 2진수로 표현하면 1111011이 된다.

10진수 123을 2진수로 변환하는 순서

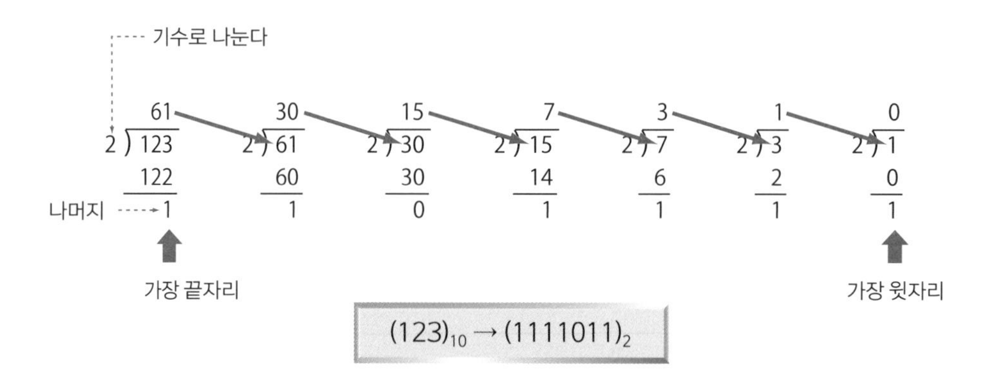

2진수 1111011의 구성

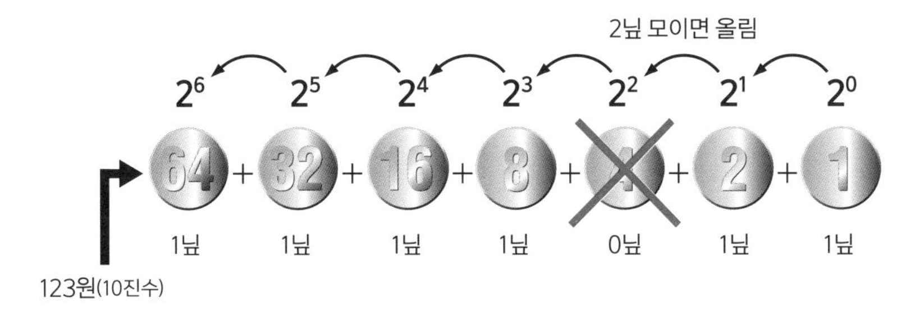

10진수 123 = 2진수 1111011

가상의 돈으로 예를 들면, 1원짜리 1닢, 2원짜리 1닢, 4원짜리 0닢, 8원짜리 1닢, 16원짜리 1닢, 32원짜리 1닢, 64원짜리 1닢이 된다. 10진수와 2진수를 구별하려고 일반적으로는 이렇게 쓴다.

10진수 123 → $(123)_{10}$ 또는 123_{10}
2진수 1111011 → $(1111011)_2$ 또는 1111011_2

전자회로의 전압과 디지털신호

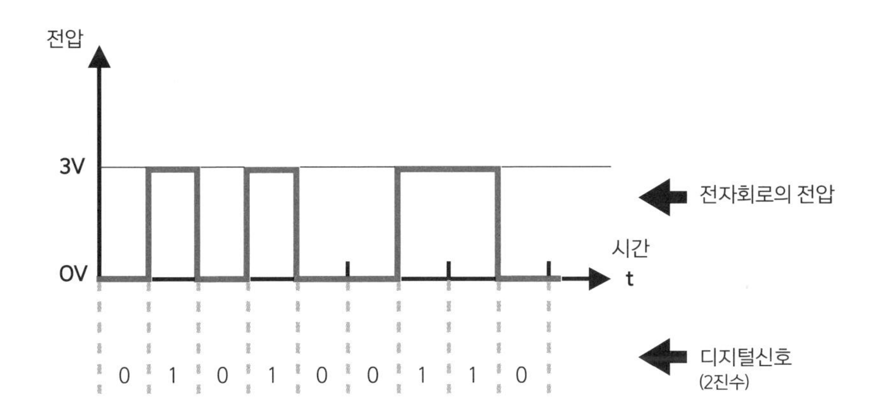

LSI 논리회로의 기본, 불 대수란?

불 대수는 0과 1이라는 값 2개만 다루는 대수학이다. LSI 디지털회로도 마찬가지로 0과 1만 취급한다. 그래서 LSI 디지털 논리회로는 불 대수로 설계하면 잘된다. 불 대수 개념에는 논리곱, 논리합, 부정의 기본 연산과 몇 가지 정리가 있다.

온갖 회로를 실현하는 대수학

불 대수는 조지 불•이 고안한 논리 수학이다. 불 대수는 0과 1이라는 값 2개만 다루는 대수학이라서 LSI의 디지털회로를 설계할 때 그야말로 안성맞춤이다. 불 대수는 기본 연산과 몇 가지 법칙으로 이뤄진다. 기본 연산에는 논리곱, 논리합, 부정이 있고, 이들을 조합한 논리식으로 온갖 회로를 표현할 수 있다.

■ 논리곱

아래 그림과 같이 전구와 직렬로 스위치 A, B가 접속돼 있다고 하자. 이 회로에서

AND는 스위치가 직렬로 배선된 전구

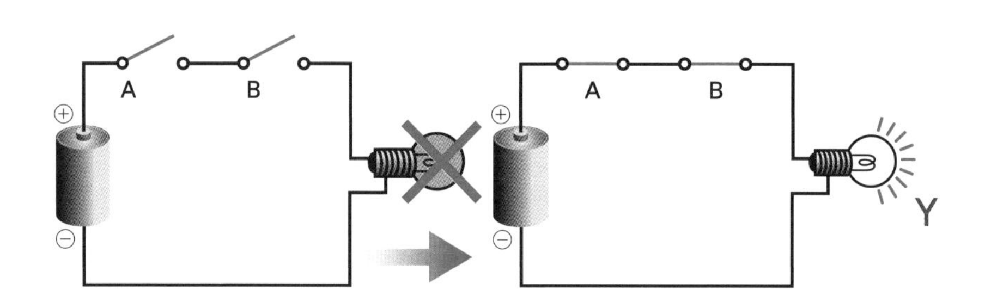

A와 B의 스위치가 모두 ON일 때 전구가 켜진다.

• **조지 불 :** 영국의 수학자(1815~1864년)

논리곱의 진리값표

Y(전구) = A(스위치) AND B(스위치) = A · B = B · A

진리값표

입력		출력
A	B	Y
0	0	0
1	0	0
0	1	0
1	1	1

는 스위치 A와 스위치 B가 모두 동시에 ON(=1)일 때만 전구에 불이 들어온다.(=1) 어느 한쪽, 혹은 양쪽이 OFF(=0)이면 전구에 불이 들어오지 않는다.(=0)

이 작동을 논리회로로 표현하면, 입력 A가 1이면서 입력 B가 1일 때 출력 Y는 1이 된다고 할 수 있다. 이러한 관계를 **논리곱(AND)**이라고 부르고, Y=AANDB=A · B라는 논리식으로 나타낸다. 여기서 스위치 A, B의 위치 관계는 바꿔 넣어도 같으므로 Y=A · B=B · A이기도 하다. 또한 이들 입출력 관계를 정리한 대응표를 **진리값표**라고 부른다.

■ 논리합

다음 페이지에 있는 위 그림과 같이 전구와 병렬로 스위치 A, B가 접속된 상태라고 하자. 이 회로에서는 스위치 A나 스위치 B 둘 중 하나가 ON(=1)일 때 전구에 불이 들어온다.(=1) 또한 양쪽이 모두 ON(=1)이어도 전구에 불이 켜진다.(=1)

이 작동을 논리회로로 나타내면, 입력 A 혹은 입력 B가 1일 때 출력 Y는 1이 된다고 할 수 있다. 이 관계를 **논리합(OR)**이라고 부르고, Y=AORB=A+B라는 논리식으로 나타낸다. 여기서 스위치 A, B의 위치 관계는 바꿔 넣어도 같으므로 Y=A+B=B+A이기도 하다.

논리합의 정의

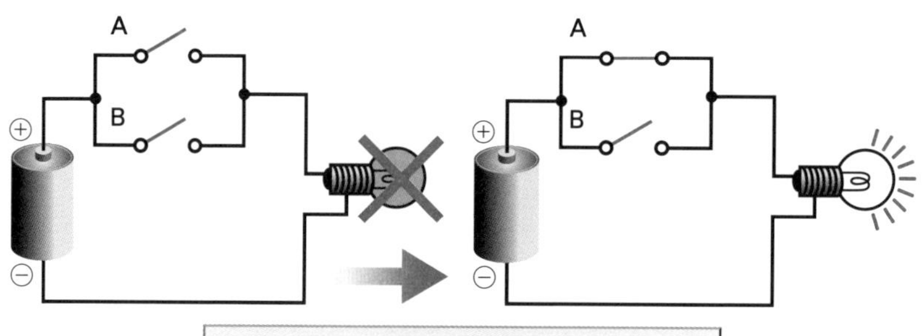

A나 B의 스위치 중 하나가 ON이면 전구가 켜진다.

Y(전구) = A(스위치) OR B(스위치) = A + B = B + A

진리값표

입력		출력
A	B	Y
0	0	0
0	1	1
1	0	1
1	1	1

부정의 정의

부정의 개념도

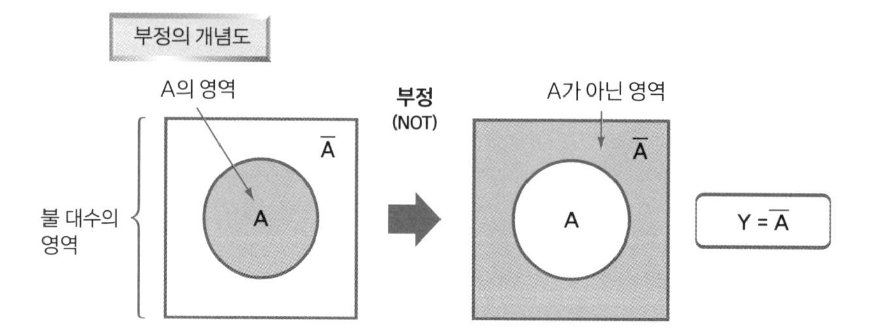

A는 0 아니면 1이므로 0의 부정은 1, 1의 부정은 0이다.

진리값표

입력	출력
A	Y
1	0
0	1

■ 부정

입력값을 부정하는 식으로 출력하는 논리 관계가 **부정(NOT)**이다. 값이 0과 1밖에 없기 때문에 입력이 0이면 출력은 1이 되고, 입력이 1이면 출력은 0이 되는 반전(부정)이 된다. 따라서 NOT 논리회로는 **인버터(반전)**라고도 불린다. 이 관계는 $Y=\overline{A}$라는 논리식으로 나타낸다.

불 대수의 정리

논리곱, 논리합, 부정의 기본 연산을 설명했는데, 여기서 불 대수의 주요 정리를 한데 모았다.

정리

1 $A + 0 = A, \quad A \cdot 1 = A$

2 $A + 1 = 1, \quad A \cdot 0 = 0$

3 $A + A = A, \quad A \cdot A = A$

4 $A + \overline{A} = 1, \quad A \cdot \overline{A} = 0$

5 $A = A$

6 $A + B = B + A, \quad A \cdot B = B \cdot A$

7 $A + B + C = A + (B + C) = (A + B) + C$

8 $A \cdot B \cdot C = A \cdot (B \cdot C) = (A \cdot B) \cdot C$

9 $A + B \cdot C = (A + B) \cdot (A + C), \quad A \cdot (B + C) = A \cdot B + A \cdot C$

10 $\overline{A + B} = \overline{A} \cdot \overline{B}, \quad \overline{A \cdot B} = \overline{A} + \overline{B}$

11 $A \cdot (A + B) = A, \quad A + A \cdot B = A$

12 $A + \overline{A} \cdot B = A + B$

LSI에서 이용하는 기본 논리게이트란?

불 대수의 기본 정의를 이용해 LSI에서 실제로 작동하는 회로를 논리게이트•라고 부른다. AND, OR, NOT(INV)을 기본으로 해서 NAND, NOR 등 응용 회로가 있다.

인버터(INV)

부정(NOT) 회로는 LSI 설계에서 **인버터**(반전)라고 부른다. 디지털신호에서 값은 0과 1밖에 없으므로 입력이 0이면 출력이 1이 되고, 입력이 1이면 출력이 0이 된다. 인버터를 응용한 대수적 논리게이트가 '3-5 가장 자주 쓰이는 CMOS란 무엇인가?'에서 설명한 CMOS 인버터다. 입력이 반전되는 작동은 이 장을 참고하길 바란다.

또한 인버터를 2개 직렬로 접속한 것이 '버퍼'다. 버퍼 중에서 구동 능력이 큰 것을 드라이버라고 부르는데, 논리 심볼은 같다. 오른쪽 위 그림에서는 살짝 크게 써서 구별했다. 버퍼는 인버터가 2개 직렬이므로 논리식은 $Y=\overline{\overline{A}}=A$가 된다.

CMOS 인버터의 기본 특성(반전 특성)

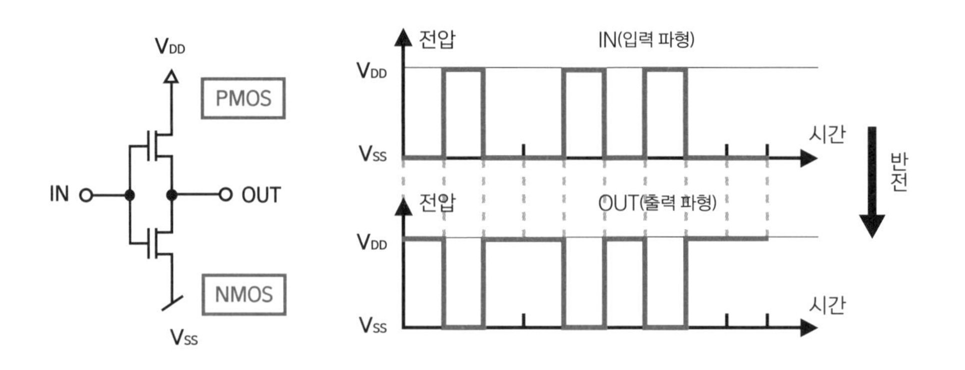

• **논리게이트** : 트랜지스터 구조에서 게이트는 소자 게이트라고 불러 구별한다. 그러나 둘 다 단순히 게이트라고 부를 때도 있다.

인버터를 응용한 논리게이트

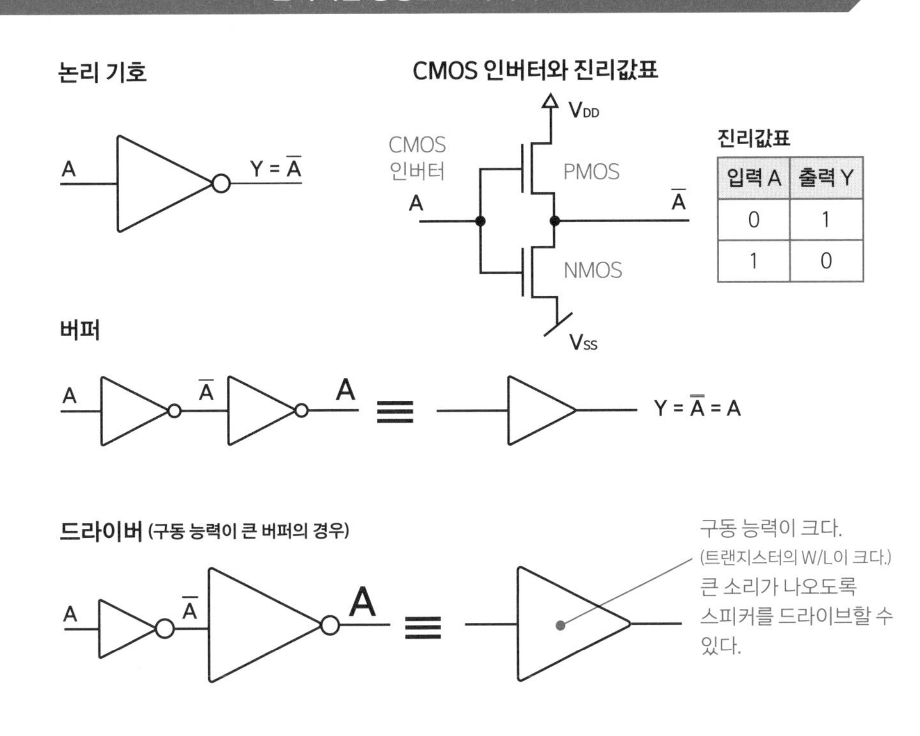

NAND 게이트

AND 게이트의 진리값표

입력		출력
A	B	Y
0	0	0
0	1	0
1	0	0
1	1	1

NAND 게이트의 진리값표

입력		출력
A	B	Y
0	0	1
0	1	1
1	0	1
1	1	0

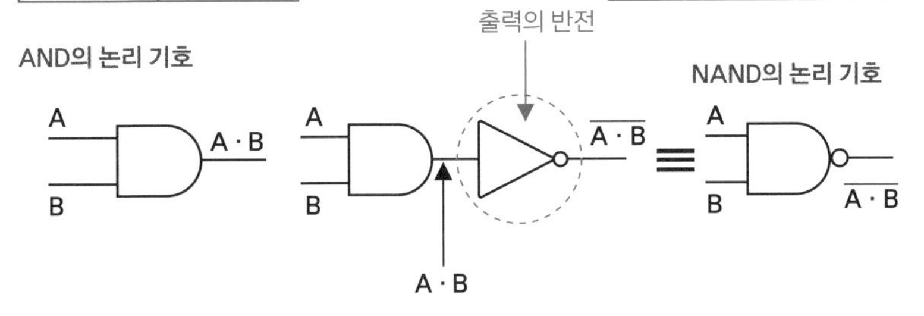

NAND 게이트

NAND 게이트는 NOT-AND 게이트를 의미한다. 즉, AND의 부정 기능을 띠는 논리게이트다. 따라서 입력 A, B에 대한 출력 Y의 논리식은 이렇다.

$$\mathbf{Y} = \overline{\mathbf{A} \cdot \mathbf{B}}$$

이것은 AND 게이트에 인버터를 직렬로 접속한 것과 똑같다. 진리값표로 비교해서 확인해 보자.

왜 AND가 아닌 NAND 게이트를 설명하고 있는가 하면, 실제 LSI 논리회로에서는 NAND 게이트를 더 간단히 만들 수 있기 때문이다.

NAND 게이트를 CMOS 회로로 실현한 경우는 다음 페이지의 위 그림을 보자. CMOS 회로에서 PMOS 트랜지스터와 NMOS 트랜지스터의 스위치 작동은 같은 입력에 대해 ON과 OFF가 늘 상보적으로 반대가 된다는 사실을 떠올리기 바란다. (82쪽 '3-4 LSI의 기본 소자, MOS 트랜지스터란?'을 참고)

예를 들어 A=1, B=0인 경우를 생각해 보자.(다음 페이지 가운데 그림) 이때 입력 A의 NMOS는 ON, PMOS는 OFF, 입력 B의 NMOS는 OFF, PMOS는 ON이 되고, 출력 Y에는 전지 전압 3V가 나타난나. 따라서 디지털회로에서 말하는 Y=1이 된다.

이번에는 A=1, B=1인 경우를 생각해 보자.(다음 페이지 아래 그림) 이때 입력 A의 NMOS는 ON, PMOS는 OFF, 입력 B의 NMOS는 ON, PMOS는 OFF가 되고, 출력 Y에는 전지 전압 0V가 나타난다. 따라서 디지털회로에서 말하는 Y=0이 된다.

CMOS 회로에서 NAND 게이트

PMOS 트랜지스터

NMOS 트랜지스터

A B Y 3V 0V

CMOS 회로에서 NAND 게이트

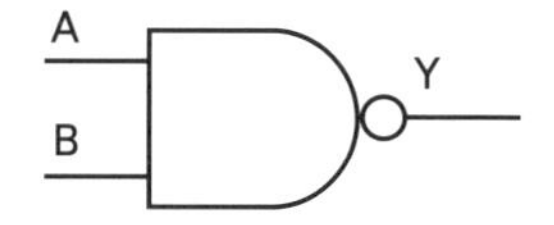

MOS 트랜지스터를 스위치로 대체했을 때

(A=1, B=0)

A=1 → NMOS = ON, PMOS = OFF
B=0 → NMOS = OFF, PMOS = ON
이렇게 되고, Y에는 전지의 3V가 전달돼 Y=1이 된다.

- MOS 트랜지스터에서 스위치 OFF 상태는 오픈이 아니고, 실제는 매우 고저항(1,000MΩ 이상)이라는 사실을 떠올리기를 바란다.

MOS 트랜지스터를 스위치로 대체했을 때

(A=1, B=1)

A=1 → NMOS = ON, PMOS = OFF
B=1 → NMOS = ON, PMOS = OFF
이렇게 되고, Y에는 전지의 0V가 전달돼 Y=0이 된다.

NOR 게이트

NOR 게이트는 NOT－OR 게이트라는 뜻이다. 그 말인즉슨, OR의 부정 기능을 가지는 논리게이트다. 따라서 입력 A, B에 대한 출력 Y의 논리식은 이렇다.

$$Y=\overline{A+B}$$

이는 OR 게이트에 인버터를 직렬로 접속한 것과 같다. 진리값표로 비교해서 확인하자. NOR 게이트를 CMOS 회로에서 실현한 경우가 다음 페이지의 그림이다.

예를 들면 A=0, B=1인 경우를 생각해 보자. 이때 입력 A의 NMOS는 OFF, PMOS는 ON, 입력 B의 NMOS는 ON, PMOS는 OFF가 되고, 출력 Y에는 전지 전압 0V가 나타난다. 따라서 디지털회로에서 말하는 Y=0이 된다.

이번에는 A=0, B=0일 경우를 생각해 보자. 이때 입력 A의 NMOS는 OFF, PMOS는 ON, 입력 B의 NMOS는 OFF, PMOS는 ON이 되고, 출력 Y에는 전지 전압 3V가 나타난다. 따라서 디지털회로에서 말하는 Y=1이 된다.

NOR 게이트의 진리값표

OR 게이트의 진리값표

입력		출력
A	B	Y
0	0	0
0	1	1
1	0	1
1	1	1

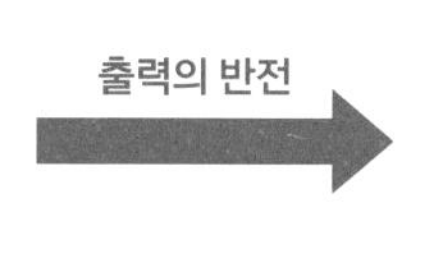

NOR 게이트의 진리값표

입력		출력
A	B	Y
0	0	1
0	1	0
1	0	0
1	1	0

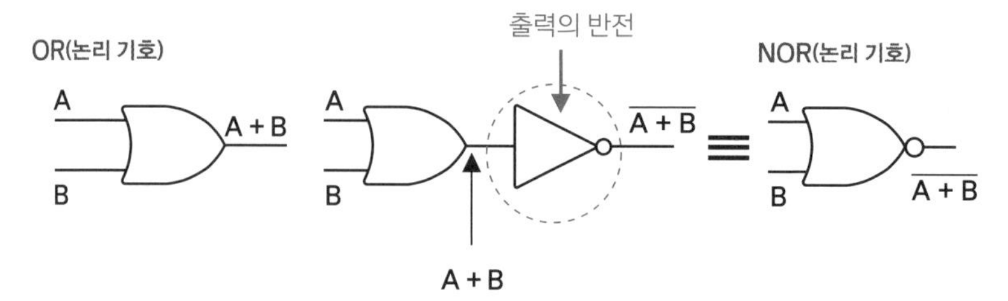

CMOS 회로에서 NOR 게이트

A
B
Y
3V
0V

PMOS 트랜지스터

NMOS 트랜지스터

CMOS 회로에서 NOR 게이트

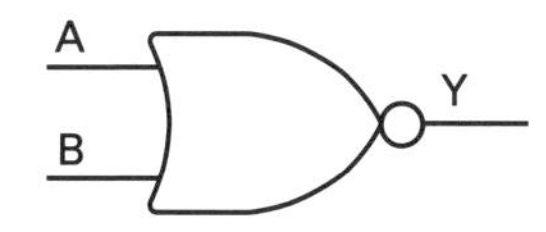

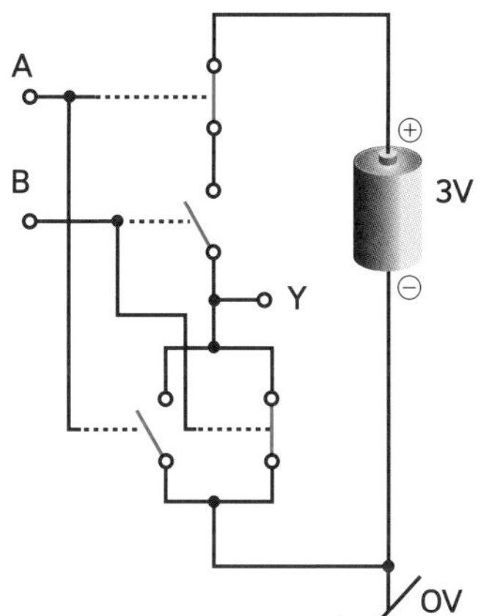

MOS 트랜지스터를 스위치로 대체했을 때

(A=0, B=1)

A=0 → NMOS = OFF, PMOS = ON
B=1 → NMOS = ON, PMOS = OFF

- Y에는 전지의 0V가 전달돼 Y=0이 된다.

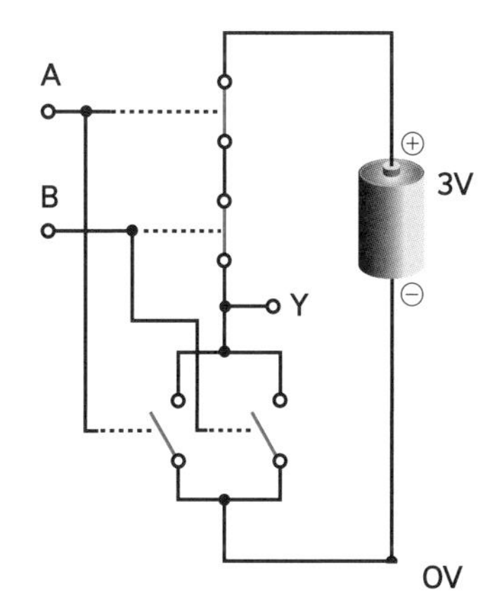

MOS 트랜지스터를 스위치로 대체했을 때

(A=0, B=0)

A=0 → NMOS = OFF, PMOS = ON
B=0 → NMOS = OFF, PMOS = ON

- Y에는 전지의 3V가 전달돼 Y=1이 된다.

논리게이트에서 2진수로 변환하기

기본 게이트를 이용해서 10진수를 2진수로 어떻게 변환하는지 생각해 보자. 2진수를 알기 쉽게 10진수에 대응시킨 것이 2진화 10진수(BCD 코드)다. 따라서 여기서는 10진수 ▸ BCD 변환 논리게이트를 만들어 보려고 한다.

BCD 코드란

보통 우리는 10진수에 익숙해져 있지만, LSI로 구성하는 컴퓨터 세계에서는 2진수를 쓴다. 이때 10진수와 2진수를 알기 쉽게 대응시킨 것이 **BCD● 코드**다.

BCD는 10진수의 각 자리를 각각 4비트인 2진수로 나타낸 것이다. 2진수로 10을 나타내려면 4비트가 필요하다.($2^3=8$이라서 10을 표현할 수 없다. 따라서 $2^4=16$, 즉 10을 나타내려면 4비트가 필요하다.) 이때 BCD 코트는 4비트가 한 덩어리가 된다. BCD 코드의 일부를 다음 페이지의 표에 정리했다.

예를 들어 $(123)_{10}=(1111011)_2$를 BCD 코드로 나타내면, 0001 0010 0011이 된다.

10진수 ▸ BCD 변환의 논리게이트 만들기

LSI 논리회로를 살짝 이해하기 위해 기본 게이트를 이용해서 10진수를 BCD 코드로 변환하는 논리게이트를 만들어 보자.

실제 디지털회로 내부에서는 기본인 2진 코드(바이너리)뿐 아니라 8진 코드(옥탈), 10진 코드(데시멀), 16진 코드(헥사 데시멀) 등을 이용한다. 따라서 여기서 설명하는 10진수 → BCD 변환 외에도 각각에 대응하는 부호 변환 회로가 있다.

1 10진수 ▸ BCD 코드를 나타내는 블록도 작성

10진수에서 한 자리는 0~9이므로 논리식에서 입력 수는 10이 된다. 여기서 각 입력을 I_0~I_9로 두겠다. 10진수의 0~9에 대응하면 BCD 코드는 4비트인 0000, 0001,

---

● **BCD 코드**: Binary Coded Decimal

10진수와 BCD 코드

10진수	BCD 코드	10진수	BCD 코드
0	0000	20	0010 0000
1	0001	21	0010 0001
2	0010	22	0010 0010
3	0011	⋮	⋮
4	0100	99	1001 1001
5	0101	100	0001 0000 0000
6	0110	101	0001 0000 0001
7	0111	⋮	⋮
8	1000	1900	0001 1001 0000 0000
9	1001	⋮	⋮
10	0001 0000	2002	0010 0000 0000 0010
11	0001 0001		
12	0001 0010		

10진수 → BCD 코드, 논리게이트의 블록도

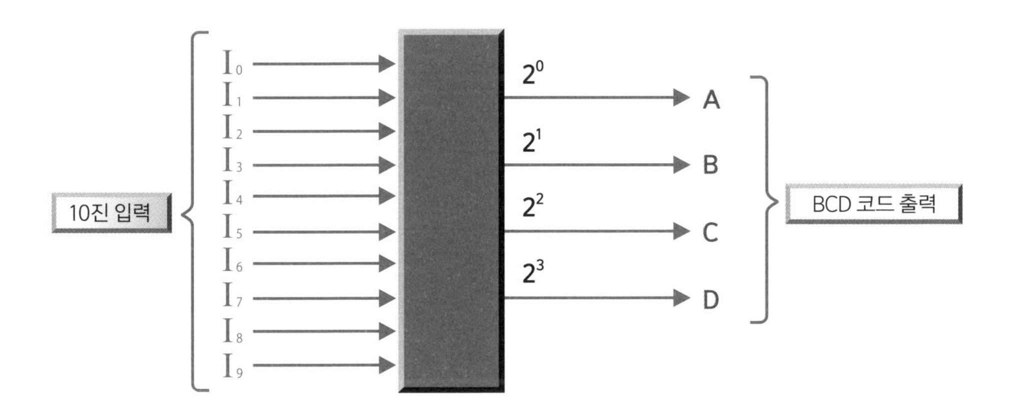

0010,……, 1001이 된다. 이번에는 4비트 출력 코드를 'DCBA'로 두겠다. 이 관계를 **블록도**로 나타내면, 123쪽 그림과 같다.

2 10진수 ▸ BCD 코드의 진리값표

0일 때는 I_0이 1로, 1일 때는 I_1이 1로……이런 식으로 입력했을 때, 그에 대응하는 BCD 코드가 0000, 0001,……으로 작성된다. 이것을 정리한 10진 입력과 BCD 코드 출력을 대응시킨 **진리값표**가 아래와 같다.

3 논리식

BCD 코드를 출력하는 D, C, B, A의 각 단자에 주목해서 각 단자 출력이 1이 되는 I_n의 조건을 정리하면 아래와 같다.

단자 D가 1이 되는 것은 → I_8, I_9가 1일 때
단자 C가 1이 되는 것은 → I_4, I_5, I_6, I_7이 1일 때
단자 B가 1이 되는 것은 → I_2, I_3, I_6, I_7이 1일 때

10진수 → BCD 변환 논리게이트의 진리값표

10진수 입력										BCD 코드 출력			
I_0	I_1	I_2	I_3	I_4	I_5	I_6	I_7	I_8	I_9	D	C	B	A
1	0	0	0	0	0	0	0	0	0	0	0	0	0
0	1	0	0	0	0	0	0	0	0	0	0	0	1
0	0	1	0	0	0	0	0	0	0	0	0	1	0
0	0	0	1	0	0	0	0	0	0	0	0	1	1
0	0	0	0	1	0	0	0	0	0	0	1	0	0
0	0	0	0	0	1	0	0	0	0	0	1	0	1
0	0	0	0	0	0	1	0	0	0	0	1	1	0
0	0	0	0	0	0	0	1	0	0	0	1	1	1
0	0	0	0	0	0	0	0	1	0	1	0	0	0
0	0	0	0	0	0	0	0	0	1	1	0	0	1

단자 A가 1이 되는 것은 → I_1, I_3, I_5, I_7, I_9가 1일 때

이를 논리식으로 나타내면 아래와 같다.

$D = I_8 + I_9$

$C = I_4 + I_5 + I_6 + I_7$

$B = I_2 + I_3 + I_6 + I_7$

$A = I_1 + I_3 + I_5 + I_7 + I_9$

4 LSI에서 논리게이트 만들기

위의 D, C, B, A를 그대로 회로로 만들어 논리 기호로 나타낸 것이 아래 그림이다. 이 예에서 10진수 → BCD로 코드를 변환하는 **논리게이트**에는 사실 I_0이 필요 없었다. 이처럼 코드로 만드는 논리게이트는 일반적으로 인코더(부호화 회로)라고 부른다. 또한 이 반대 기능은 디코더(복호화 회로)라고 한다. 기본적으로 디지털회로 대부분은 이 수법으로 설계할 수 있다.

10진수 → BCD 코드 변환의 논리회로

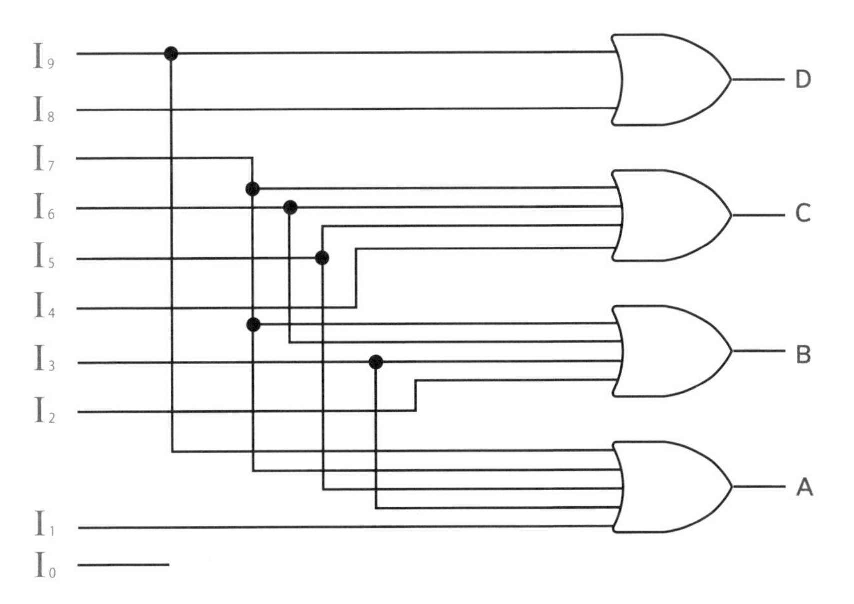

디지털회로에서 덧셈(가산기) 방법은?

디지털회로(2진수)에서 덧셈 기능을 가진 회로를 가산기라고 부른다. 가산기에는 아랫자리에서 자리 올림을 생각하지 않는 반가산기, 아랫자리에서 자리 올림을 가산해서 생각하는 전가산기가 있다.

반가산기(하프 애더)

아래 예시처럼 2진수에서 1비트끼리 가산하는 방법은 네 가지가 있다. 1+1을 하면 윗자리로 자리 올림이 있다. 이 자리 올림을 **캐리**(carry)라고 한다. 10진수 14+34=48을 2진수로 계산한 예도 아래에 설명했다.

2진수 · 1비트끼리 가산하는 법과 자리 올림

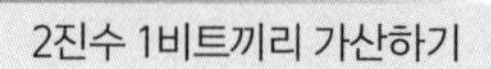

$$\begin{array}{r} A \\ +\ B \\ \hline S \end{array} \Rightarrow \begin{array}{r} 0 \\ +\ 0 \\ \hline 0 \end{array} \quad \begin{array}{r} 0 \\ +\ 1 \\ \hline 1 \end{array} \quad \begin{array}{r} 1 \\ +\ 0 \\ \hline 1 \end{array} \quad \begin{array}{r} 1 \\ +\ 1 \\ \hline 10 \end{array}$$

자리 올림(캐리)

10진수 14 + 34 = 48을 2진수로 계산한 경우의 가산

10진 가산 $\begin{array}{r} 14 \\ +\ 34 \\ \hline 48 \end{array}$ 2진 가산 $\begin{array}{r} 1110 \\ +\ 100010 \\ \hline 110000 \end{array}$

자리 올림

2진수에서 1비트끼리 아랫자리에서 캐리를 고려하지 않는 것이 **반가산기**[•]다. 반가산기는 A, B라는 두 입력에 대해 A와 B의 합(S:Sum)과 캐리(C:Carry)를 출력한다.

A=B=0, A=B=1일 때 S=0

• **반가산기** : HA, Half Adder

A=0, B=1 아니면 A=1, B=0일 때 S=1

A=B=1일 때만 C=1

이 논리에서 A, B에 대해 바꿔 말하면 A, B가 불일치할 때 S=1이고 A, B가 일치할 때 S=0이므로 이러한 논리를 **XOR 게이트**•라고 부른다. 이 상태를 진리값표, 논리식, 논리 기호(블록도)로 나타낸 것이 아래 표와 그림이다.

논리식 작성 방법

[1] 반가산기의 진리값표에서 S=1인 줄에 주목하면, S=1은 둘째 줄과 셋째 줄이고, 둘째 줄은 A=0, B=1 → $\overline{A} \cdot B$. 셋째 줄은 A=1, B=0 → $A \cdot \overline{B}$. 둘 다 S=1이므로 논리합 OR이 된다. 이는 $S=\overline{A} \cdot B + A \cdot \overline{B}$이다.

[2] 반가산기의 진리값표에서 C=1인 줄에 주목하면, C=1은 넷째 줄이다. 넷째 줄은 A=1, B=1 → A · B이며, C는 이 한 줄만 있으니까 그대로 C=A · B이다.

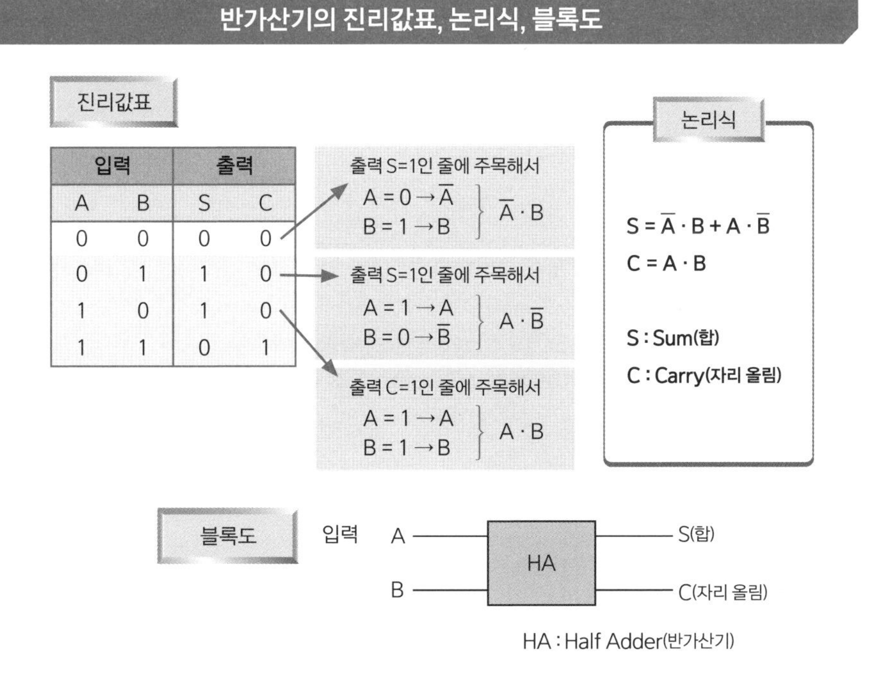

• **XOR 게이트** : Exclusive OR Gate, 배타적 논리합 게이트

반가산기의 논리회로

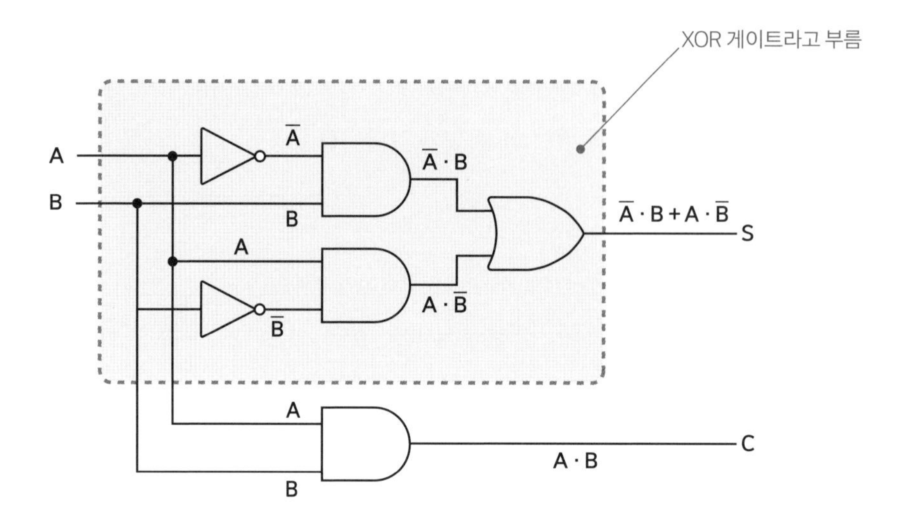

전가산기(풀 애더)

반가산기는 한 자릿수인 2진 가산기이므로 자리 올림(캐리)이 있는 여러 자리의 수를 다루는 현실 계산에서는 **전가산기**●를 이용한다. 전가산기는 입력 A, B 모두 하위 자리에서 캐리(C)를 입력하고, 합(S)과 상위 자리에 대한 C_+를 출력한다.

- 입력 A, B, C 중에서 홀수 개가 1일 때 S=1
- 기타 경우는 S=0
- 상위 자리의 캐리 C_+는 입력 A, B, C 중에 2개 이상이 1일 때만, C_+=1

캐리를 고려한 3입력 2진수의 가산

A	0	0	0	0	1	1	1	1
B	0	0	1	1	0	0	1	1
+ C	+ 0	+ 1	+ 0	+ 1	+ 0	+ 1	+ 0	+ 1
S	0	1	1	10	1	10	10	11
				자리 올림		자리 올림	자리 올림	자리 올림

● **전가산기** : FA, Full Adder

이 상태를 진리값표와 논리식으로 나타내면 아래와 같다. 이 진리값표를 바탕으로, 반가산기를 이용해서 전가산기의 논리 기호(블록도)와 논리회로를 구성한 예를 소개한다.

전가산기의 진리값표와 논리식

진리값표

입력			출력	
A	B	C	S	C_+
0	0	0	0	0
0	0	1	1	0
0	1	0	1	0
0	1	1	0	1
1	0	0	1	0
1	0	1	0	1
1	1	0	0	1
1	1	1	1	1

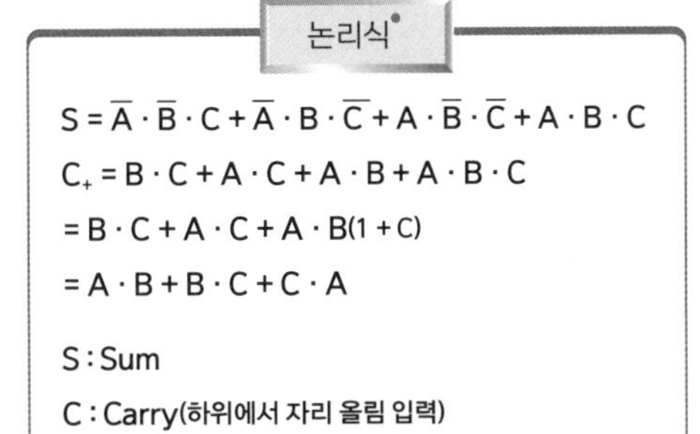
논리식●

$S = \overline{A} \cdot \overline{B} \cdot C + \overline{A} \cdot B \cdot \overline{C} + A \cdot \overline{B} \cdot \overline{C} + A \cdot B \cdot C$

$C_+ = B \cdot C + A \cdot C + A \cdot B + A \cdot B \cdot C$

$= B \cdot C + A \cdot C + A \cdot B(1 + C)$

$= A \cdot B + B \cdot C + C \cdot A$

S : Sum

C : Carry(하위에서 자리 올림 입력)

C_+ : Carry(상위의 자리 올림 출력)

전가산기의 논리회로 예

블록도

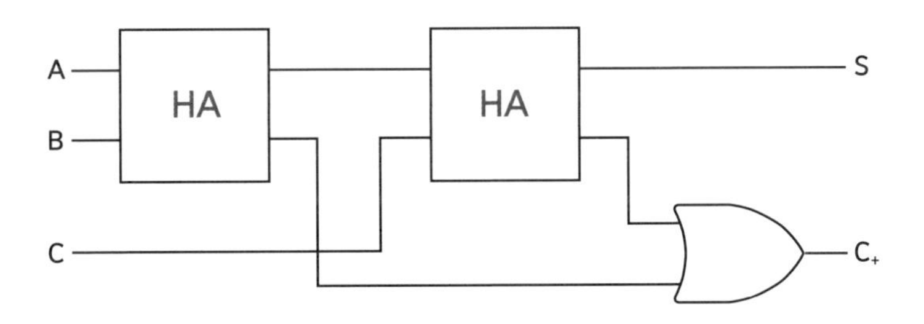

반가산기를 이용한 경우에 전가산기의 논리회로

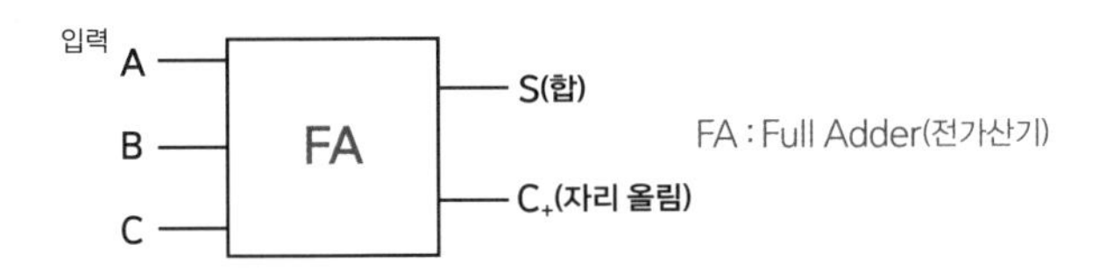

● 식의 전개에 대해서는 112쪽 '4-3 LSI 논리회로의 기본, 불 대수란?'을 참고

디지털회로에서 뺄셈(감산기) 방법은?

디지털회로(2진수)에서 뺄셈 기능이 있는 회로를 감산기라고 한다. 감산기에는 하위 자리에서 숫자를 빌리지 않는 반감산기, 하위 자리에서 빌려오는 것을 포함해 생각하는 전감산기가 있다.

양수, 음수

2진수에서 1비트끼리의 감산은 아래 예시처럼 네 가지가 있다. 0-1의 경우는 0에서 1을 뺄 수 없다. 그래서 상위에서 1을 빌려왔다고 하자. 이것이 **보로**(B: Borrow)이며, B=1이 된다.

2진수로 −1을 표현할 때는 $(11)_2$로 한다. 이것은 10진수로 나타낸 3과 같다. 여기서 실제 2진수를 표현할 때 양수와 음수는 최상위 비트에서 0이면 양수, 1이면 음수라는 식으로 부호 자리를 붙여서 쓴다.

예를 들어 수치 데이터를 4비트로 구성한 경우, $(0101)_2$에 대한 양수는 $(00101)_2$, 음수는 $(10101)_2$라는 식으로 수치 데이터의 최상위에 부호 자리를 붙여서 나타낸다.

2진수 1비트끼리의 감산

X − Y = D		0 − 0	0 − 1	1 − 0	1 − 1
X	➡	0	0	1	1
− Y		− 0	− 1	− 0	− 1
D		0	11	1	0

자리 내림(Borrow)

반감산기(하프 서브트랙터)

2진수에서 1비트끼리 하위의 자리 내림을 고려하지 않는 것이 **반감산기**● 다. 반감산기는 2입력 X, Y에 대해 X와 Y의 차(D: Difference)와 보로(B: Borrow)를 출력한다.

X=0, Y=0 → D=0, B=0

X=0, Y=1 → D=1, B=1 … -1에 상당한다. (B=1은 마이너스 부호)

X=1, Y=0 → D=1, B=0

X=1, Y=1 → D=0, B=0

이 논리의 X, Y에 대해 바꿔 말하면 X, Y가 불일치할 때 D=1, X와 Y가 일치하면 D=0인데, 이것은 앞 장에서 설명한 XOR 게이트(배타적 논리게이트)의 이론과 같다. 이 상태를 진리값표와 논리식으로 나타내면 아래와 같다.

반감 계산의 진리값표와 논리식

진리값표

입력		출력	
X	Y	D	B
0	0	0	0
0	1	1	1 → -1에 상당
1	0	1	0
1	1	0	0

논리식

$D = \overline{X} \cdot Y + X \cdot \overline{Y}$

$B = \overline{X} \cdot Y$

D : Difference(차)

B : Borrow(자리 내림)

이 진리값표를 바탕으로 구성한 논리 기호(블록도)와 논리회로의 예는 다음 페이지에서 소개한다.

● **반감산기** : HS, Half Subtracter

반감산기의 블록도와 논리회로 예시

블록도

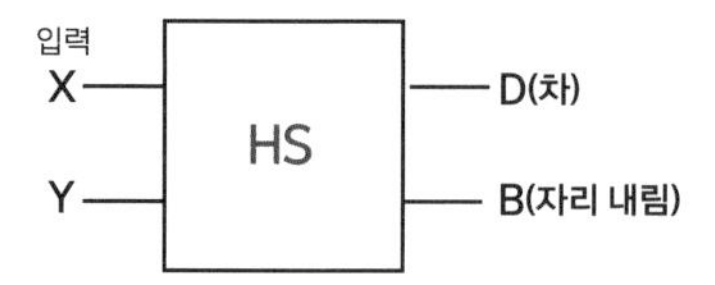

반감산기의 논리회로

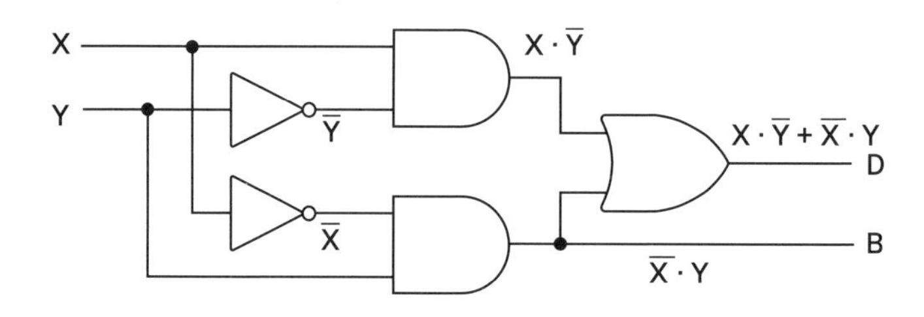

전감산기(풀 서브트랙터)

전감산기• 는 입력 X, Y와 함께 하위 자리에서 빌린 B를 입력해 차 D와 상위 자리에서 빌린 B를 출력한다. 이 상태를 진리값표와 논리식으로 나타낸 것이 다음 페이지 위에 있는 표다.

이 진리값표를 바탕으로 반감산기를 이용한 전감산기의 논리 기호(블록도)와 논리회로를 구성한 예가 다음 페이지의 아래 그림이다.

■ 승제산기에 대해

피승수×승수의 승산(곱셈)은 기본적으로 피승수를 승수 횟수만큼 가산하기를 반복하면 풀 수 있다. 또한 제산(나눗셈)도 마찬가지로 피제수를 제수 횟수만큼 반복해서 감산하면 풀 수 있다.

하지만 이 계산 방식은 과정이 어마어마하게 길어져서 효율적이지 않기 때문에 실제로는 쓰지 않는다. 이 책에서는 자세한 설명을 생략하겠지만, 실제 곱셈을 풀 때는 자릿수별로 계산하고 자리를 이동해서 합을 취하는 방법을 사용한다. 나눗셈도 똑같은 방법으로 계산한다.

• **전감산기** : FS, Full Subtracter

전감산기의 진리값표와 논리식

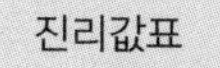

입력			출력		
X	Y	B_	D	B	
0	0	0	0	0	
0	0	1	1	1	→ −1에 상당함
0	1	0	1	1	→ −1에 상당함
0	1	1	0	1	→ −2에 상당함
1	0	0	1	0	
1	0	1	0	0	
1	1	0	0	0	
1	1	1	1	1	→ −1에 상당함

논리식●

$$D=\overline{X}\cdot\overline{Y}\cdot B_{-}+\overline{X}\cdot Y\cdot\overline{B_{-}}+X\cdot\overline{Y}\cdot\overline{B_{-}}+X\cdot Y\cdot B_{-}$$

$$\begin{aligned}B&=\overline{X}\cdot\overline{Y}\cdot B_{-}+\overline{X}\cdot Y\cdot\overline{B_{-}}+\overline{X}\cdot Y\cdot B_{-}+X\cdot Y\cdot B_{-}\\&=\overline{X}\cdot\overline{Y}\cdot B_{-}+\overline{X}\cdot Y\cdot(B_{-}+\overline{B_{-}})+X\cdot Y\cdot B_{-}\\&=\overline{X}\cdot\overline{Y}\cdot B_{-}+\overline{X}\cdot Y+X\cdot Y\cdot B_{-}\end{aligned}$$

전감산기의 블록도와 논리회로

전감산기의 논리회로

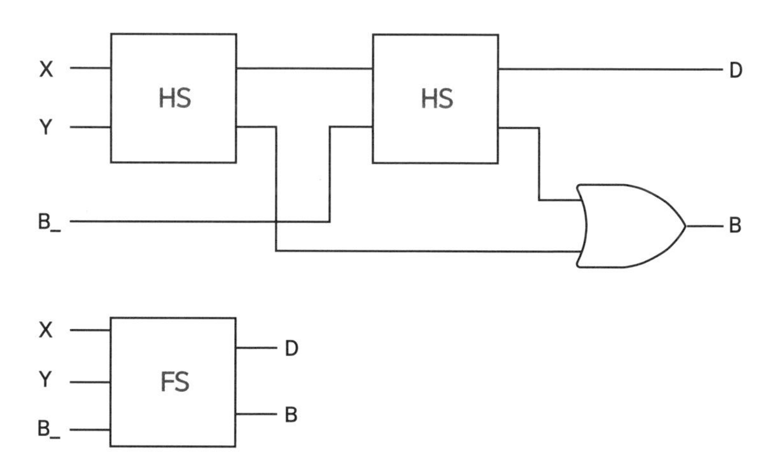

● 식의 전개에 대해서는 112쪽 '4-3 LSI 논리회로의 기본, 불 대수란?'을 참고

기타 주요 디지털 기본 회로

지금까지 설명한 것 외에 중요한 디지털 기본 회로에는 기억회로인 플립플롭과 그것을 응용한 계산 회로인 카운터가 있다.

조합회로

여기까지 디지털회로의 기본 논리게이트인 AND, OR, NOT과 이 회로들을 조합한 XOR이나 가산·감산 회로의 구성에 관해 설명했다. 이들은 입력 신호가 있으면 바로 출력 상태가 결정되는 **조합회로**라고 한다. (실제로는 전자회로의 지연 시간만큼 늦어진다.) 조합회로는 기본적으로 피드백 루프(출력을 입력으로 귀환시키는 담당)가 없다. 디지털 기본 회로는 이것 말고도 회로 내부에 기억 논리게이트를 갖고 있다. 입력 신호와 회로 내부의 기억 논리게이트 상태에 따라 출력 상태가 정해지는 **순서회로**라 불리는 구성이다. 실제 디지털회로는 조합회로와 순서회로를 둘 다 사용해서 구성한다.

플립플롭

순서회로에서 기억 논리게이트를 가진 기본 구성 소자가 **플립플롭**이다. 플립플롭은 클록 입력 신호(상승, 하강)에 맞춰 데이터를 읽어서 기억하거나 데이터값에 대응해서 작동하는 기억회로다. 내부 상태로는 1과 0이라는 두 가지의 안정 상태를 유지한다.

1 RS 플립플롭

플립플롭 중에서 가장 기본적인 회로가 RS 플립플롭이다. 다음 그림은 NAND 게이트를 이용한 구성 예시다. 출력이 입력으로 돌아와 있는데, 피드백 루프를 가진다. 입력 S=0이고 R=1이면 출력 Q=1(세트 상태)이 되고, 입력 S=1이고 R=0이면 출력 Q=0(리셋 상태)이 되며, 입력 S=R=1이면 출력 Q는 전의 상태를 유지(기억)한다. 또한 RS 플립플롭에서는 S=R=0인 입력 상태를 쓰는 것을 금지한다.

RS 플립플롭(NAND 게이트에 따른 회로 구성)

논리회로

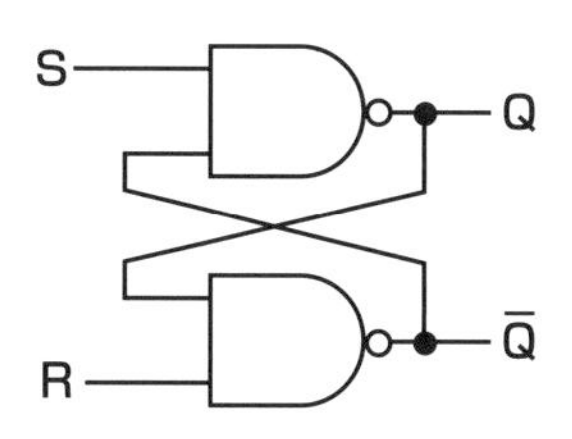

진리값표

입력		출력		
S	R	Q	$\overline{Q}$	
0	0	1	1	→ 이 입력 상태는 금지
0	1	1	0	→ 세트 상태(Q=1)
1	0	0	1	→ 리셋 상태(Q=0)
1	1	기	억	→ Q, $\overline{Q}$의 전 상태를 기억(홀드)

논리회로

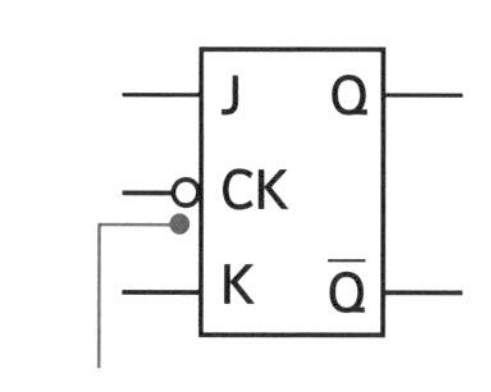

이 작은 동그라미 기호는 네거티브 에지 트리거 방식을 나타낸다.

진리값표

입력			출력		
J	K	CK	Q	$\overline{Q}$	
0	0		기	억	→ 홀드
0	1		0	1	→ 리셋
1	0		1	0	→ 세트
1	1		반	전	→ 토글

아래로 향하는 화살표는 하강 때 트리거가 걸린다는 뜻이다.

2 JK 플립플롭

JK 플립은 J와 K의 입력 상태와 클록 신호* CK의 입력(하강)에 따라 출력 상태가 정해지는 논리회로다. 이 회로의 예처럼 클록 신호가 하강할 때 출력 상태가 결정되는 경우를 네거티브 에지 트리거* 방식이라고 한다. 반대로 상승 때 출력 상태가 결정되는 경우를 포지티브 에지 트리거 방식이라고 한다.

3 T 플립플롭

T 플립플롭은 입력 클록 신호 T에 따라 반전 작동(출력 상태 Q가 1이면 0, 또한 0이면 1이 됨)을 하는 논리회로다. T는 Toggle(반전)이라는 뜻이다. T 플립플롭은 JK 플립플롭에서 J=K=1의 상태에 고정하면 된다.

- **클록 신호 :** 일정 폭을 가진 펄스 전기신호. 컴퓨터에서 작동 처리 속도를 결정하는 클록 주파수(클록 신호)와 같다.
- **트리거 :** 상태 변화를 일으키는 계기가 되는 신호

T 플립플롭

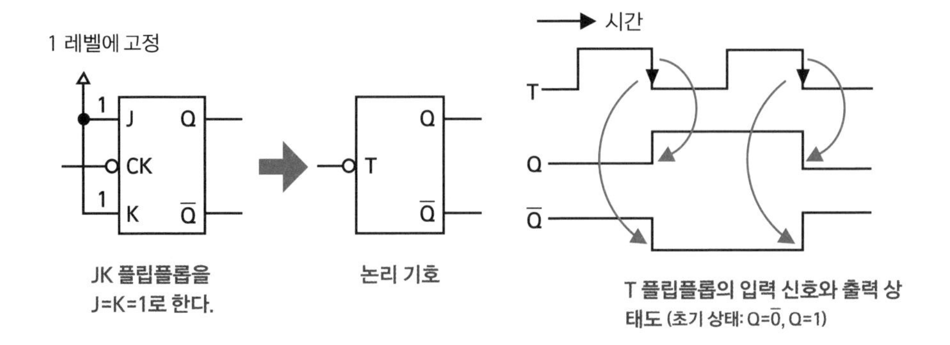

카운터

카운터는 클록 신호 등의 펄스 수를 계수하는 회로다. 플립플롭을 기본으로 한 계수 회로인데, n개의 플립플롭을 사용한 바이너리 카운터(2진수를 계측하는 카운터)에서 2n까지 계수할 수 있다. 아래 그림은 T 플립플롭을 사용한 바이너리 카운터의 예다.

카운터 (T 플립플롭에 따른 예)

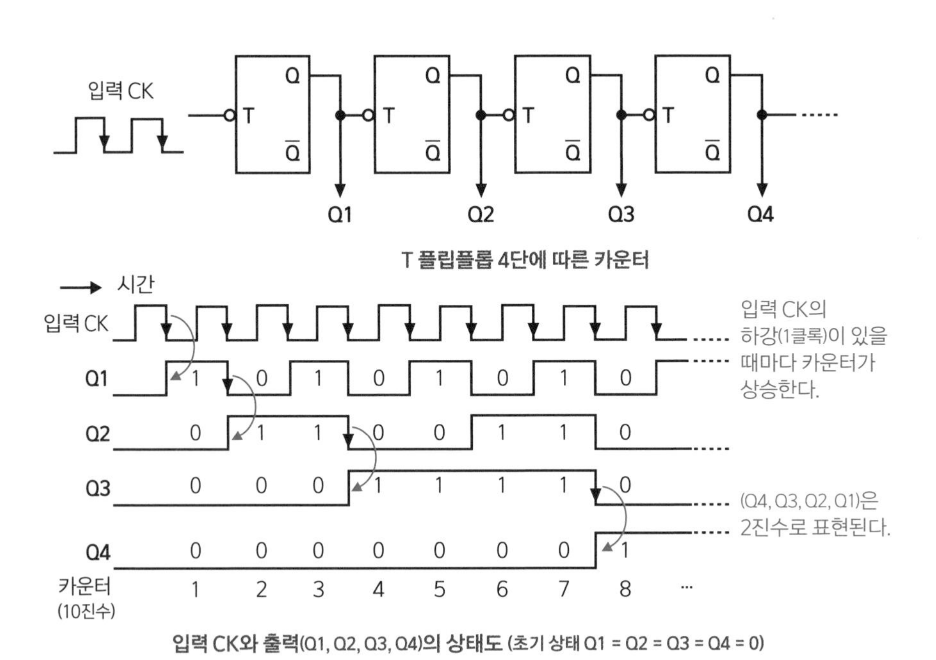

입력 CK와 출력(Q1, Q2, Q3, Q4)의 상태도 (초기 상태 Q1 = Q2 = Q3 = Q4 = 0)

제5장

LSI의 개발과 설계

설계 공정이란 무엇인가?

전자 기기의 성능과 기능을 정하는 LSI 설계·개발에는 유저의 요구 사양을 기본으로 LSI를 개발하고 기획하는 단계부터 설계를 종료하고 제조 공장에 넘길 때까지의 과정이 있다. 이 장에서는 기능 설계, 논리 설계, 레이아웃 설계, 회로 설계, 포토마스크 제조에 이르는 작업 흐름이나 LSI 시험, 최신 설계 기술까지도 설명한다.

LSI 개발 기획부터 제품화까지

LSI 개발은 전자 기기 시장에서 요구하는 LSI의 성능과 사양을 만족시키는 것에서 출발한다. 먼저 어떤 시스템이 필요한지 검토하고, 그 요구에 맞게 기능 설계, 논리 회로 설계, 레이아웃 설계까지 차례차례 진행한다.

LSI 제품화까지의 흐름

1 기능 설계

LSI를 개발할 때는 LSI를 쓰면 어떤 이점이 있는지, LSI로 만들 때 기술적 제한이 있는지 등을 충분히 고려한 후에 종합적인 관점에서 탑재하는 기능을 생각할 필요가 있다. 이렇게 **기능 설계**를 마치고 나면, 각 기능을 LSI에서 실현할 수 있는 레벨로 분할하고 구성해서 전체적인 시스템 레벨을 구상한다.

LSI 개발의 각 공정에는 그 내용을 써 내려가기 위한 기술(記述) 레벨• 표현이 있다. 기능 설계 공정에서 시스템 상위의 개념을 표현하는 데 작동 레벨의 기술을 이용하고, LSI 이미지에 가까운 기능 블록(셀, 모듈)을 표현하는 데 기능 레벨의 기술을 이용한다. 따라서 기능 설계 공정을 작동 기능 설계 공정이라고 부를 때도 있다.

각 설계 공정에서의 기술 레벨

기능 설계	작동 레벨	CPU — RAM — ROM
	기능 레벨	ALU
논리 설계 (회로 설계)	게이트 레벨	
	트랜지스터 레벨	

• **기술 레벨** : 기능 설계, 논리 설계 등의 각 설계 공정에서는 그 구성 내용을 명확화하기 위해 최적의 기술을 취한다. 각 설계 공정에 대응한 기술 표현 방식의 단계를 기술 레벨이라고 부른다.

2 논리 설계

기능 블록(모듈, 셀)과 관련한 반도체 기술을 고려하고, 더 구체적으로 LSI를 만드는 작업에 들어간다. 게이트 수, 입출력 수, 속도 등의 제한을 고려해 재이용할 수 있는 IP(기능 블록, 회로 블록)나 분할한 블록을 판단해서 더 상세한 **논리회로 설계**를 한다. 기능 블록의 내용물을 논리게이트로 표현한 것이 게이트 레벨이다.

3 레이아웃 설계

논리 설계를 따라 포토마스크 원화가 되는 마스크 패턴을 설계하는 공정이다. 트랜지스터, 저항 등의 형상과 치수를 정하면서 게이트나 셀을 배치하고 이들 소자와 셀(블록) 사이를 배선한다. 이때 소자 치수나 전기 특성을 고려해서 배치 배선을 최적화한다. 또한 비용 면에서 최대한 칩의 면적을 작게 하는 노력이 필요하다. 현재는 효율을 높이고 단기에 설계하려고 컴퓨터를 이용해 자동 배치 배선을 하는 것이 필수다.

4 평가 해석·시험

제조 공정을 거친 LSI 시제품은 실제 디바이스로서 **평가 해석, 기능 시험** 등을 거쳐 최종적으로 전기적 특성 인정을 한다. 이렇게 해서 OK가 떨어지면 비로소 양산 라인으로 이행한다.

5 디바이스 설계/회로 설계

LSI 제조에서 프로세스 데이터●(불순물 농도, 확산 깊이 등)를 기본으로 트랜지스터 치수 같은 상세한 소자 설계를 하는 것이 **디바이스 설계**다. 구체적으로는 MOS 트랜지스터의 전압과 전류 특성이나 최고 작동 주파수 등을 예측한다.

디바이스 설계 데이터를 트랜지스터 하나하나에 끼워 맞추고, 전기 특성을 만족시키는 회로 구성(반도체 프로세스 규정에 의존한 트랜지스터 소자 구성·접속 관계)을 더 상세하게 결정하는 것이 **회로 설계**다. 이 설계 공정에서 표현하는 것이 트랜지스터 레벨이다.

● **프로세스 데이터 :** LSI를 제조할 때 불순물 농도, 불순물 확산 깊이 등의 데이터를 프로세스 데이터(제조 조건 지시 데이터)라고 부른다. 프로세스 데이터를 기본으로 LSI가 제조된다. 자세한 내용은 167쪽 '제6장 LSI 제조의 전 공정'을 참고한다.

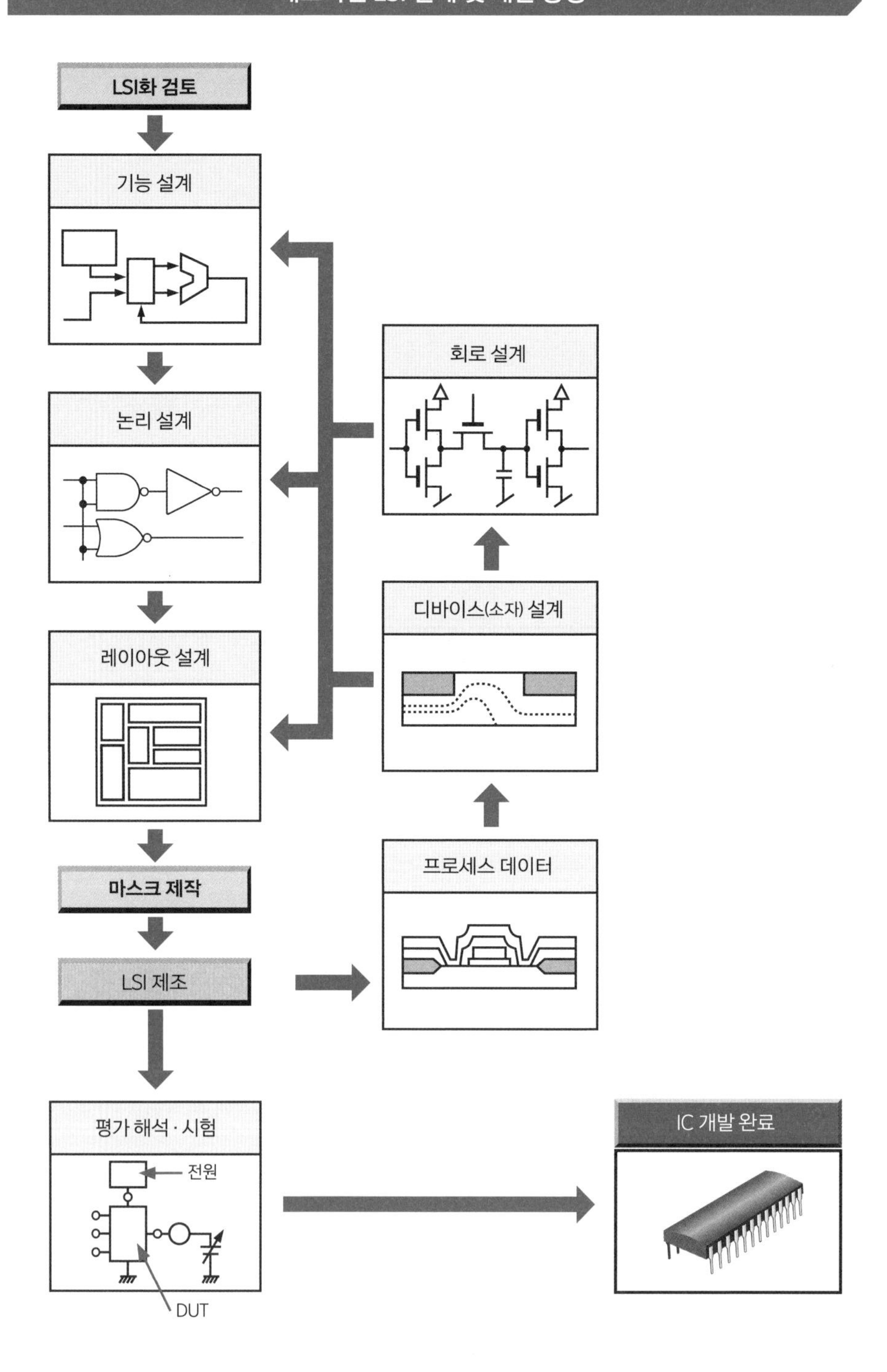
대표적인 LSI 설계 및 개발 공정
LSI화 검토
기능 설계
논리 설계
레이아웃 설계
마스크 제작
LSI 제조
평가 해석 · 시험
전원
DUT
회로 설계
디바이스(소자) 설계
프로세스 데이터
IC 개발 완료

기능 설계
어떤 기능을 만들고 싶은가?

개발 요구에 맞는 LSI는 어떤 기능을 탑재해야 실현할 수 있을지를 설계 수법, 설계 자산(이미 보유한 IP 블록), 제조 프로세스 등을 포함해서 검토하고, 각 기능을 LSI로 실현될 수 있는 레벨로 분할, 구성해서 전체적인 시스템을 정한다.

CAD 이용이 전제

트랜지스터를 수백만~1천만 개 이상 탑재하는 LSI를 설계할 때는 구상 단계가 매우 중요하다. 설계를 시작하고 나면 돌이킬 수 없다. 또한 IC 개발 초기처럼 실제 전자회로를 프린트 기판 위에 실현하고, 그것을 IC화하는 방법은 회로 규모가 너무 커져서 현재 LSI 설계에서는 실용적이지 않다. 그래서 방대한 트랜지스터를 탑재하고, 게다가 기능까지 뛰어난 LSI를 단기간에 설계하려면 **CAD**•가 필수다. 특히 최근에는 **하드웨어 기술 언어**(HDL•) 또는 소프트웨어 프로그램을 작성할 때 쓰는 **C언어**•를 설계 수법에 이용해 획기적으로 개발 설계 효율을 올릴 수 있게 됐다.•

예를 들어 어떤 전자 기기용 시스템 LSI를 개발한다고 하자. 기능 설계 단계에서 어떤 검토 항목이 필요한지를 몇 가지 들어보겠다.

1 프로세서(CPU)의 성능(처리 속도, 몇 비트, 버스 폭)은 어느 정도가 필요한가.

2 메모리 구성의 DRAM, SRAM은 어느 정도의 용량이 필요한가.

3 주변 회로의 주기능을 밝혀내고 몇 가지 기능 블록으로 분할할 수 있는가.

4 분할해서 사용하는 기능 블록은 현재 설계 자산(설계 데이터로서 회사가 가진 라이브

- **CAD :** Computer Aided Design, 컴퓨터 지원 설계
- **HDL :** Hardware Description Language의 머리글자. 시스템이나 LSI 등의 설계 데이터를 기술하기 위한 언어. LSI 디지털회로용 HDL로서 VHDL과 Verilog HDL이 있다. 이들 HDL 기술 레벨로는 설계 계층의 상위부터 작동 레벨(비헤이비어 레벨), RT 레벨, 게이트 레벨이 있다.
- **C언어 :** 미국 AT&T 벨 연구소가 개발한 프로그래밍 언어. 현재 널리 보급된 프로그래밍 언어 중 하나.
- **개발 설계 효율을 올리다 :** 158쪽 '5-7 최신 설계 기술 동향'을 참고

러리)으로 보유하고 있는가. 또한 그 성능에 만족하는가.

5 전자 기기를 작동시키기 위한 소프트웨어는 무엇이 필요한가.

6 소프트웨어(프로그램)와 하드웨어(LSI 설계) 협조, 어떤 식으로 분리할까.

7 자사 개발 시스템 LSI화 부분을 정하고, 구입 LSI의 기종(품번, 메이커) 선정하기.

8 설계·개발 환경(컴퓨터 지원 도구)은 무엇을 쓰고 어떻게 관리할까.

위 사항들을 검토하고, 집으로 따지면 평면도에 해당하는 최종 **기능 분할**을 한 다음에 시스템 LSI 전체 구성(기능 블록으로 전체를 나타낸 그림)을 결정한다. 그리고 집의 건축 방법, 외벽 디자인, 비용 등에 상당하는 제조 프로세스, 설계 디자인 규정을 정하고 작동 전압, 작동 속도, 소비 전력, 칩 크기를 (가상으로) 결정한다.

LSI와 탑재 소프트웨어의 협조 설계가 중요

기존에는 LSI(하드웨어)와 소프트웨어 설계를 기본적으로 따로 진행했다. 그 결과, 양쪽 견본을 다 만든 후에야 시스템 전체를 검증할 수 있었다. 하지만 현재는 개발 기간을 단축하는 것이 필수다. 개발 초기의 기능 설계 공정에서 시스템 기기(시스템 LSI)를 구성하는 하드웨어(LSI 논리회로부)와 소프트웨어(CPU와 관련된 프로그램 작성 부분) 설계를 성능, 비용, 개발 기간 등의 관점에서 가장 적합하도록 협조해서 진행하는 일이 한층 더 중요해졌다.

다음 페이지를 보자. 내비게이션 개발을 예시로 들었다. 그림을 보면 상품 사양에서 어느 부분을 자사가 개발한 시스템 LSI로 만들지 검토한다. 자사에서 개발한 시스템 LSI가 결정된 시점부터 이번에는 개발 LSI에 대해 내부 블록 검토를 똑같은 방법으로 실시해 작은 구성 요소로 분해하고 검토해서 더 구체적인 LSI 이미지로 기능을 설계한다. 이 단계의 기능 설계 공정에서는 작동을 정하기 위한 것이라서 실제 LSI와 비교하면 추상도가 높은 표현을 쓴다.

내비게이션 개발로 보는 상품 사양과 LSI 개발 결정

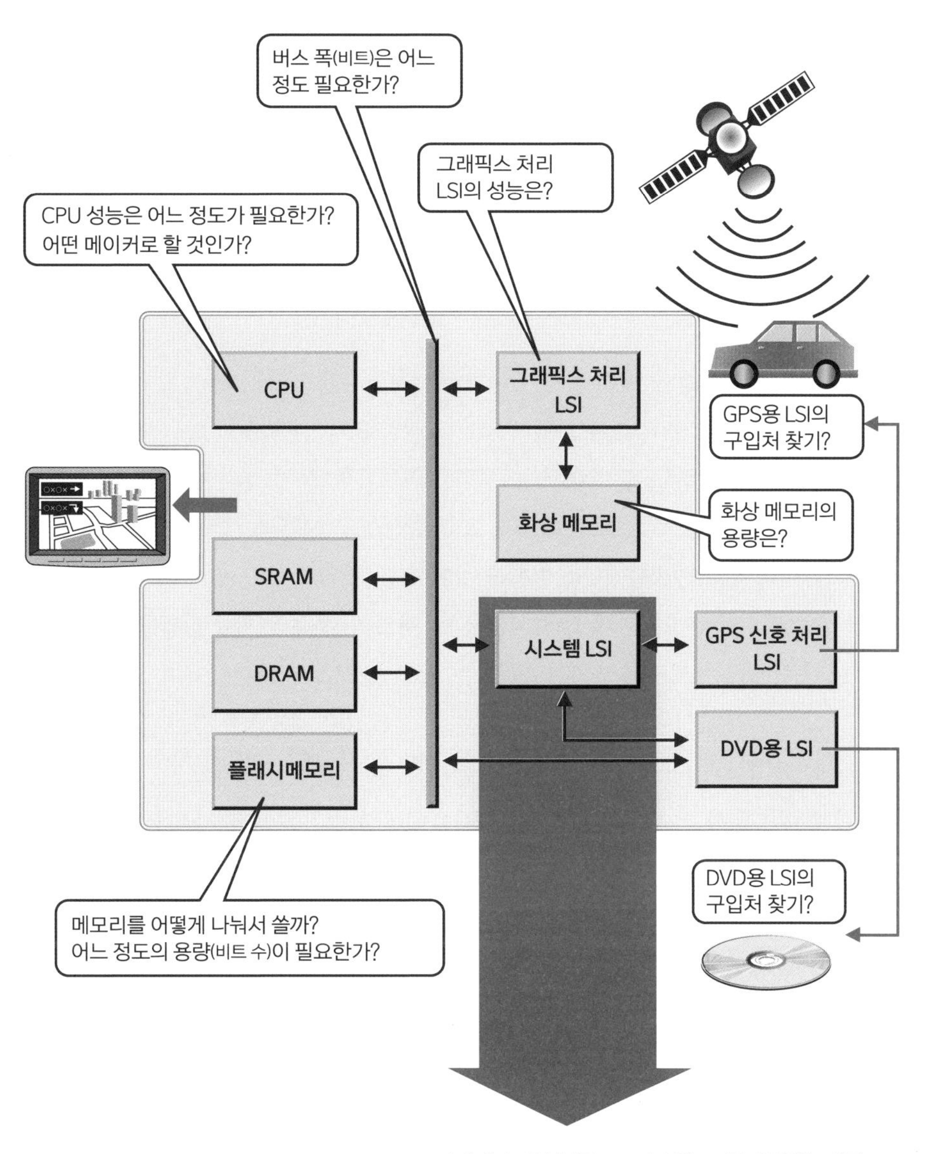

자사에서 만든 부품으로 시스템 LSI를 개발하는 결정

① 시스템 사양 결정
② 소프트웨어, 하드웨어 분리
③ 시스템 LSI 개발(기능 설계로)

만약 모든 것을 원칩(SoC)으로 실행할 때는 모든 블록과 관련해서 상세한 설계가 필요하다.

논리 설계

논리게이트 레벨에서 기능을 확인한다

논리 설계에서는 기능 설계에서 분할된 기능도나 하드웨어 기술 언어(HDL) 등으로 표현된 블록 및 블록의 접속 관계를 게이트 레벨에서 논리회로로 작성한다. 논리회로는 기능 레벨과 비교해서 더 구체적인 LSI 이미지가 된다.

기능 설계 데이터를 논리회로 데이터로 변환하기

기능 블록(모듈, 셀)과 관련해 반도체 기술을 고려하고, 더 구체적으로 LSI화를 의식해서 게이트 수(트랜지스터 수), 입출력 수, 속도 등을 염두에 두고 기능 분할, 논리 분할을 최적화하면서 기능 설계를 실행한다. 그리고 분할한 블록에 대해 더 상세한 **넷 리스트**(net list) 레벨로 전개할 수 있는 논리 설계에 들어간다.

넷 리스트란 LSI에서 트랜지스터나 블록 등 서로의 접속 관계를 나타낸 종합 리스트다. 이 공정에서는 필요에 맞게 논리 계층•(트랜지스터 레벨, 게이트 레벨, 셀 레벨 등)에 따라 각 게이트 사이의 신호 접속 관계 기술을 고려하고 **테크놀로지 매핑**(제조 조건이나 설계 데이터 라이브러리 등과 맞추는 것)을 한다. 또한 설계한 논리회로는 그 기능이 정확히 작동하는지 아닌지 보기 위해 **논리 시뮬레이션**이나 **타이밍 시뮬레이션**으로 검증한다.

논리 설계도 CAD를 이용하는 방법이 주류인데, 기능 설계 데이터를 논리회로 데이터로 변환하는 작업을 **논리 합성**이라고 부른다.

■ 논리 시뮬레이션

설계자가 의도한 대로 논리회로가 작동하는지 검증하는 과정이다. 각 게이트의 논리 작동, 상승/하강 시간 등과 넷 리스트를 입력하고, 테스트 신호를 인가해서 출력된 신호값(일반적으로 0, 1, 부정)을 예상되는 기댓값과 비교해서 검증한다.

논리 시뮬레이션을 실행하려면 소프트웨어(논리 시뮬레이션용 프로그램)로 하는 방

• **논리 계층 :** 자세한 내용은 138쪽 그림을 참고

법, 하드웨어(FPGA에서 실제 논리회로를 구현해 작동시키는 것)로 하는 방법, 양쪽을 조합해서 하는 방법 등이 있다. 시뮬레이션 데이터양이 방대해지므로 고속화가 급선무다.

■ 타이밍 시뮬레이션

배선이나 각 회로(게이트나 셀 등)의 지연 시간을 고려한 논리회로 시뮬레이션이다. 실제 회로 작동과 비슷한 상태에서 논리회로의 타이밍 관계(예를 들면 A 신호가 B 신호보다 시간축에서 10ns 더 빨라야 하는 조건 등)를 검증한다.

■ 논리 합성

기능 설계 데이터(하드웨어 기술 언어, 논리식, 진리값표, 상태 천이도 등의 레벨)에서 논리회로(논리도, 네트 리스트 레벨)를 자동 생성하는 소프트웨어다. 입력 레벨에서 상세하게 구별하고, 나아가 작동 합성과 논리 합성•으로 분류할 수 있다.

시스템을 기술하는 하드웨어 기술 언어(Verilog HDL의 예시)

<table>
<tr><th>하프 애더의 논리회로</th><th>Verilog HDL</th></tr>
<tr><td>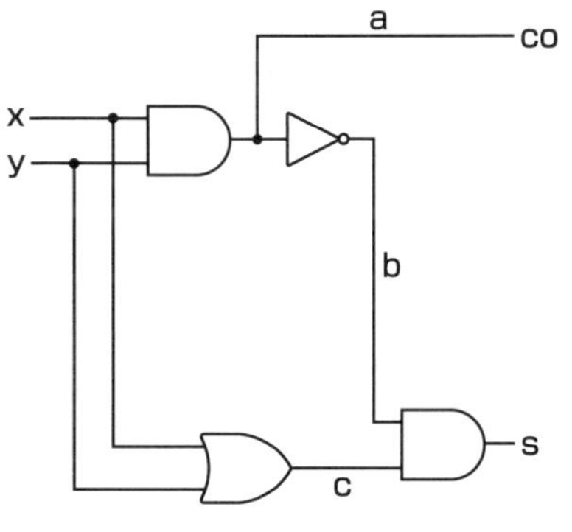
</td><td><pre>module half_adder(s, co x, y);

        input x, y;
        output s, co;

        wire a, b, c;

        assign   a = x & y,
                 b = ~a,
                 c = x | y,
                 s = b & c
                 co = a;
        endmodule</pre></td></tr>
</table>

• **작동 합성과 논리 합성** : 자세한 내용은 158쪽 '5-7 최신 설계 기술 동향'을 참고

논리 설계 공정

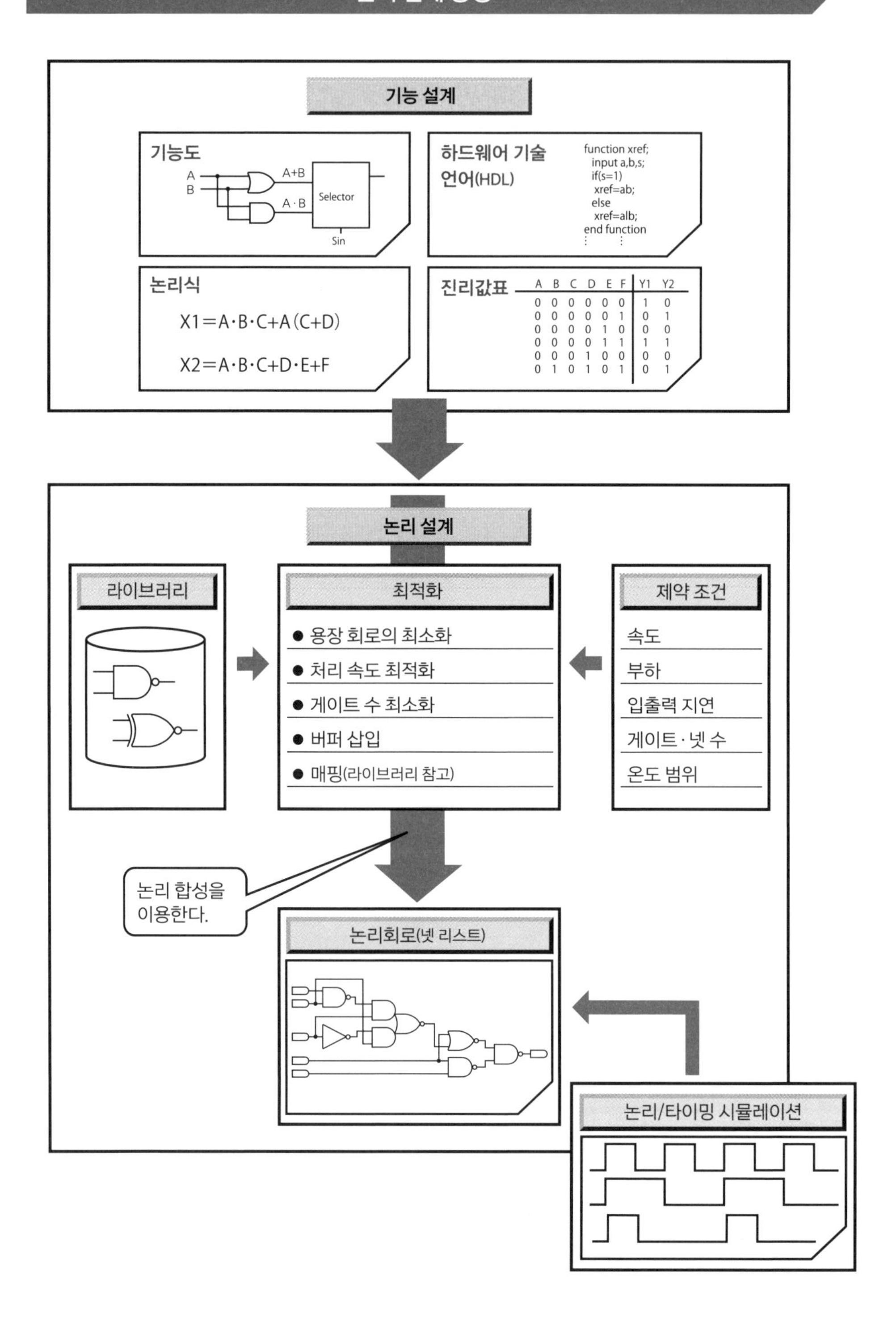
기능 설계
기능도
A
B
A+B
A·B
Selector
Sin
하드웨어 기술 언어(HDL)
function xref;
input a,b,s;
if(s=1)
xref=ab;
else
xref=alb;
end function
논리식
X1=A·B·C+A(C+D)
X2=A·B·C+D·E+F
진리값표
A B C D E F Y1 Y2
0 0 0 0 0 0 1 0
0 0 0 0 0 1 0 1
0 0 0 0 1 0 0 0
0 0 0 0 1 1 1 1
0 0 0 1 0 0 0 0
0 1 0 1 0 1 0 1
논리 설계
라이브러리
최적화
● 용장 회로의 최소화
● 처리 속도 최적화
● 게이트 수 최소화
● 버퍼 삽입
● 매핑(라이브러리 참고)
제약 조건
속도
부하
입출력 지연
게이트 · 넷 수
온도 범위
논리 합성을 이용한다.
논리회로(넷 리스트)
논리/타이밍 시뮬레이션

레이아웃/마스크 설계

전기 성능 보증을 마친 칩을 최소화한다

레이아웃/마스크 설계는 논리 설계에 따라 포토마스크의 원화가 되는 마스크 패턴을 설계하는 공정이다. 트랜지스터, 저항 등의 형상과 치수를 정하면서 게이트, 셀, 기능 블록 등을 배치하고 이들의 소자, 셀(블록) 사이를 배선한다.

배치 배선 문제가 중요한 과제

이 단계에서는 **디자인 룰**•이나 전기 특성을 고려해 배선 배치를 최적화하고, 전기 성능이 떨어지지 않는 범위 안에서 칩의 면적이 최대한 작아지도록 노력한다. 하지만 사람 손에만 설계를 맡기면, 현재 소자 개수가 수백만~1천만 이상에 이르는 레이아웃 설계는 불가능하다. 지금은 셀 베이스나 게이트 어레이 등의 **자동 배치 배선** 수법을 도입한 시스템 LSI 설계 수법•이 쓰이고 있다.

시스템 LSI에서는 DSP, MPEG, CPU, 메모리 셀 등 기능 블록을 재이용하는 일이 활발히 이뤄지고 있어 새로 설계하는 부분이 더 적어지고 있다. 하지만 고집적 시스템 LSI에서는 각 기능 블록 사이의 배선이 길어지면서 전기신호의 배선 지연이 늘어난다. 이 탓에 크리티컬 패스(지연 시간 오차의 여유가 적고 상세한 지연 시간 계산이 필요한 배선 패스)의 **타이밍 조정**(타이밍 시뮬레이션)이 큰 문제로 대두되고 있다. 또한 소비 전력, 작동 속도, 전자 잡음 등에 관해서는 신호 배선뿐만 아니라 전원 배선에도 세심한 주의가 필요한 상황이다.

그 때문에 시스템 LSI에서는 5~8층의 다층 배선을 이용하고, 배선 재료를 알루미늄보다 저항이 더 낮은 구리 배선으로 변경하는 등 대처하고 있는데, 배치 배선 문제는 점점 더 중요한 과제가 되고 있다.

레이아웃 설계 영역은 처음에 CAD로 설계 효율화를 진행할 때, 설계 단계에 맞춰

- **디자인 룰 :** 제조 프로세스에서 인가받은 반도체 소자 치수나 배선 금속의 폭, 또는 간격 등을 규정한 설계 규칙
- **시스템 LSI 설계 수법 :** 61쪽 '2-8 온갖 기능을 원칩화, 시스템 LSI로 발전하다'를 참고

레이아웃 설계 공정

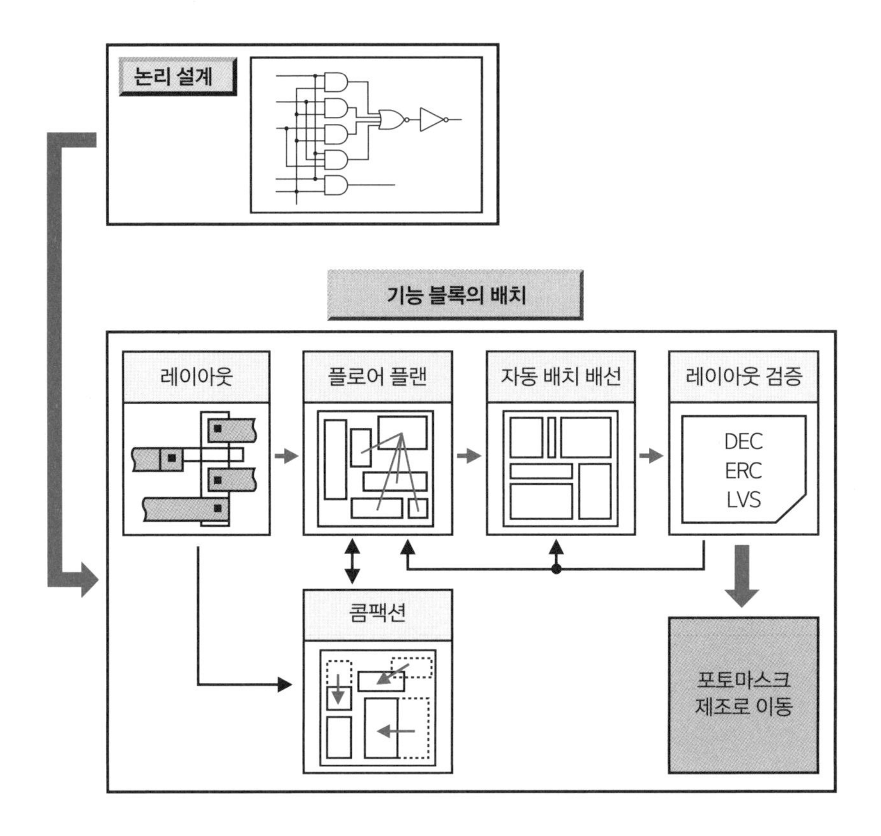

CAD 툴이 각각 준비돼 있다. 여기서 레이아웃 CAD 위에 묘화된 CMOS(NAND+인버터)의 마스크 패턴을 예로 들겠다. 또한 레이아웃 설계 공정에서 쓰는 CAD 도구에 대해서도 설명한다.

■ 기본 레이아웃(게이트, 셀, 기능 블록 설계)

신규로 설계가 필요한 게이트나 셀, 기능 블록을 트랜지스터, 저항, 콘덴서 등을 조합해서 설계하고 배선을 접속한다. 원래는 실제 트랜지스터나 접속 배선의 직접적인 형상을 입력하는데, 현재는 심볼 입력(도형을 심볼로 간소화한 방식)을 이용한 방식이 효율적이며 일반적이라고 인식되고 있다.

CMOS(NAND+인버터)의 패턴

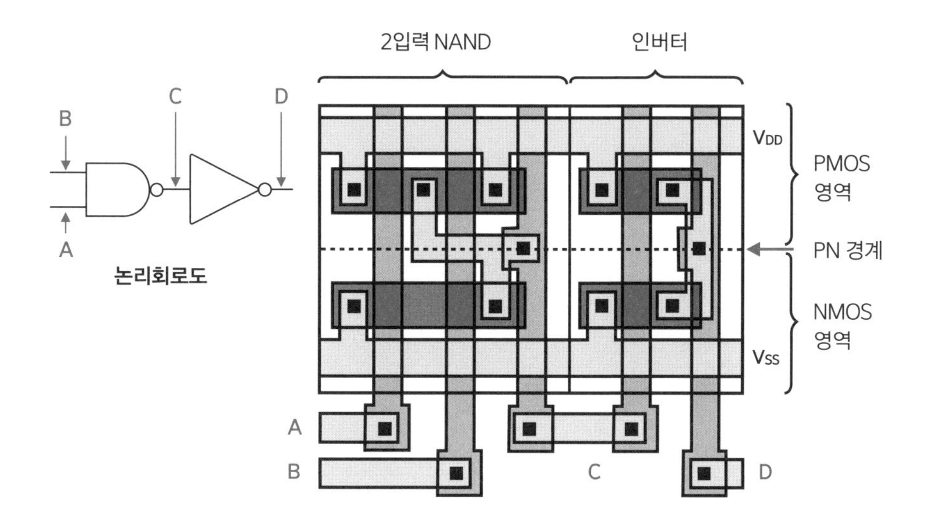

■ 플로어 플랜

기능 블록(IP, 메모리 모듈 등)이나 입출력 단자 등을 칩 위의 어느 장소에 배치하면 전기 성능을 만족시키면서 칩의 면적을 최소화할 수 있는지 고려해서 대략적인 레이아웃을 짜는 일을 **플로어 플랜**(floor plan)이라고 부른다. 현재 시스템 LSI에서는 배치뿐만 아니라 임시 배선도 실행하고, 실제 일어날 지연을 산출해서 타이밍 시뮬레이션에 데이터를 피드백할 필요가 있다. 또한 플로어 플랜으로 면적을 최소화할 때는 설계 룰을 따라 내부적으로 콤팩션(compaction) 작업을 반복해서 실행한다.

콤팩션이란 칩의 면적을 최소화(콤팩트)하는 작업을 말한다. 초기 단계의 셀이나 기능 블록 배치는 전체적인 칩의 크기를 신경 쓰지 않은 채 위치 관계만 보고 개략적으로 배치한다. 이렇게 하면 칩이 커지기 때문에 셀이나 기능 블록의 사이를 설계 룰에 따라 좁혀 나가는 것이다. 현재는 CAD 툴을 이용해 자동으로 실행한다.

■ 자동 배치 배선

플로어 플랜에 이어 블록 데이터와 함께 넷 리스트, 셀 라이브러리, 테크놀로지 파일 정보 등을 입력해서 자동으로 상세하게 배치 배선을 정하고 마스크 데이터를 작성한다. 현재 CMOS 프로세스에서는 마스크 개수가 20~30장에 이르러 그 데이터양이 방대하다.

■ 레이아웃 검증

자동 배치 배선을 마친 마스크 데이터를 포토마스크용 묘화 데이터(전자빔 묘화 장치용)로 변환하기 전에 설계 룰이나 전기적 성능의 일부 등을 레이아웃 검증 도구로 검증해서 품질을 높인다. 주요 검증 소프트웨어는 아래와 같다.

1 DRC(Design Rule Checking)

LSI 제조 공정을 바탕으로 정해진 최소 선폭, 최소 간격 등의 기하적 설계 룰을 체크한다. 또한 모든 레이아웃이 끝난 다음에는 방대한 데이터가 나오기 때문에 새로 쓴 부분이나 수정 부분만 실시간으로 DRC를 실행하는 온라인 DRC도 최근에는 활발히 이용되고 있다.

2 LVS(Layout Versus Schematic)

레이아웃을 마친 마스크 데이터가 논리회로의 소자나 소자 사이의 접속과 일치하는지 검증한다. LVS를 거치면 논리회로와 다르게 작성한 레이아웃(다른 셀 사용, 배선 접속 실수 등)의 잘못된 부분을 발견할 수 있다.

3 ERC(Electrical Rule Checking)

마스크 데이터에서 전원회로의 단락, 절단, 입력 게이트 개방, 출력 게이트 단락 등 오류를 검출한다.

4 LVL(Layout Versus Layout)

기존 레이아웃과 수정 작업을 마친 레이아웃을 비교해서 어디를 수정했는지 확인하고, 다른 것들에 영향(수정이 필요하지 않은 부분에 영향을 주는가)을 줬는지 확인한다.

회로 설계
트랜지스터 레벨로 더 상세한 설계를 한다

논리 기능의 전기 특성을 만족시키는 회로 구성(반도체 프로세스 룰에 의존한 트랜지스터의 소자 구성·접속 관계)을 더 상세히 결정한다. 또한 게이트 단위의 지연, 타이밍 정보 등도 산출해서 회로 작동을 보증한다.

넓은 의미의 회로 설계란

이 단계에서는 논리 기능의 전기 특성(속도, 소비 전력 등)을 만족하도록 반도체 제조부터 모든 프로세스 데이터와 설계 룰을 따른 트랜지스터의 소자 구성이나 접속 관계에서 더 상세한 회로 구성을 정한다.

유저가 요구하는 작동 주파수, 소비 전력, 구동 능력 등의 조건을 설계한 논리게이트(기능 블록)에 적합하도록 트랜지스터를 구성하고, 파라미터(불순물 농도, 치수 등의 정보)를 하나하나 정한다. 트랜지스터 구성을 정하는 것이 좁은 의미의 회로 설계고, 파라미터를 정하는 것이 프로세스 설계다.

그리고 논리게이트를 한층 더 파고들어서 트랜지스터 소자 하나의 전기 특성을 정하는 것이 디바이스(소자) 설계다. 예를 들어 MOS 트랜지스터에서는 제조 프로세스 데이터(확산 깊이, 불순물 농도 등)와 직류, 교류, 과도 특성 등의 관련성을 구한다.

회로, 디바이스, 프로세스라는 이들 셋의 설계가 **넓은 의미의 회로 설계**다. 회로 설계에서 일련의 과정을 검증할 때는 다음과 같은 CAD 툴을 사용한다.

■ 회로 시뮬레이션(회로 설계에서 사용한다)

트랜지스터, 저항, 용량 등의 작동 모델을 사용해서 직류, 교류, 과도 해석•을 실시하는 검증이다. 트랜지스터의 전압·전류 특성, 기생 소자•, 파라미터, 각종 용량, 저항 등을 입력하고, 지연 시간의 산출이나 소자 정수를 최적화해서 회로 작동을 보증한다.

- **과도 해석 :** 전기신호의 시간적 변화 해석. 예를 들어 입력 파형에 대한 출력 파형의 시간적 변화를 말한다.
- **기생 소자 :** IC 구성에서는 반도체 기판 위에 소자 하나하나가 독립적으로 존재하지 않고, 기판이나 절연막 사이에 콘덴서나 저항 등이 등가적으로 기생한다.

회로 설계 공정

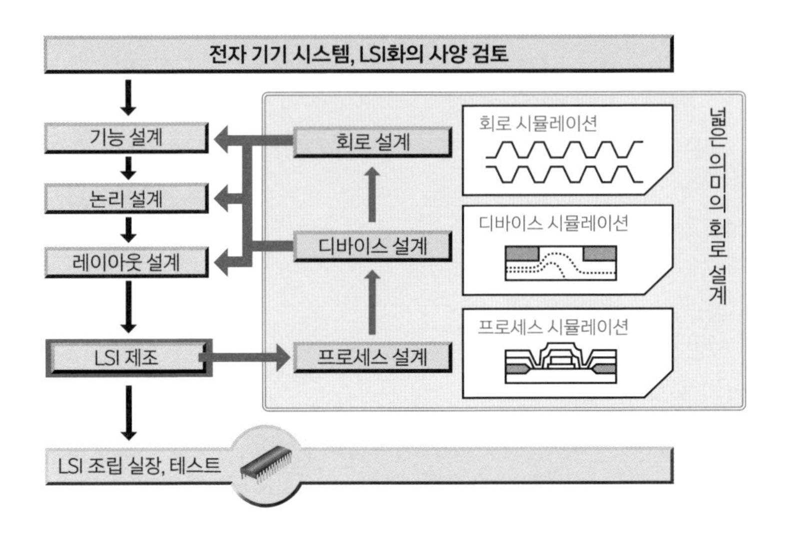

대표적인 회로 시뮬레이터 SPICE•는 회로 소자의 넷 리스트(논리회로의 접속 정보)와 디바이스 파라미터(소자의 치수나 제조 조건)를 입력해서 실제 작동 상태를 예측한다. 이렇게 해서 제조 전에 실제 원하는 성능으로 작동하는지 확인하는 것이다.

■ 디바이스 시뮬레이션(디바이스 설계•할 때 사용)

LSI 제조 기술과 소자의 전기 특성에 관여할 때 프로세스 시뮬레이션으로 얻은 제조 프로세스의 설정 조건을 입력하고, 트랜지스터의 전압·전류 특성이나 용량 같은 전기 특성을 산출한다. 이들 결과가 회로 시뮬레이션의 입력 데이터가 된다. 따라서 디바이스 시뮬레이션은 회로 시뮬레이션과 프로세스 시뮬레이션 사이에 위치하며, 원래는 독립적인 것이 아니라 이들 시뮬레이션을 합해서 효과를 발휘하는 것이다. 트랜지스터를 포함한 디바이스 모델을 작성하려면 실제 디바이스•에서 파라미터를 추출할 필요가 있다. 회로 시뮬레이터 SPICE용 입력 디바이스 파라미터가 SPICE 파라미터다.

- **SPICE** : Simulation Program with Integrated Circuit Emphasis
- **디바이스 설계** : 자세한 내용은 167쪽 '제6장 LSI 제조의 전 공정'을 참고
- **실제 디바이스** : 여기서 말하는 실제 디바이스란 TEG(테스트 트랜지스터 군)이다.

SPICE에 따른 넷 리스트의 출력 예시

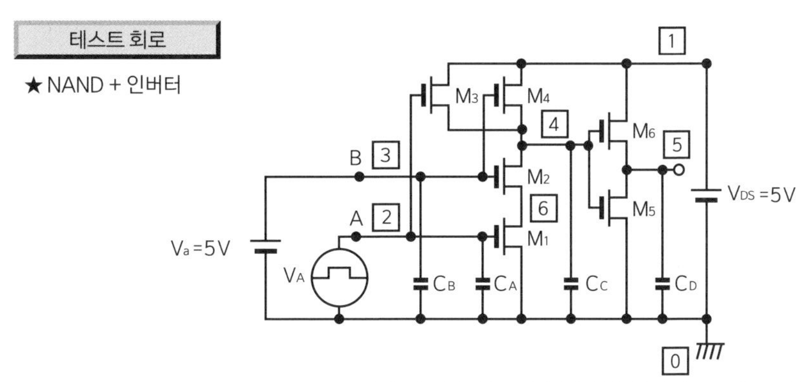

NETWORK SPICE_TEST1

M1	6	2	0	0	NMOS1	L=4U	W=6U	AD−18P	AS=36P	PD=12U	PS=24U
M2	4	3	6	0	NMOS1	L=4U	W=6U	AD=36P	AS=18P	PD=24U	PS=12U
M3	4	2	1	1	PMOS1	L=4U	W=6U	AD=36P	AS=18P	PD=24U	PS=12U
M4	4	3	1	1	PMOS1	L=4U	W=6U	AD=36P	AS=18P	PD=24U	PS=12U
M5	5	4	0	0	NMOS1	L=4U	W=6U	AD=36P	AS=36P	PD=24U	PS=24U
M6	5	4	1	1	PMOS1	L=4U	W=6U	AD=36P	AS=36P	PD=24U	PS=24U
CA	2	0	0.0066		P						
CB	3	0	0.0066		P						
CC	4	0	0.0197		P						
CD	5	0	0.0197		P						

프로세스 시뮬레이션(프로세스 설계● 할 때 사용)

원하는 LSI를 만들기 위해 웨이퍼 프로세스 기술에 관여할 때, LSI 제조 공정의 흐름이나 제조 조건을 결정한다. 실시할 프로세스 공정에서 열 공정 온도나 불순물 확산 농도 등을 입력 데이터로 이용하고, 불순물 농도 분포 예측이나 이온 주입 조건(주입 가속 전압, 이온 주입량) 등을 최적화한다. 이들 결과가 디바이스 시뮬레이션의 입력 데이터가 된다. 또한 리소그래피에 관여하는 레지스트 형상이나 마무리 단면 형상을 예측하는 것은 특히 형상 시뮬레이션 혹은 식각 시뮬레이션이라고 한다. 이 프로세스 시뮬레이터는 스탠퍼드 대학에서 최초로 개발● 했다.

- **프로세스 설계 :** 자세한 내용은 167쪽 '제6장 LSI 제조의 전 공정'을 참고
- **프로세스 시뮬레이터의 최초 개발 :** 이 시뮬레이터는 SUPREM이라고 불렸다.

포토마스크

LSI 제조 공정에서 사용하는 패턴 원판

포토마스크란 LSI를 제조할 때 노광 공정에 사용하는 원판(석영유리 위에 LSI 패턴을 그린 것)으로, 실리콘 웨이퍼에 전자회로를 전사하기 위해 사용한다. 사진으로 예를 들자면 현상을 마친 네거필름이 포토마스크, 인화한 사진이 실리콘 웨이퍼다.

LSI 패턴의 원화

LSI를 제조할 때 실리콘 웨이퍼 위에 전자회로(트랜지스터, 콘덴서, 저항과 배선 등)를 만드는 공정은 **리소그래피**(포토 식각) 기술을 이용한다. 실제로 이들 전자회로(전자 부품)는 공정별로 분해된 포토마스크에 그려진 원화* 20~30장(최첨단 LSI용은 30~50장)을 리소그래피 공정에서 여러 번 반복해 웨이퍼에 전사한다. 이렇게 패턴을 만들어 실리콘 웨이퍼 내부에 반도체 구조나 절연막, 금속 배선 등을 형성한다.

대표적인 마스크 구조는 **석영유리** 위에 크로뮴이나 산화크로뮴의 박막층이 패턴화돼 있는 것을 들 수 있다. 박막층의 두께가 두꺼우면 해상도를 올릴 수 없고, 너무 얇아도 차광 효과를 얻을 수 없다. 보통은 두께가 100nm* 정도 된다.

포토마스크는 먼저 평탄하면서 오염과 팽창이 적은 석영 유리판(블랭크 마스크)에 크로뮴(산화크로뮴)을 스퍼터 증착*해서 제조한다. 크로뮴 층 위에 레지스트*를 도포한 다음에 전자빔 마스크 묘화 장치*로 패턴을 묘화하고 노광한다. 현상 후에 크로뮴을 식각하면 레지스트가 없는 부분은 크로뮴이 사라진다. 마지막으로 레지스트를 박리해서 마스크를 완성한다.

- **원화** : 빛을 차단하는 재료(크로뮴 등)가 석영유리 기판 위에 증착 패턴화돼 있다.
- **nm** : 나노미터. 1nm는 1m의 10억분의 1.
- **스퍼터 증착** : 반도체 제조에서 박막을 생성하는 한 가지 방법. 176쪽 '6-4 박막은 어떤 식으로 형성할까?'를 참고한다.
- **레지스트** : 식각을 할 때 마스킹용으로 사용하는 감광성 수지. 179쪽 '6-5 미세 가공을 위한 리소그래피 기술이란?'을 참고한다.
- **전자빔 마스크 묘화 장치** : 포토마스크를 만드는 묘화 장치. 전자빔(최첨단 LSI용 장치에서는 전자빔 파장이 0.005~0.006nm)을 조사하고 스캔해서 패턴을 형성한다.

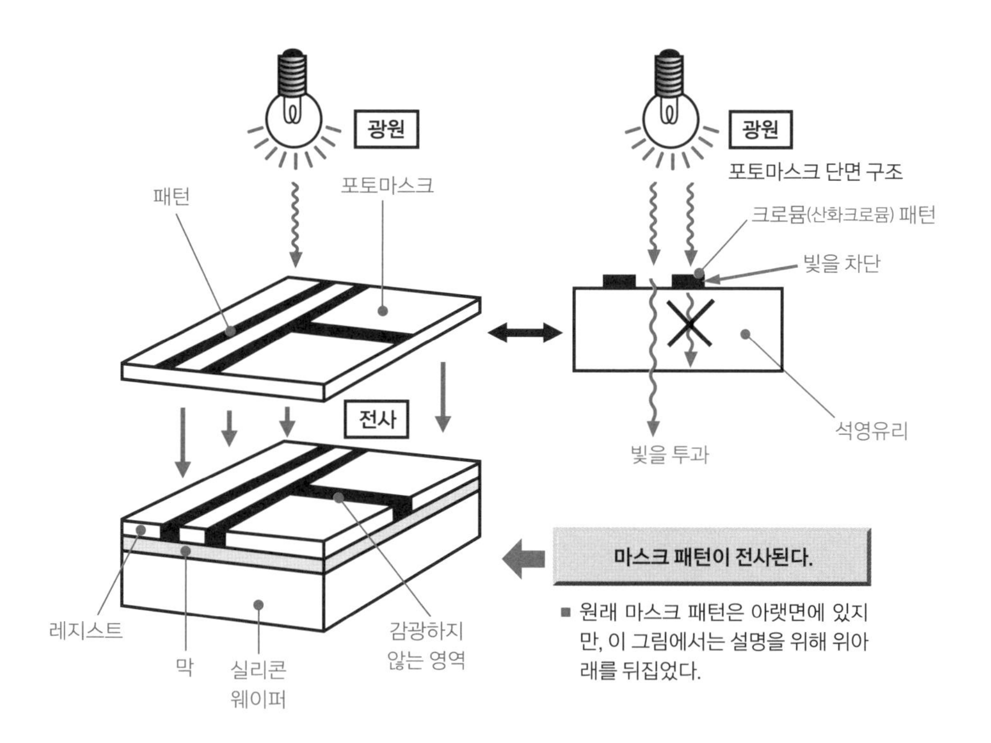
마스크와 노광 과정
광원
광원
포토마스크 단면 구조
패턴
포토마스크
크로뮴(산화크로뮴) 패턴
빛을 차단
전사
석영유리
빛을 투과
마스크 패턴이 전사된다.
■ 원래 마스크 패턴은 아랫면에 있지만, 이 그림에서는 설명을 위해 위아래를 뒤집었다.
레지스트
막
실리콘
웨이퍼
감광하지
않는 영역

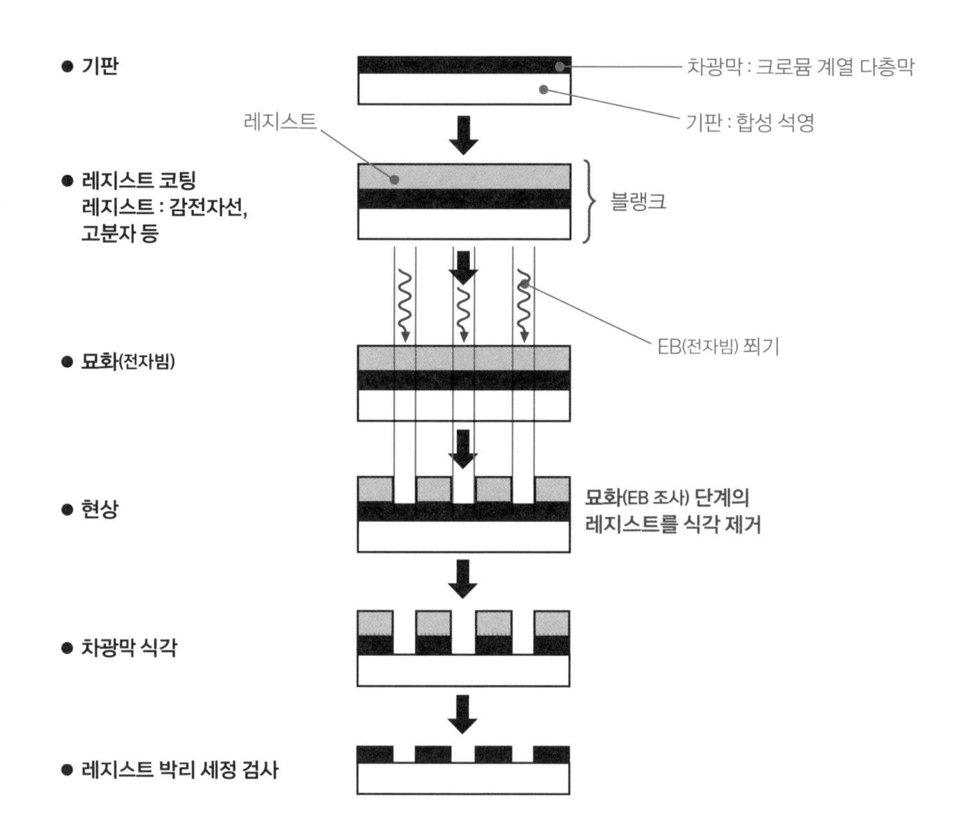

전자빔 마스크 묘화 장치

전자빔 마스크 묘화 장치는 LSI 패턴의 원화가 되는 포토마스크 위에 회로 패턴을 형성한다. 따라서 나노 오더 이하의 위치 정확도로 마스크 위에서 전자선 위치를 정확히 제어해야 한다. 이 작업은 지름 20mm짜리 동전을 0.2mm 이내의 오차로 2초 안에 하나도 빠짐없이 빼곡하게 축구장에 까는 일과 비슷하다.(출처: 뉴플레어 테크놀로지)

LSI 제조에서 축소 투영형 노광 장치•(**스테퍼**)에 쓰는 포토마스크 대부분은 실제 회로 패턴보다 4배 정도 크게 묘화한 레티클 마스크다.

● **축소 투영형 노광 장치 :** 포토마스크 원화를 축소하면서 웨이퍼 위에 노광 작업을 반복적으로 실행하는 투영 노광 장치. 181쪽 '6-6 트랜지스터 치수의 한계를 정하는 노광 기술이란?'을 참고.

위상 시프트 마스크란?

위상 시프트 마스크는 노광 해상도를 올리는 수단이다. **위상 시프트 마스크**는 패턴에 빛의 위상을 변화시키는 위상 시프터를 설치하고, 이를 통과한 빛과 통과하지 못한 빛의 위상차(빛의 간섭)를 이용해서 웨이퍼를 전사할 때의 해상도를 개선한다.

위상 시프트 마스크의 종류에는 차광 재료로 크로뮴 대신 질화몰리브덴규화물(MoSiON) 같은 반투명 막을 이용한 하프톤형 마스크, 크로뮴으로 빛을 차단하면서 석영유리 기판에 식각 가공을 한 레벤슨형 마스크 등이 있다.

위상 시프트 마스크와 달리 단순히 빛을 투과하거나 차단하는 데 쓰는 기존 마스크(일반 마스크)는 바이너리 마스크라고 부르는데, 일반적으로는 노광 파장보다 폭이 더 넓은 곳의 패턴 형성에 사용한다.

본격적으로 가동이 시작된 EUV 노광 장치●에 이용하는 포토마스크는 EUV광(13.5nm)을 쓰기 때문에 기존 노광 장치에서 썼던 투과형 마스크를 사용하지 못하고 반사형 마스크를 사용한다.

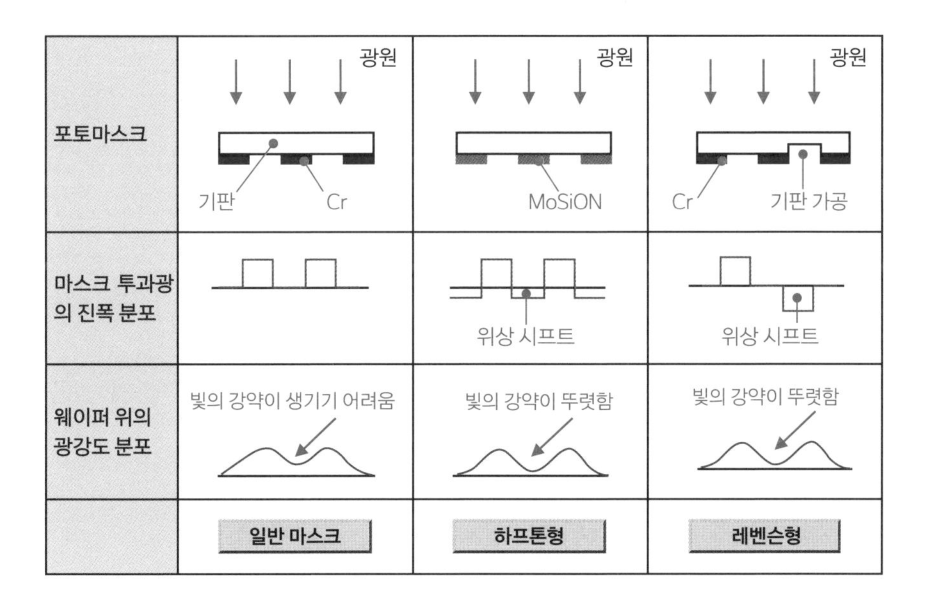

● **EUV 노광 장치 :** 자세한 내용은 188쪽 'EUV 노광 장치'를 참고

최신 설계 기술 동향

소프트웨어 기술, IP를 이용한 설계

고기능 LSI를 잘 설계하려면 처리 속도 향상, 전력 소비 개선, 설계 기간 단축 등 어려운 문제들을 해결해야 한다. 개발 초기 단계에서는 C언어를 이용한 소프트웨어 기술 설계로 효율화를 추구하고, 레이아웃 설계 공정에서는 칩 면적 축소화를 염두에 두고 타이밍을 고려한 자동 배치 배선까지 중요하게 다뤄야 한다.
또한 신규 LSI 설계에는 제조성 용이 설계(DFM. 생산성 설계)를 적용한다. 이는 기존에 있던 기능 블록(매크로 셀)을 조합하는 IP 재이용 설계나 LSI의 제조 기술 때문에 생기는 수율 저하 문제를 설계 단계부터 고려하는 것을 말한다.

설계 초기부터 C언어 베이스를 활용한 설계 수법

게이트 수가 비약적으로 늘어나자 논리회로 설계에 어려움이 뒤따랐다. 기존에는 이 같은 이슈를 해결하려고 논리 합성 툴을 이용했다. 하드웨어 기술 언어로 만든 모델을 논리회로(넷 리스트)로 자동 변환하는 툴이다. 하지만 LSI 설계의 집적도가 한층 더 늘어나자 설계 초기부터 일관된 설계 도구를 이용하려는 요구가 있었다. 그런데 최근 들어서 기존에는 설계자가 자기 머릿속에서 했던 기능 설계 공정의 자동화를 **C언어 베이스 설계**라는 형태로 실현할 수 있게 됐다. 초기 단계에서 C언어로 설계·검증을 했더니 이런 일들이 가능해졌다.

- 초기 단계부터 LSI 전체를 대강 볼 수 있고, 반복이 없는 원패스 설계가 가능하다.
- 취급 게이트 수가 비약적으로 증가한다.
- 소프트웨어(LSI 시스템의 탑재 프로그램)와 하드웨어(기존 LSI 설계) 모두를 잘 고려해서 설계할 수 있다.

가장 큰 변혁은 소프트웨어 엔지니어가 단독으로 LSI 설계까지 담당할 수 있게 된 점이다. 기존에는 LSI 엔지니어가 LSI 설계를, 소프트웨어 엔지니어가 소프트웨어 설계를 맡았다.

상황이 이렇게 변하자, 단숨에 설계자 인구가 증가하고 전자 기기(LSI) 개발력이 많이 늘어날 수 있는 조건이 됐다. 전자 기기나 반도체 제조업체는 LSI 설계 인구를 늘리면서 설계 효율을 올리려고 C언어를 LSI 설계 언어로 도입하는 작업을 매우 활발히 하고 있다.

C언어 베이스 설계를 활용하면 사양 설계부터 HDL 설계에 이르기까지 초기 공정 개발 프로세스를 일관적으로 진행할 수 있다. 이러면 작업 공정에서 겪었던 시행착오가 많이 줄어든다. 구체적으로는 아키텍처라 부르는 시스템 구성의 기본 부분(예를 들어 버스 구성이나 하드웨어, 소프트웨어의 배분 등)을 C언어를 이용해서 **작동 레벨**로 기술• 한다. 그리고 C언어 시뮬레이터로 검증한 후, 작동 합성•을 한다. 기존에는 사람 손에 맡겼던 작업을 자동화한 덕분에 개발 시간이 대폭 단축됐다.

타이밍을 고려한 레이아웃 설계

LSI의 규모가 커지면서 트랜지스터나 게이트 등 기본 소자의 지연보다도 셀이나 기능 블록을 서로 접속하는 일과 관련한 배선 지연• 쪽이 더 문제가 됐다.

그래서 논리 분할된 기능 블록에 따라 칩 레이아웃의 전체 배치 구성을 정하는 도구인 **플로어 플래너**가 중요한 역할을 하고 있다.

기존 플로어 플래너는 처음에 각 논리 기능을 실현하는 기능 블록 면적을 예측하고, 칩 안의 데드 스페이스를 최소화해서 전체 배선 길이가 더 짧아지도록 위치나 모양을 정했다. 최근에는 전체 배치 구성 단계에서 배선 길이를 조정할 수 있는 기능(정적 타이밍 해석, 검증 도구 등으로 배선 지연 시간을 산출)이 중요한 요소로 추가됐다. 게다가 논리 합성 도구와의 연계도 한층 더 중요해졌다.

- **작동 레벨로 기술 :** 시스템이 어떻게 작동하는지, 그 개념을 표현한 것이다. 기능도나 구성을 C언어 같은 고급 언어로 표현한다. 소프트웨어 프로그램에 가깝다.
- **작동 합성 :** C언어를 써서 작동 레벨부터 레지스터 전달 레벨(RTL, Register Transfer Level)을 생성하는 것
- **배선 지연 :** 배선이 길어지거나 미세화되면 배선 저항이 커진다. 그 결과 두 점 사이를 연결하는 배선 저항이 늘어나면 전기신호에 지연이 발생한다.

기존 설계 방법과 C언어 설계 베이스를 비교

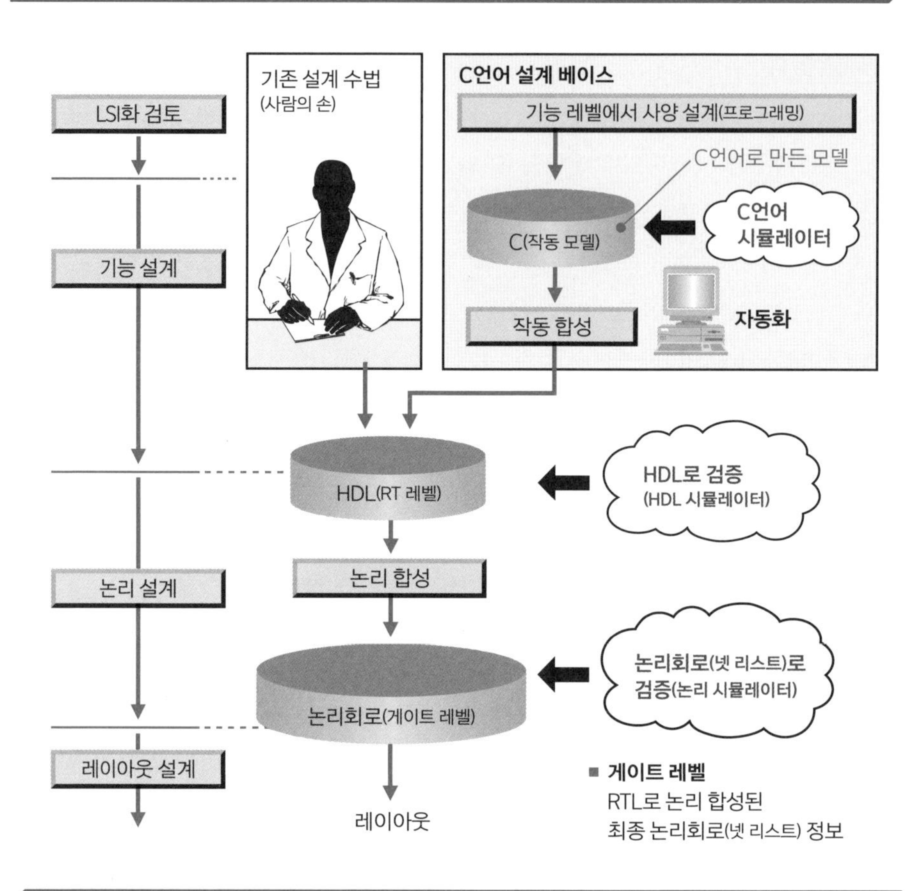

레이아웃의 전체 배치를 타이밍 검증을 고려해서 설계하는 플로어 플래너

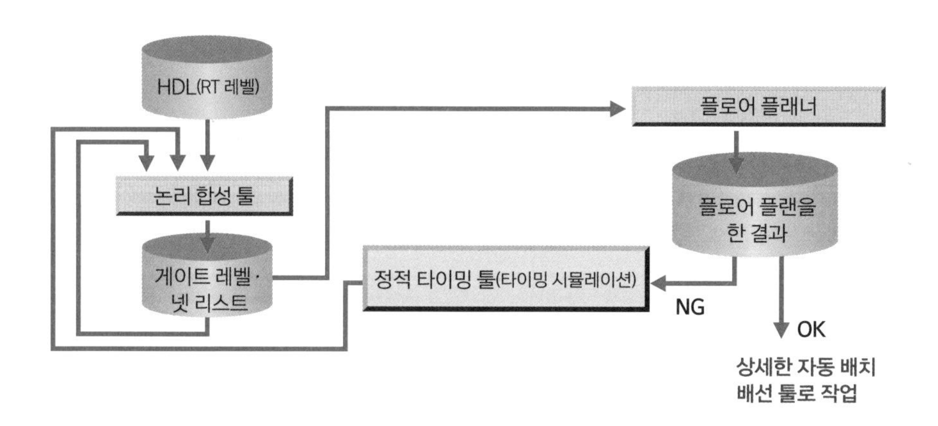

신규 LSI 설계에서 점점 중요해지는 IP 재이용 설계

신규 LSI를 설계할 때, 이미 자사에서 개발을 마친 IP 혹은 유통되고 있는 외부 IP를 구입해 조합하는 **IP 재이용**을 이용해 효율적으로 설계할 수 있도록 환경을 정비하는 것이 무척 중요하다. 실적이 있고 품질이 보증된 IP를 재이용하면 기존 회로를 처음부터 설계하는 방법과 비교해서 매우 단기간에 고기능 LSI를 개발할 수 있다.

IP(Intellectual Property)란 원래 특허나 저작권 등 지식재산권을 의미하지만, 반도체 업계에서 말하는 IP는 이미 설계 개발이 끝난 기능 블록을 LSI 설계 데이터로 재이용할 수 있도록 한데 모아 '설계 자산'으로 만든 것이다. 따라서 IP의 실태는 예전부터 부르고 있는 기능 블록과 전기적 성능 측면에서 보자면 변함이 없다. 이를 IP라고 부르게 된 이유는 이미 실적이 있는 개발 블록의 우위성을 보호하고, 기존 특허와 가치가 같은 지식재산권으로 간주할 수 있게 됐기 때문이다.

IP에는 마스크 레이아웃으로서 물리 형상이 고정된 하드 IP와 LSI 설계용 하드웨어 기술 언어로 쓰인 소프트 IP가 있다. 소프트 IP는 소프트웨어(프로그램)이기 때문에 사양의 유연성이 뛰어나지만, 하드 IP처럼 마스크 레이아웃으로 그대로 사용할 수는 없다.

IP를 조합한 시스템 LSI의 구성

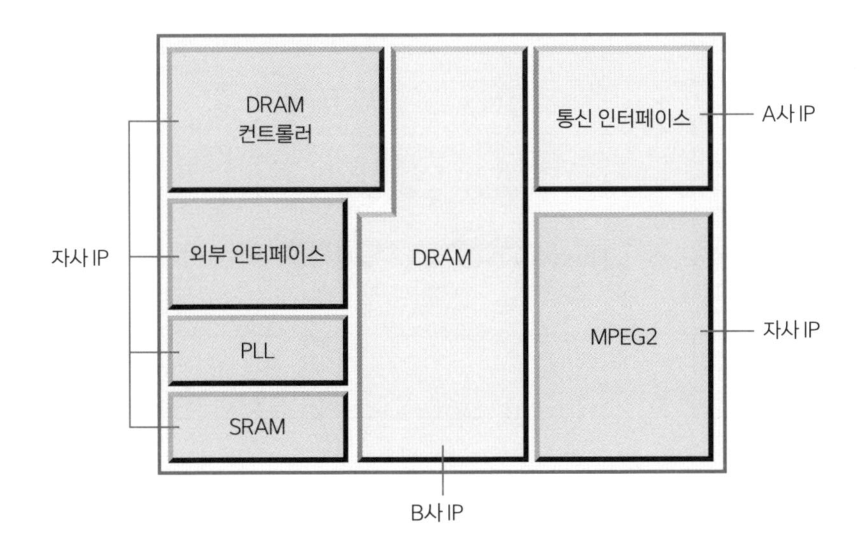

제조 기술에 기인하는 불안정 요소를 고려한 제조성 용이 설계

제조성 용이 설계(DFM. Design for Manufacturability)는 LSI 제조 기술에 기인한 불안정 요소를 설계 단계에서 해결하려는 기술이다. 이를 이용하면 제조가 용이해진다. (수율 상승을 기대할 수 있음)

DFM은 LSI 제조 프로세스의 미세화가 진행된 디자인 룰 90nm 세대 이후에 주목받았다. 티끌 때문에 생기는 불량, 노광 공정에서의 제조 불량(설계 데이터대로 형상이 만들어지는가), CMP[●]의 평탄성(웨이퍼를 균일하게 깎을 수 있는가) 등 여러 요인 때문에 생기는 제조 수율의 급격한 악화를 피하는 기술이다. 그러니까 기존에는 제조할 때 불안정 요소가 생기면 프로세스/디바이스/마스크 등 각 분야의 기술자가 대처했지만, 앞으로는 LSI 설계자도 제조성 용이화를 고려할 필요가 생겼다는 뜻이다.

DFM 수법에서는 예를 들면 티끌 때문에 생기는 소자·배선 불량 등의 대책으로 레이아웃상에서 임계 영역을 최소한으로 하거나, 노광 공정이나 CMP 평탄성의 불량 대책(완성된 형상의 불량으로 이어짐)으로 노광이나 CMP의 변동에 내성이 높은 레이아웃을 설계해서 그 발생을 최소한으로 막고 있다.

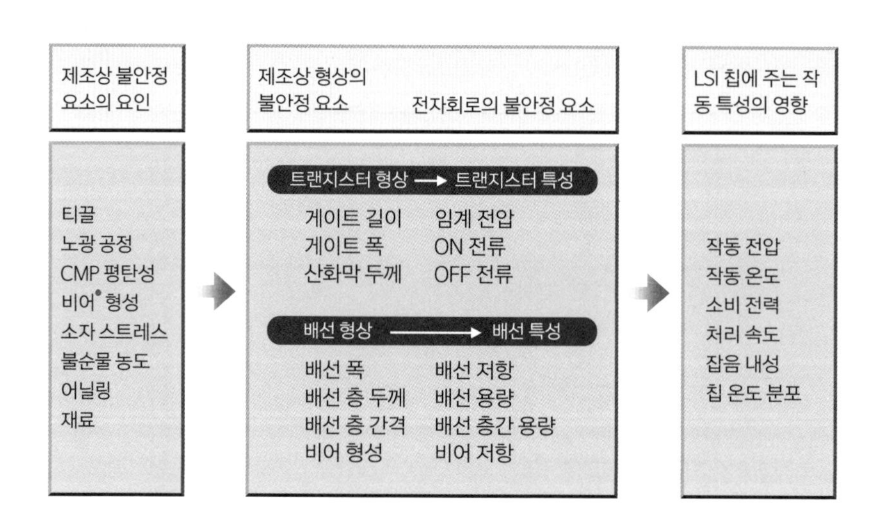

● **CMP** : Chemical Mechanical Polishing. 반도체 제조에 쓰이는 화학적 기계 연마.

● **비어** : VIA. 각층 배선에서 하층과 상층의 배선을 전기적으로 연결하는 접속 영역. 이에 대해 콘택트 홀은 웨이퍼 표면의 소스, 드레인, 게이트 등과 배선 층을 전기적으로 연결하는 접속 영역.

LSI 전기 특성의 불량 해석 평가 및 출하 테스트 방법

LSI 테스트는 개발 시의 엔지니어링 샘플 평가, 출하 레벨에서의 LSI 양산 테스트, 불량품의 고장 해석 등으로 분류할 수 있다. 또한 SoC처럼 완성한 후에 해석이 너무 복잡해서 다루기 힘든 LSI를 위해 설계 단계부터 테스트 용이화를 고려한 설계가 필수적이다.

LSI 개발 시의 평가

LSI 프로세스 종료 후 처음 완성한 엔지니어링 샘플●로 LSI가 설계대로 작동하는지 테스트한다. **엔지니어링 샘플 평가**에서 실시하는 테스트 항목은 아래와 같다.

1. 논리 시뮬레이션 결과와 비교하는 기능 확인 테스트
2. 전기 성능 사양 확인을 위한 반도체 소자의 직류(DC) 특성 테스트
3. 전기 성능 사양 확인을 위한 반도체 소자의 교류(AC) 특성 테스트
4. LSI 시스템을 탑재했을 때를 가정한 종합 기능 확인 테스트
5. 모든 항목의 신뢰성 테스트

출하 시의 양산 테스트

양품 칩을 선별하기 위한 웨이퍼 테스트(전 공정 테스트)와 패키지를 장착한 후의 테스트(후 공정 테스트)가 있다. 여기서 불량품 LSI를 완전히 제거하고 시장에 출하한다.

양산 테스트를 할 때는 기능 확인을 충분히 했다는 전제하에 테스트 비용을 낮추는 일이 큰 걸림돌이다. LSI가 고집적·고기능화하면 할수록 테스트 시간이 오래 걸려 필연적으로 테스트 비용도 올라가기 때문이다. 따라서 양산용 테스트 ATE(Automatic Test Equipment)는 고속화와 다핀화가 이뤄지는 한편, LSI 여러 개를 동시에 측정하는 등 비용을 줄이려는 노력도 하고 있다. 실제 ATE 운용은 완전히 조정 확인된 테스트

● **엔지니어링 샘플 :** ES, Engineering Sample. LSI 개발 과정에서 초기 평가용으로 만든 샘플 칩. 전기 특성이 완전히 보장되지 않는다.

프로그램을 사용한다. 기능 테스트, DC 테스트, AC 테스트를 거쳐 GO(양품)/NG(불량품) 판정을 한다.

LSI 개발 시의 ES를 중심으로 한 평가

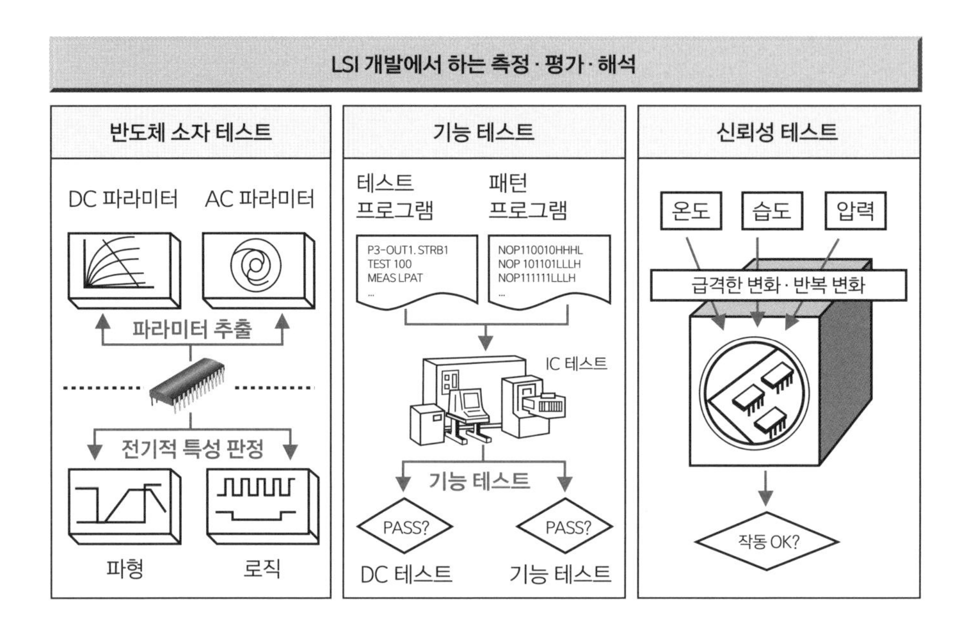

불량품의 고장 해석

LSI를 개발하고 평가하는 과정에서 불량 해석과 양산 테스트가 이뤄진다. 이때 양품률이 저하된 원인을 찾으려면 고장 원인을 추적하기 위해 아래 항목을 명확히 해야 한다.

1. 논리회로 설계상의 버그(불량 결함)
2. 제조 공정상의 불량(제조 공정 불량, 포토마스크 불량)
3. LSI를 테스트하기 위해 작성한 테스트 프로그램의 버그
4. 테스트 장치 환경상의 문제

위 사항의 해석 결과로 고장 난 부분을 특정하고, 그것을 기본으로 포토마스크 수정, 테스트 프로그램 수정, 제조 프로세스 조건 변경 등 지시를 내리고 실시한다. 이때

는 ATE 테스트뿐만 아니라 웨이퍼 레벨에서 측정·관찰·분석을 하기 위해 전자 현미경이나 각종 분석 장치, 전자빔 테스터, 마스크 리페어를 위한 집속 이온빔 수정 장치 등이 사용된다.

불량품의 고장 해석

설계, 시뮬레이션 데이터

레이아웃 데이터

논리회로도 (넷 리스트)

테스트 프로그램

불량 고장 해석

고장 원인 찾기(기능 테스트) LSI 테스터

고장 부분 특정(프로빙 테스트) EB 테스터

고장 부분 수정(컷, 페스트) FIB 수정 장치

고장 부분(평면, 단열) 관찰 **전자 현미경**

테스트 용이화 설계

규모가 크고 복잡한 LSI를 기능 테스트하는 경우, 그 해석이나 테스트 프로그램 개발에 어마어마한 시간이 걸린다. 그래서 LSI 테스트 부하를 경감하려고 개발 초기 단계부터 대책을 생각해서 설계한다. 이를 위한 설계 수법을 **테스트 용이화 설계**(DFT)라고 부른다.

예를 들자면, 테스트 프로그램을 자동 생성해 주는 테스트 패턴 자동 생성 툴에 적

- **집속 이온빔 수정 장치 :** 집속 이온빔(FIB. Focused Ion Beam)을 이용해서 포토마스크 패턴이나 웨이퍼상의 금속 배선을 수정하는 전용 장치
- **테스트 용이화 설계 :** Design for Testability의 머리글자를 따서 DFT라고도 부른다.
- **테스트 패턴 자동 생성 툴 :** ATPG, Automatic Test Pattern Generation

용하기 쉬운 논리회로를 이용한다. 테스트 용이화 설계에서는 설계 CAD 툴과의 연계성이 점점 중요해지고 있다.

테스트 부하를 줄이려면 논리 설계 환경과 테스트 환경의 연계가 중요

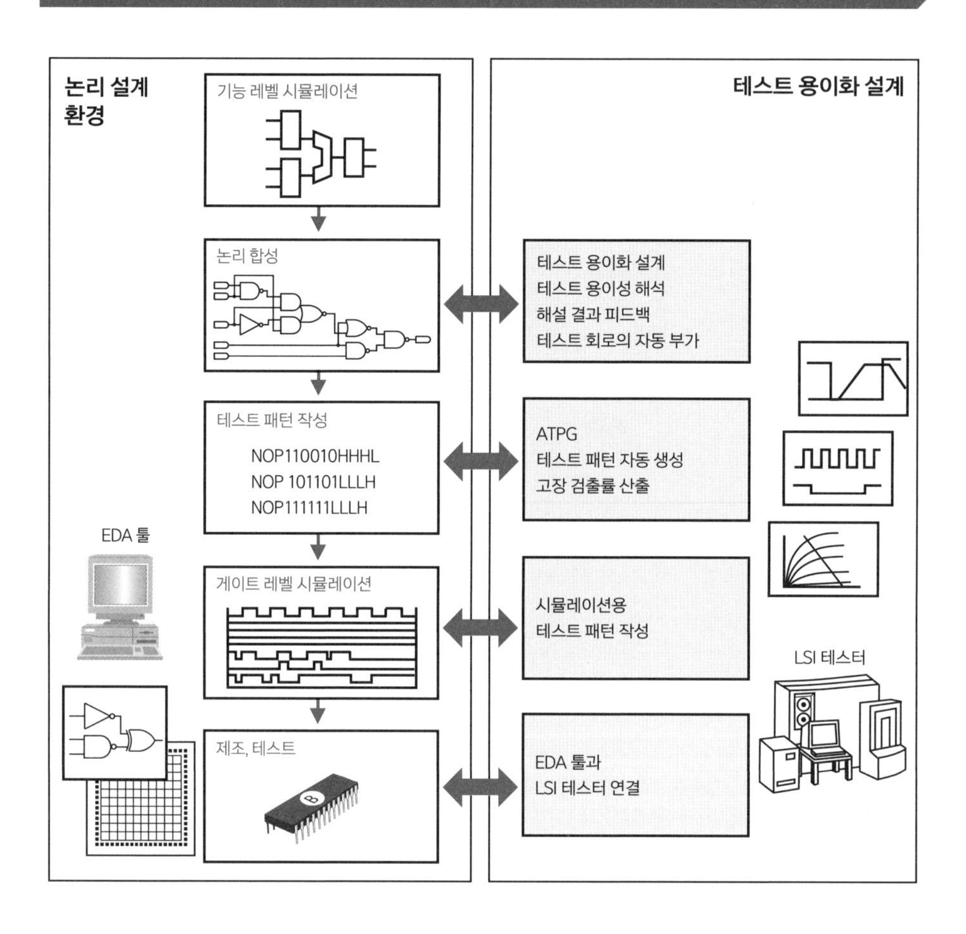

제6장

LSI 제조의 전 공정

실리콘 칩은 어떻게 만들까

LSI는 어떻게 제조할까? 기본적으로는 리소그래피 기술, 미세 가공 기술, 불순물 확산 기술 등을 반복적으로 사용해서 실리콘 웨이퍼 위에 100만~수억 개 이상의 반도체 소자를 한데 묶어 제조한다. 이 장에서는 깨끗한 실리콘 웨이퍼가 전자 부품 실리콘 칩이 될 때까지의 과정을 공정별로 설명한다.

반도체를 만드는 모든 공정

LSI 제조 공정은 전 공정(웨이퍼 프로세스)과 후 공정(조립, 검사)으로 분류할 수 있다. 전 공정은 실리콘 웨이퍼에 세정, 성막(산화막, 금속막), 리소그래피(노광, 식각), 불순물 확산 등의 과정을 반복해서 트랜지스터나 금속 배선을 형성한다. 후 공정에서는 칩을 조립해서 실장(패키지)하고, 마지막에 출하 테스트를 해서 검사 양품을 출하한다.

전 공정

1 실리콘 웨이퍼 투입

LSI 특성에 딱 맞는 실리콘 웨이퍼(기판 두께, 기판 저항률, 결정 방위 등)를 구매한다. 웨이퍼 크기는 현재 지름 200~300mm가 일반적이지만, 근래 들어 차세대 크기인 지름 450mm가 검토 중이다. 예를 들어 각 변이 10mm인 정사각형 칩을 200mm 웨이퍼로 280개, 300mm 웨이퍼로 650개 만들 수 있다. 따라서 웨이퍼 지름이 커지면 양산 효과가 커서 비용 절감 전략에 큰 도움을 준다.

2 세정 공정

다음으로 웨이퍼를 **세정**해서 지저분한 곳을 말끔히 없앤다. 보통 단순한 티끌, 금속 오염, 유기 오염, 유지(동식물에서 나온 기름), 자연 산화막 등을 처리한다. LSI 제조(전 공정)를 하려면 환경이 매우 청정해야 하는데, 이것은 웨이퍼 위에 들어가는 반도체 소자가 무척 미세해서 티끌 때문에 배선이 단선되는 문제가 생기기 때문이다. 또한 절연막과 불순물이 확산하는 공정은 형상뿐 아니라 반도체 소자의 화학적 안정성이 필요하다. 세정 공정은 프로세스(처리) 전후에 여러 번 꼼꼼하게 반복한다.

3 성막 공정

실리콘 웨이퍼 위에 LSI를 만들 때, 그것을 구성하는 트랜지스터 소자 구조 위의 전기적 분리(절연막)나 배선(금속 배선막)을 형성하는 데에는 소재가 되는 산화 실리콘이나 알루미늄 등으로 층(막)을 만들 필요가 있다. **성막** 방법은 크게 '스퍼터', 'CVD', '열산화'로 분류한다.

4 리소그래피

리소그래피는 원래 평판 인쇄 기술에서 온 말이다. LSI 분야에서는 실리콘 웨이퍼나 성막된 박막을 가공하는 데 필요한 사진 촉각 공정(포토리소그래피)을 말한다.

5 불순물 확산 공정

반도체 소자의 구성에 필요한 P형이나 N형 반도체 영역을 형성하려면 불순물을 웨이퍼에 첨가(퇴적)하고, 그 후 실리콘 내부에 불순물을 분포시키는 공정을 거쳐야 한다. 열확산법과 이온 주입법이 있다.

후 공정

6 조립 공정(실장 공정)

전 공정이 끝나면 이 단계에서 양품 칩을 선택하기 위한 **검사 공정**• 이 있다. 다음으로 웨이퍼를 절단하고 ①다이싱(펠릿 상태•로 잘라냄), ②마운트(칩을 리드 프레임에 합쳐서 붙이기), ③본딩(리드와의 전극 접속), ④**몰드**(봉지 재료로 밀봉), ⑤마무리(마킹) 단계를 거친다. 이렇게 웨이퍼가 완성된 후에 하는 **조립** 작업(패키징)이 **후 공정**• 이다.

7 검사(테스트)

실장한 LSI 모두를 대상으로 양품 테스트•를 실시하고 출하한다. 출하 시 테스트에서는 전기 성능뿐 아니라 신뢰성을 확인하기 위한 신뢰성 테스트•(환경시험)도 중요하다. 패키지를 환경시험기에 넣고 온도, 습도, 압력을 가해서 급격한 변화나 반복 변화를 실시하고, 패키지를 포함한 IC의 신뢰성, 수명(가속 시험) 등을 판정한다. 신뢰성 테스트는 무작위로 뽑은 LSI를 대상으로 시행한다.

- **검사 공정 :** 163쪽 '5-8 LSI 전기 특성의 불량 해석 평가 및 출하 테스트 방법'을 참고
- **펠릿 상태 :** 웨이퍼를 펠릿 상태로 절단한 것을 '칩' 혹은 '다이'라고 부른다.
- **후 공정 :** 자세한 내용은 211쪽 '제7장 LSI 제조의 후 공정과 실장 기술'을 참고
- **양품 테스트 :** 163쪽 '5-8 LSI 전기 특성의 불량 해석 평가 및 출하 테스트 방법'을 참고
- **신뢰성 테스트 :** 164쪽 그림 'LSI 개발 시의 ES를 중심으로 한 평가'를 참고

반도체가 완성되기까지의 전체 공정

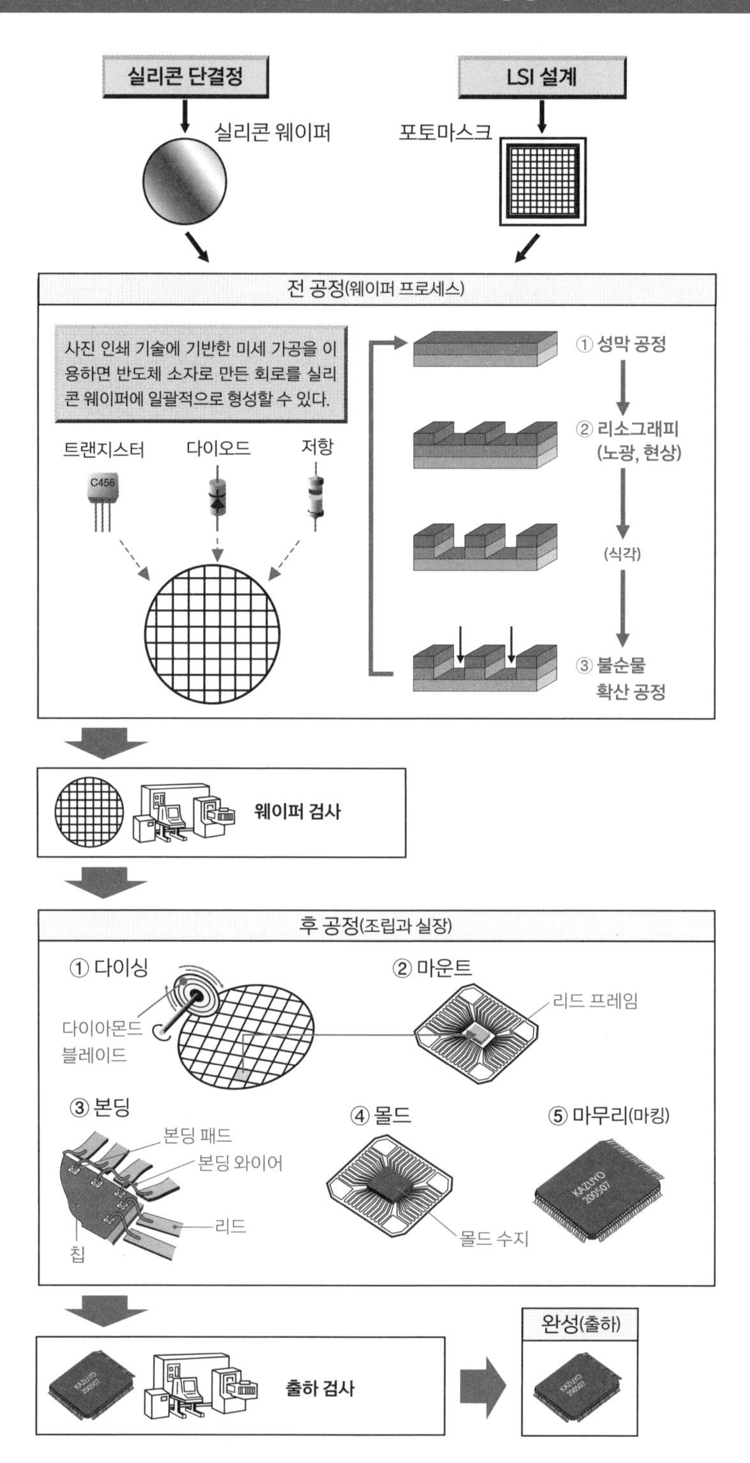

세정 기술과 세정 장치

LSI 제조에서 전 공정인 웨이퍼 처리를 할 때는 환경이 매우 청정해야 한다. 따라서 프로세스(처리) 전후에는 웨이퍼를 씻어서 불순물을 말끔히 제거하는 세정 공정을 여러 번 꼼꼼하게 반복한다. 불순물로는 티끌, 금속 오염, 유기 오염, 유지 등이 있다.

반도체는 청결을 좋아한다!

세정이 필요한 오염으로는 아래와 같은 종류가 있다. 이들 오염은 생산 비용을 결정하는 최대 인자인 **수율**•에 큰 영향을 미친다. 또한 금속 오염처럼 눈에 보이지 않는 오염 인자도 반도체 소자에 큰 전기적 영향(예를 들면 MOS 트랜지스터의 내압, 누설 전류, 임계 전압 등)을 끼쳐서 품질 저하와 수율 저하의 원인이 된다.

1 티끌(단순 먼지)

전 공정에서 웨이퍼를 제조 장치나 반송 상자에서 꺼내거나 운반할 때, 공장 환경(보통은 클린룸 내부)에서 묻은 **티끌**. 크기는 0.1에서 수 ㎛ 수준이다. 반도체 업계에서는 일반적으로 이 작은 티끌을 파티클(particle)이라고 부른다.

2 금속 오염

작업하는 사람에게서 나오는 땀에 포함된 나트륨(Na) 분자나 공장 안에서 사용하는 약액에 포함된 미량의 중금속 원자를 말한다.

3 유기 오염

작업하는 사람의 각질이나 때에 포함된 탄소 혹은 웨이퍼 프로세스에서 사용하는 약액에 있는 미량의 탄소 분자도 있다. 또한 세정 공정에서 순수(깨끗한 물)를 만들기 위

• **수율** : 제조할 때 각 공정의 양품률을 말한다. 보통은 단순히 수율이라고 하면 완성된 웨이퍼의 마지막 테스트에서 칩의 양품률(양품 칩 수/유효 칩 수)을 말한다.

해 쓰는 배관에서 생긴 박테리아도 **유기 오염** 중 하나다. 따라서 배관 같은 것은 정기적으로 세척해야 한다.

4 유지

작업하는 사람의 땀이나 제조 장치에서 발생하는 유분 등이다.

5 자연 산화막

웨이퍼를 대기에 방치하면 그 표면이 대기 중의 산소와 결합해 매우 얇은 산화막(1~2nm)이 생긴다. 그러나 이 산화막은 대기 중의 불순물도 포함하기 때문에 오염물이 되고 만다. 보통 웨이퍼는 먼지 오염을 막기 위해 보관고에 보존한다. 이곳의 청정도를 유지하고 온습도를 제어해야 한다.

세정 장치

오염을 제거하는 세정 장치로 가장 많이 보급된 것이 습식 세정(wet cleaning)이다. 웨트 스테이션이라 불리는 장치에는 약액이 들어간 순수를 담은 용기가 나열된다. 각 용기에 웨이퍼를 순차적으로 담가서 오염물을 녹이고 중화하고 씻어낸 다음에 건조한다. 파티클(작은 티끌), 금속, 유기물, 산화막 등을 제거하는 목적으로 폭넓게 이용하고 있다.

웨트 스테이션 같은 세정 장치는 배치식(배치 침적식)이라 불리며 웨이퍼를 25장 또는 50장씩 한꺼번에 처리할 수 있다. 스루풋(시간당 처리 능력)이 크고 비용을 절감할 수 있으며, 세정 시퀀스에 따라 임의의 용기를 여러 개 나열할 수 있다는 이점이 있다. 결점으로는 장치의 대형화를 피할 수 없으며, 약액이나 순수의 사용량이 늘어난다는 점이다. 이 문제들이 과제로 남아 있다.

웨이퍼를 하나씩 처리하는 방법이 매엽식이다. 매엽식 장치는 고속 회전하는 웨이퍼에 약액이나 순수를 노즐에서 직접 내뿜는 스프레이 방식인데, 매엽 스핀식이라고도 불린다. 반도체 미세화나 웨이퍼 대구경화 때문에 생기는 문제(웨이퍼 면 안의 균일성 결여에 따른 미세 구조 대미지)를 해결할 수 있다. 이 방식은 최근의 소량 다품종 커스텀 LSI인 ASIC 생산에 적합하다. 한편, 약액의 순환이 복잡하고 회수와 농도 제어가 어렵다는 과제가 있다. 하지만 현재 상황은 초미세화를 진행할 때 수율 향상에 대응하려고 배치식에서 매엽식(매엽 스핀식)으로 급속하게 이행 중이다.

웨이퍼를 세정한 후에는 반드시 건조한 다음에 꺼내야 한다. 웨이퍼를 수분이 포함된 상태로 두면 표면에서 산화가 진행되거나 눈에 보이지 않는 워터마크(물 얼룩)의 원인이 된다. 이 때문에 세정 장치와 건조 장치는 한 몸이다.

클린룸

IC를 제조하는 반도체 공장도 환경이 매우 청정해야 한다. 따라서 반도체 공장에는 먼지나 오염을 막는 클린룸이 설치돼 있고, 공장 내부에서 반도체 제조(전 공정. 웨이퍼 프로세스)를 한다.

■ **어느 정도 크기의 먼지가 어느 정도 있으면 안 되는가?**

반도체 공장의 클린룸 환경은 0.1~0.5㎛의 공중 먼지, 세균 등을 대상으로 한다. 온도 습도를 일정하게 유지하는 공간도 필요하다. 그래서 클린룸의 청정도를 나타내기 위해 청정도 클래스(1평방피트 안에 0.1㎛의 입자가 몇 개 있는가로 나타냄)를 이용한다. 예를 들어 클래스 1이라고 하면 1평방피트 안에 0.1㎛의 입자가 1개 있다는 뜻이다. (1피트=0.3048m, 1평방피트=0.092903m^2) 클래스1(0.1㎛)의 청정도를 알기 쉽게 비유하면, 야마노테선[일본 도쿄의 중심부를 도는 순환선] 안에 은단이 하나 있는 것이라고 한다. 반도체 공장 클린룸의 청정도 클래스는 대략 아래와 같다.

클래스	용도
클래스 10~100	불순물 확산, 리소그래피
클래스 10~1,000	웨이퍼 표면 처리 등 전반적인 프로세스
클래스 100~10,000	후 공정(조립, 검사)

■ **클린룸의 구조**

클린룸의 내부 전체는 기본적으로 초고성능 HEPA● 필터를 통과한 공기를 위쪽에서 전도성을 가진 그물 형태의 바닥 쪽으로 끊임없이 흘려보내는 '다운 플로 방식'을 쓴다. 이 방식으로 항상 청정 환경을 유지한다. 방을 만드는 방법은 이렇다.

- 빅 룸 방식 : 제조 장치, 측정기 등 모든 설비가 한 방에 배치돼 있다.
- 클린 터널 방식 : 청정 공간을 터널 모양으로 만든 유닛 방식이다.
- 미니 인바이어런먼트(mini-environment) 방식 : 국소적으로 울타리가 있어 주위의 청정도보다 눈에 띄게 높은 청정 환경을 국소적으로 설치하는 방식이다.

경비나 청정도를 고려해서인지 미니 인바이어런먼트 방식이 클린룸의 주류가 되고 있다.

● **HEPA** : High Efficiency Particulate Air

6-03 성막 기술과 막의 종류

LSI 제조에서는 트랜지스터 구조에서 소자 분리, 게이트 절연막(MOS 트랜지스터), 게이트 전극, LSI로서의 금속 배선, 다층 구조 간의 층간 절연막 등 여러 용도로 막을 이용한다. 이들 막의 재료로는 산화막, 폴리실리콘, 배선 금속막(알루미늄, 구리) 등이 있다.

반도체 구조에 필요한 막에는 어떤 종류가 있을까?

CMOS 인버터를 구성하는 기본 CMOS 구조에서 어떤 막을 사용하는지를 간단히 설명하겠다.

1 소자를 분리하는 절연막

트랜지스터 같은 반도체 소자끼리 분리할 때는 MOS 트랜지스터의 얇은 게이트 산화막에 대해 필드 산화막이라 불리는 두꺼운 산화막(SiO_2)을 이용한다. 필드 산화막은 원래 **LOCOS**•라 불리는 선택 산화막(질화막이 없는 부분으로 선택적인 산화 작용)을 이용해 왔다. 다음 페이지의 그림에서 소자 분리도 LOCOS를 이용한다.

하지만 미세화가 진행되면서 현재는 실리콘 기판을 세로 방향으로 식각해서 산화막을 형성하는 **STI**•(Shallow Trench Isolation)가 주류가 되고 있다.

2 게이트 절연막

MOS 트랜지스터의 MOS 구조에서 Oxide, 즉 산화막에 해당한다. 게이트 전압은 이 산화막(게이트 용량)을 끼고 채널에 인가한다.

3 폴리실리콘 막

MOS 트랜지스터에 있는 게이트(G)의 전극 재료로 N형 또는 P형 불순물을 첨가한

- **LOCOS** : Local Oxidation of Silicon. 202쪽 '절연 분리막(LOCOS 구조의 SiO_2)을 성막'을 참고한다.
- **STI** : 203쪽 'MEMO'를 참고

폴리실리콘 막(다결정 실리콘 막)을 이용한다. 이 폴리실리콘 막은 고농도 불순물이 첨가돼 저항이 낮으므로 알루미늄 금속과 마찬가지로 배선 금속의 일부로 사용한다. 그러나 저항값은 알루미늄 금속과 비교해서 상당히 크다.

4 알루미늄 막

금속 배선으로 이용한다. 스퍼터법(다음 페이지 참고)으로 성막한다. 최근에 미세화된 LSI에서는 한층 더 배선 저항을 낮출 필요가 있어서 알루미늄 대신 저항률이 더 낮은 구리를 이용한다.

5 층간 절연막

금속 배선 사이를 절연하는 산화막이다. 미세 배선이나 배선 다층화가 진행되는 요즘 LSI에서는 막의 평탄화가 요구되기 때문에 성막 후에 물리적 혹은 화학·물리적으로 CMP를 평탄화 기술로 이용하고 있다.

6 보호막(패시베이션 막)

완성한 반도체 소자를 먼지나 습도에서 보호하는 막이다. 산화막이나 질화막(Si_3N_4)을 이용한다.

기본 CMOS 구조(CMOS 인버터)에서 막질과 용도

(a) 단면 구조도

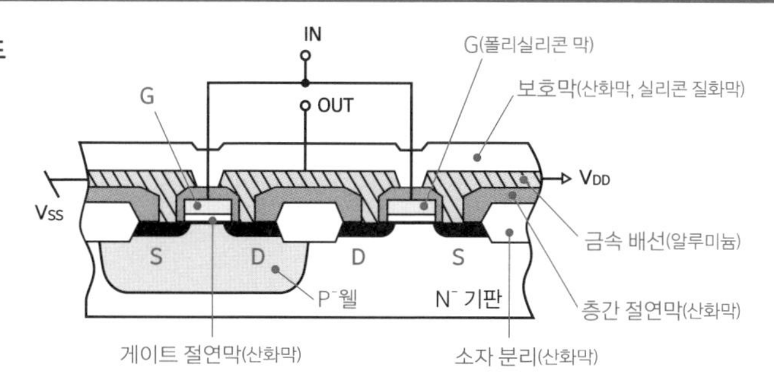

(b) 회로도

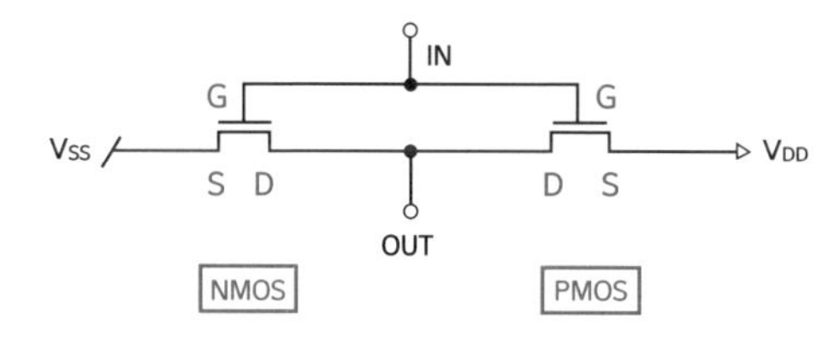

6-04 박막은 어떤 식으로 형성할까?

반도체 구조에서 각종 박막을 형성하는 방법에는 주로 열산화법, 스퍼터법, CVD법 등이 있다.

세 종류의 형성 방법

박막 형성 방법에 대해 간단히 설명하겠다.

1 열산화법

반도체 표면부터 내부에 걸쳐 산화를 하는 방법이다. 실리콘 웨이퍼를 산소나 수증기 등 가스가 들어 있는 고온로에 넣어 가열하고, 기판 표면의 실리콘과 산소를 반응시켜서 박막인 이산화규소 막을 형성한다.

이산화규소 막은 실리콘 기판 표면에서 내부를 향해 성장하며 절연성이 매우 뛰어난 고품질 막이다. 반도체 재료로 실리콘이 이용되는 이유 중 하나는 이 양질의 절연막을 쉽게 만들 수 있다는 점을 들 수 있다.

열산화법

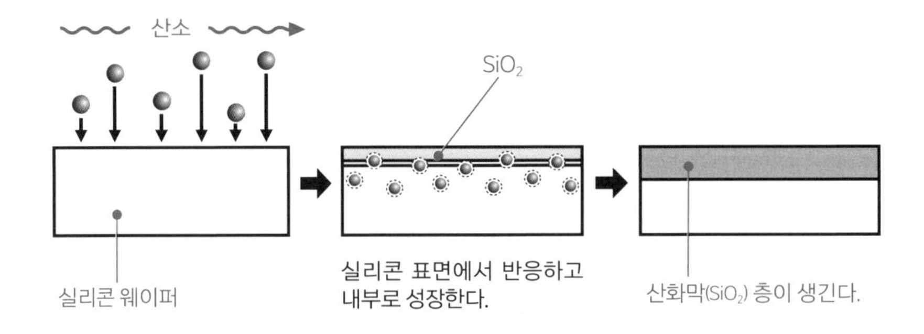

2 스퍼터법

챔버(반응기) 안을 고진공 상태로 만들어 불활성 가스(Ar)를 흘려 넣고, 부착시키려는 재료로 이뤄진 원반 모양의 금속 덩어리(타깃이라고 부름)에 불활성 가스를 이온화한 고에너지 원자를 충돌시킨다. 이때 충돌 때문에 튀어나온 원자를 웨이퍼 표면에 부착시켜서 성막하는 방법이다. 예를 들어 알루미늄 금속 배선막을 형성하려면 알루미늄 타깃에 이온빔을 충돌시켜서 알루미늄을 튀어나오게 하고, 그것을 웨이퍼 표면에 퇴적시킨다. **스퍼터법**은 아래의 **CVD법**과 대조해 PVD법•이라고도 부른다.

3 CVD법

CVD란 화학 기상 증착(Chemical Vapor Deposition)의 약자로 챔버 안에서 웨이퍼와 부착시키려는 원료 가스의 화학적 반응으로 원하는 막을 웨이퍼 표면에 퇴적시키는 방법이다.

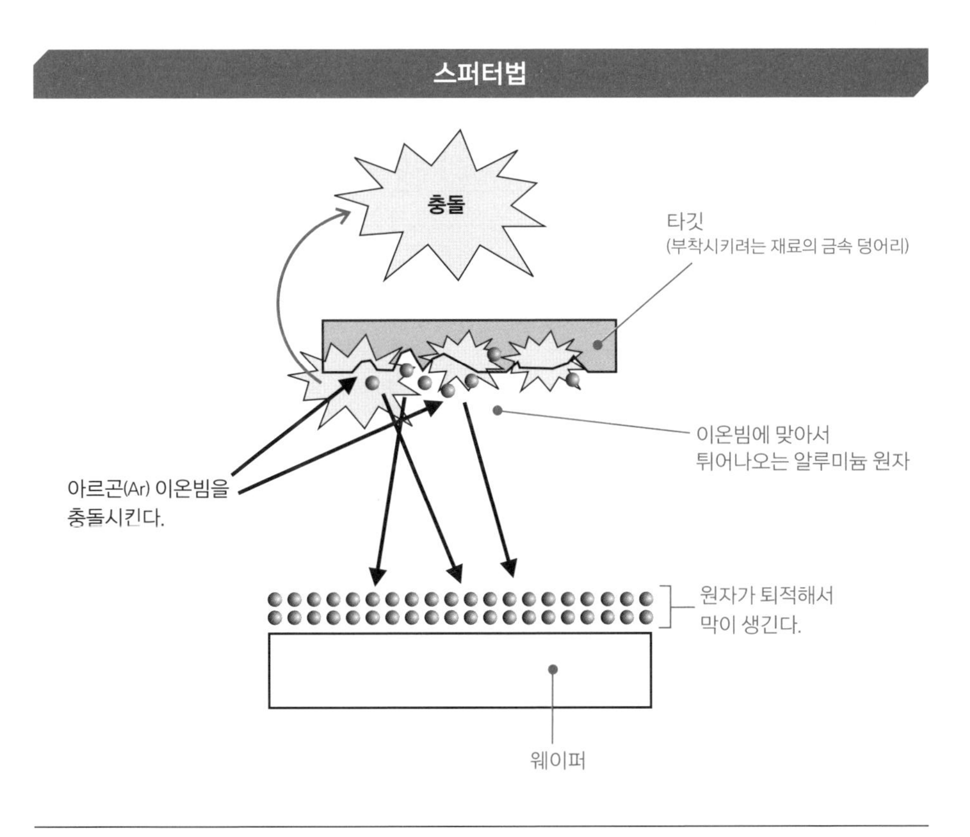

• **PVD법 :** Physical Vapor Depostion. 물리 기상 증착.

CVD법은 산화막이나 질화실리콘 막(실란+암모니아 가스를 흘려서 성막) 외에도 전극이나 배선으로 이용하는 폴리실리콘이나 텅스텐 실리사이드(게이트 전극의 재료) 등의 성막에도 사용한다.

화학 촉매 반응을 촉진하는 방법으로 열에너지를 이용하는 CVD, 플라스마 에너지를 이용하는 플라스마 CVD, 빛을 이용하는 빛 CVD 등의 장치가 있다.

CVD법

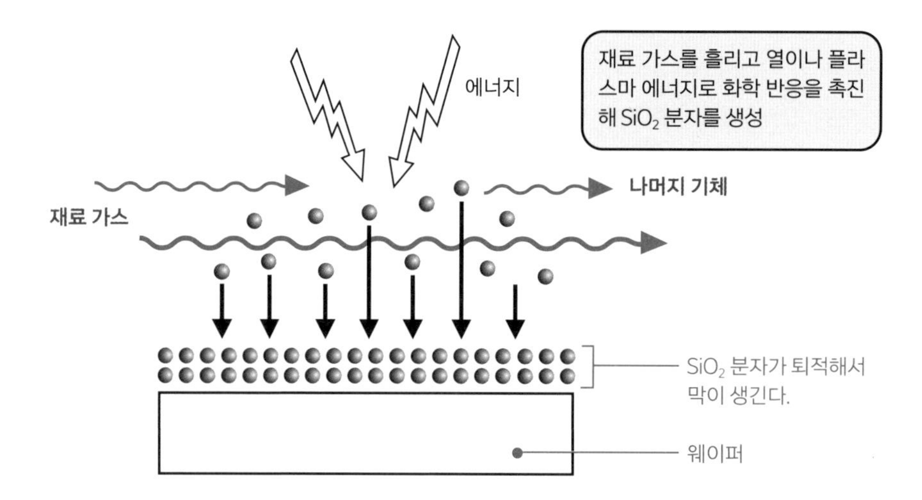

예를 들어 폴리실리콘이 퇴적하는 경우의 반응식

6-05 미세 가공을 위한 리소그래피 기술이란?

리소그래피 기술이란 실리콘 웨이퍼나 성막된 박막을 가공하는 데 필요한 사진 촉각 공정을 말한다. 감광제 도포, 노광, 현상, 식각 등 사진 제판을 응용한 가공 기술을 이용해서 실리콘 웨이퍼나 성막한 박막을 반도체 소자용 미세 패턴에 맞게 가공하는 기술이다.

리소그래피 공정의 흐름

LSI 제조에서 산화막 가공과 공정을 예로 들어 사진 제판 기술을 이용한 리소그래피(또는 포토리소그래피)의 전체적인 작업 흐름을 살펴본다.

1 감광제 도포

패턴 형성에 사용하는 감광성 수지를 도포한다. 이 감광제를 **레지스트**(또는 포토레지스트)라고 부른다. 빛(에너지)을 조사(照射)한 곳이 현상액에 대해 불용성이 되는 타입을 네거티브형, 반대로 조사한 부분이 가용성이 되는 타입을 포지티브형이라고 한다.

2 노광

반도체 회로가 그려진 포토마스크를 사이에 두고 반도체 패턴을 웨이퍼로 전사해서 새긴다. **노광** 기술에 대해서는 다음 장인 '6-6 트랜지스터 치수의 한계를 정하는 노광 기술이란?'에서 자세히 설명한다.

3 현상

레지스트 조사(노광) 부분을 약액으로 녹이는 공정이다. 이 공정에서 녹지 않고 남은 레지스트를 레지스트 마스크라고 한다.

4 식각

레지스트 마스크(남은 포토레지스트)로 산화막을 **식각**한다.

5 레지스트 제거

산화막을 식각한 후에 포토레지스트를 제거한다. 레지스트 밑의 산화막은 식각 공정에서 부식되지 않고 남아 최종적인 산화막 패턴이 된다.

이 산화막이 직접 MOS 트랜지스터의 게이트 영역이 되거나, 불순물 확산 공정(확산막이 없는 영역의 실리콘에 불순물을 확산하는 공정)에서 산화막 마스크가 되기도 한다.

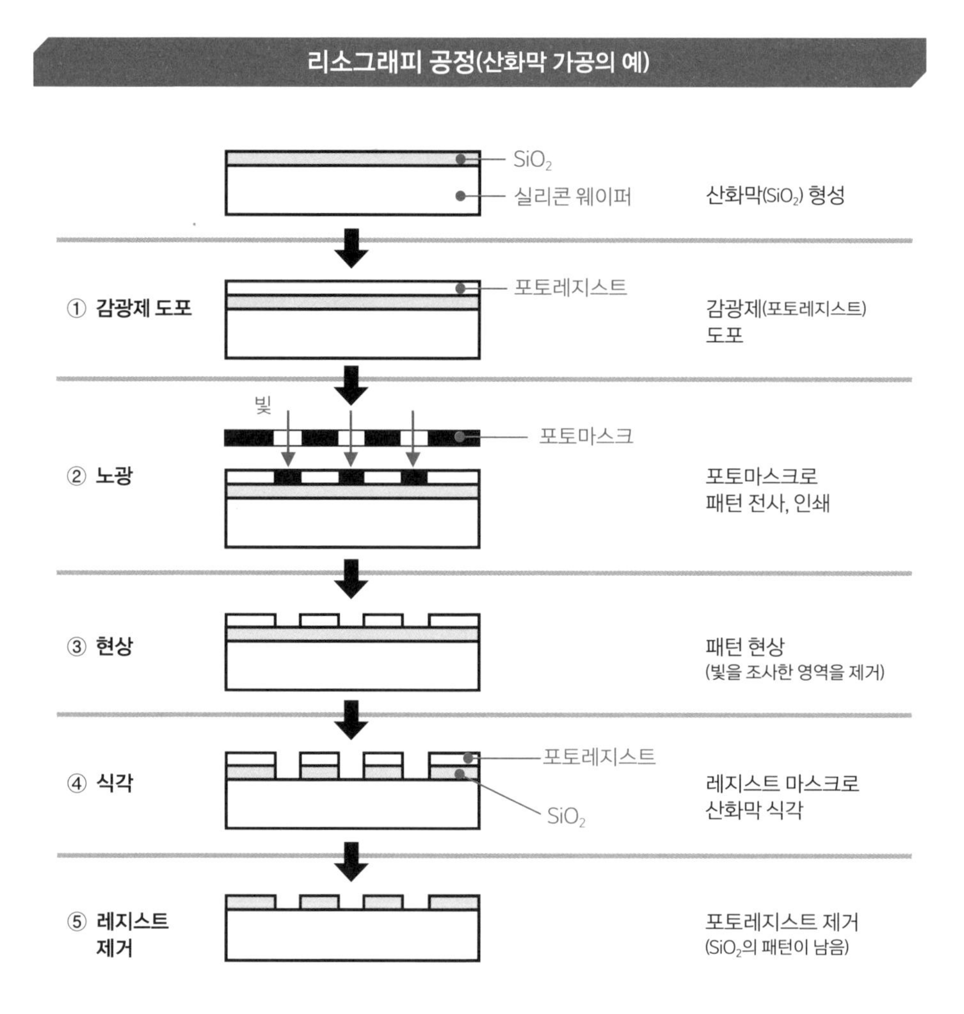

트랜지스터 치수의 한계를 정하는 노광 기술이란?

마스크 패턴을 웨이퍼로 전사, 인쇄하는 노광 기술에 따라 트랜지스터 치수의 한계가 결정된다. 그래서 단파장 광원을 사용하는 것은 물론이고, 웨이퍼 전면으로 일괄 노광부터 칩 몇 개씩 나눠 반복해서 노광하는 방식인 '스테퍼'가 채용됐다. 나아가 미세화가 진행된 65nm 세대 이후로는 액침 노광 장치, 더블 패터닝, EUV 노광 장치 등이 쓰였다.

스테퍼

스테퍼(stepper)란 LSI 제조에 이용하는 축소 투영형 노광 장치를 말한다. 기존 노광 장치는 웨이퍼 전면과 포토마스크가 일대일로 대응한 패턴을 웨이퍼 전면에 노광 한 번으로 찍는 반면, 스테퍼는 웨이퍼 전면에 포토마스크 원화를 축소 투영하면서 한 구획씩 반복해서 노광해 찍는다. 이 방식을 스텝 앤드 리피트(step and repeat) 기구라고 부르며, 스테퍼의 어원이다.

예를 들어 칩의 원래 치수 4배의 패턴을 묘화한 포토마스크 '레티클'을 사용한 경우에는 렌즈 축소율 1/4배를 이용하기 때문에 스테퍼로 레티클 위의 치수 100nm를 웨이퍼 위에 25nm 패턴으로 찍을 수 있다. 그리고 레티클의 한 구획(예를 들어 4칩)씩 스테이지가 이동을 반복(리피트)해서 노광한다.

스테퍼는 웨이퍼 패턴보다 원화로서 한층 더 정밀한 포토마스크 패턴을 묘화할 수 있고 제작 공정에 여유가 생긴다는 이유로 채용됐다. 또한 일괄 노광 방식을 취하지 않고 여러 개씩 칩을 나누는 스텝 앤드 리피트 방식은 한 번 찍는 노광 구역이 좁기 때문에 주변부까지 정밀하게 노광할 수 있고, 렌즈계를 포함한 노광 장치의 성능이 올라간다.

나아가 현재는 기존에 있던 스테퍼(얼라이너)를 개량해서 레티클과 웨이퍼의 움직임을 연동한 스테퍼(스캐너)가 주류다.

노광 장치의 광원은 더 단파장으로

노광 장치의 해상도는 사용하는 광원 파장과 렌즈 개구수●에 의존한다. 광원 파장은 단파장일수록 해상도가 올라간다.

현재 최첨단 LSI 양산은 프로세스 룰에서 규정하는 회로선 폭이 20~7nm로 이행해 한층 더 미세화가 진행되고 있다. 노광 장치 광원으로 기존에는 가시광선 g선(파장 436nm)과 자외선 i선(파장 365nm)을 사용했지만, 더 단파장인 KrF(파장 248nm), ArF(파장 193nm)의 엑시머 레이저를 이용하고 있다.

게다가 기존 노광 장치의 해상도를 올리기 위해 단파장을 쓰는 것과 똑같은 효과를 내는 ArF 액침 노광 장치가 이용되고 있다.

스테퍼의 구조

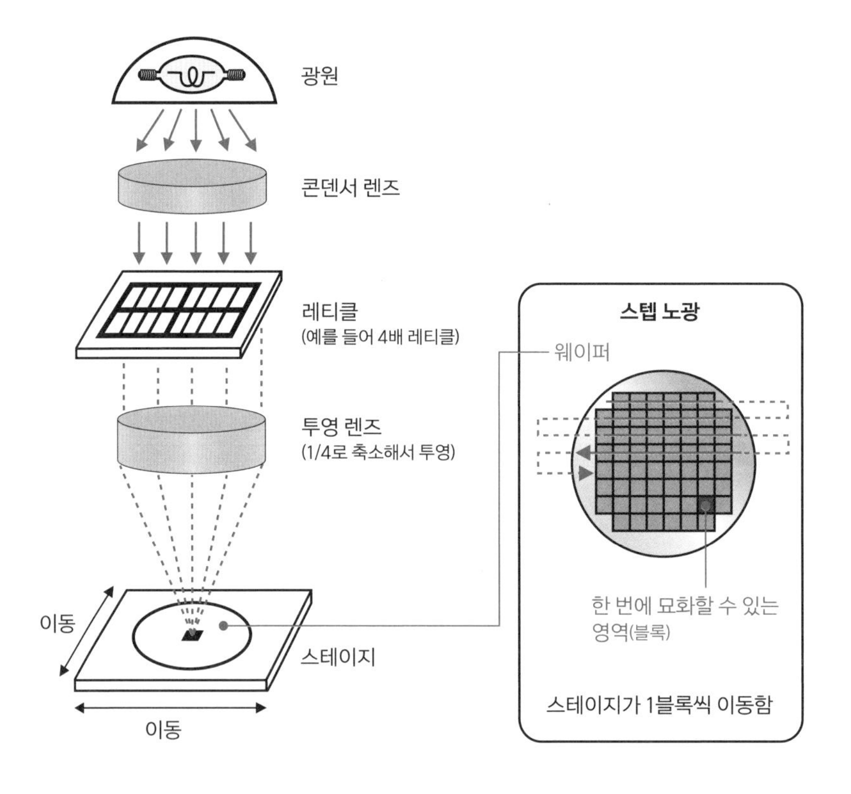

● **렌즈 개구수 :** 렌즈 개구수(NA. Numerical Aperture)는 렌즈의 밝기를 나타내는 수치. NA가 큰 렌즈일수록 고해상도다.

노광 장치 광원의 파장

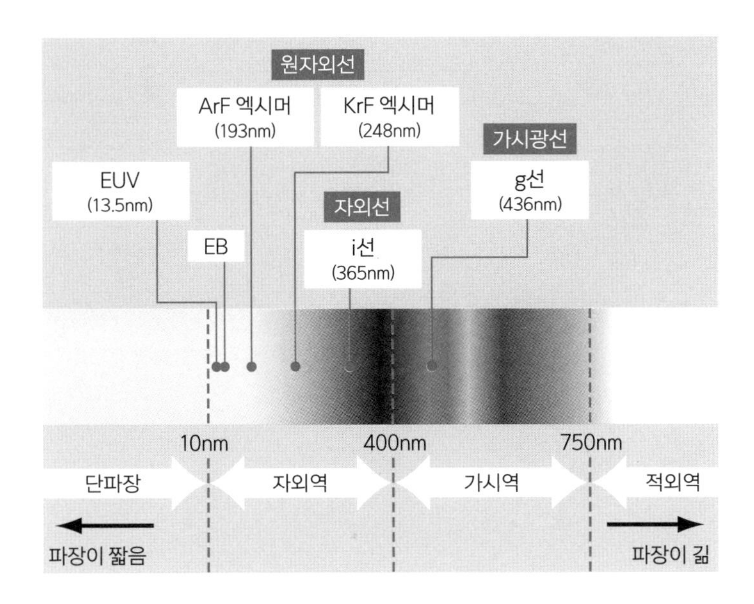

ArF 액침 노광 장치

기존 노광 장치는 투영 렌즈와 웨이퍼 사이가 공기였는데, **액침 노광 장치**는 그 사이에 액체를 채워서 고해상을 실현한다. 렌즈에서 나오는 빛이 웨이퍼까지 통과하는 매체를 공기에서 굴절률이 높은 물로 바꿔서 투영 렌즈의 개구수를 크게 만들어 해상도를 높인다.

현재 실용화된 액침 노광 장치는 ArF 엑시머 레이저를 광원으로 하고, 렌즈와 웨이퍼 사이의 액침용 액체를 순수(깨끗한 물)로 채운 ArF 액침 노광 장치다. 반도체 노광 장치의 렌즈와 실리콘 웨이퍼 사이를 공기(n=1.00)보다 굴절률이 높은 순수(n=1.44)로 채우고, 액체 자체를 렌즈처럼 사용한다. 이렇게 하면 웨이퍼로 가는 입사각을 작게 할 수 있고, 그 결과 초점 심도(패턴을 형성할 수 있는 초점 범위)가 1.4배 정도 확대돼 기존 장치의 미세화 한계를 뛰어넘은 고정밀 리소그래피를 달성한다.

기존 ArF 노광 장치의 미세화를 진행할 때, 프로세스 룰 65nm가 한계라고 여겨졌는데 ArF 액침 노광 장치가 개발되자 기술 수명이 연장돼 프로세스 룰 40nm 정도까지에는 쓸 수 있게 됐다.

액침 노광 장치의 개념

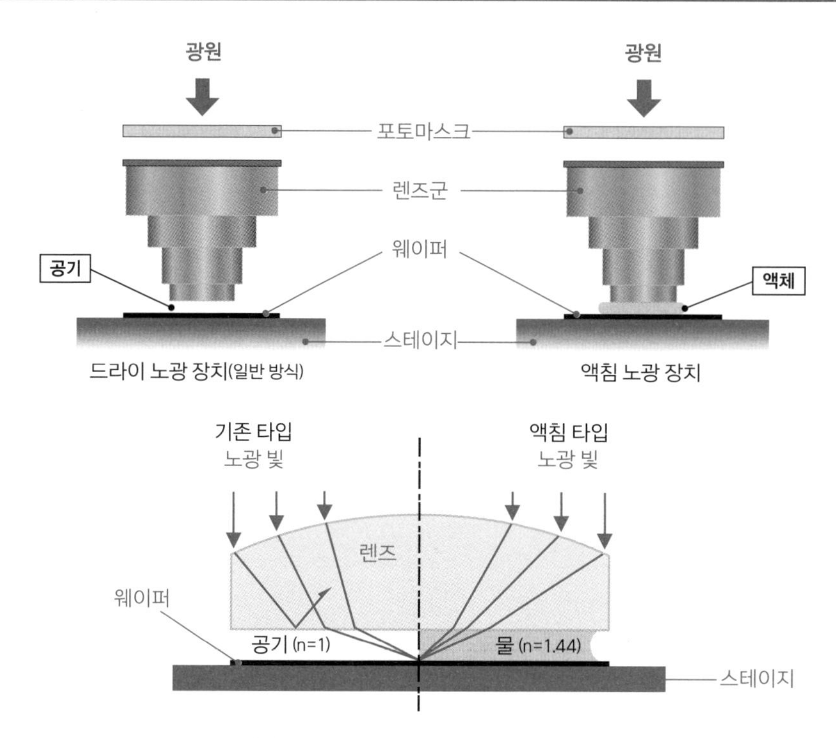

드라이 노광 장치와 액침 노광 장치의 노광 빛 차이

노광 기술의 수명을 늘린 초해상 기술이란?

초해상 기술은 현재 사용하는 노광 장치, 포토마스크, 노광 방식 등을 연구해서 ArF 노광 장치의 ArF 엑시머 레이저 파장(193nm)보다 더 단파장의 해상도를 실현하는 기술이다. 그중 하나가 ArF 액침 노광 장치였다. 먼저 프로세스 룰 38nm까지 이렇게 해서 노광 기술의 수명을 늘렸다.

1. ArF 액침 노광 장치
2. **더블 패터닝**(이중 노광)
3. OPC 보정 마스크
4. 더블 패터닝(SADP)

현재는 성막·식각 기술에 더블 패터닝(SADP)을 이용해서 프로세스 룰 5nm까지

해상도를 높일 수 있다.

초해상 기술 - 더블 패터닝(이중 노광)

더블 패터닝은 기존 노광 장치를 그대로 사용하면서도 미세화의 해상 한계를 올릴 수 있는 노광 기술인 멀티 패터닝(다중 노광) 중 하나다. 이 방법은 포토마스크 패턴을 미세화가 완화하는 방향으로 포토마스크 두 장으로 분할하고, 두 번의 노광으로 패턴을 서로 포개서 기존 기술과 비교해 2배 더 미세하고 섬세하게 실현한다.

하지만 두 번의 노광, 성막, 식각 등이 필요해지면서 스루풋이 떨어지거나 비용이 상승하는 문제를 초래한다. 게다가 마지막에 포갰을 때의 정밀도는 두 번의 노광 정밀도를 합치는 것이므로 그 정밀도는 2~3nm가 필요하다.

따라서 이 방법은 더블 패터닝(이중 노광)까지가 한계이고, 이것을 다시 두 번, 세 번 반복하는 진정한 의미의 멀티 패터닝(다중 노광)은 ArF 침액 노광 장치를 사용하는 한 어렵다. 더블 패터닝(이중 노광)은 그 제조 공정 때문에 LELE(Litho-Etching-Litho-Etching)법, 혹은 피치 스플리트법이라고도 부른다.

더블 패터닝 분할 방식

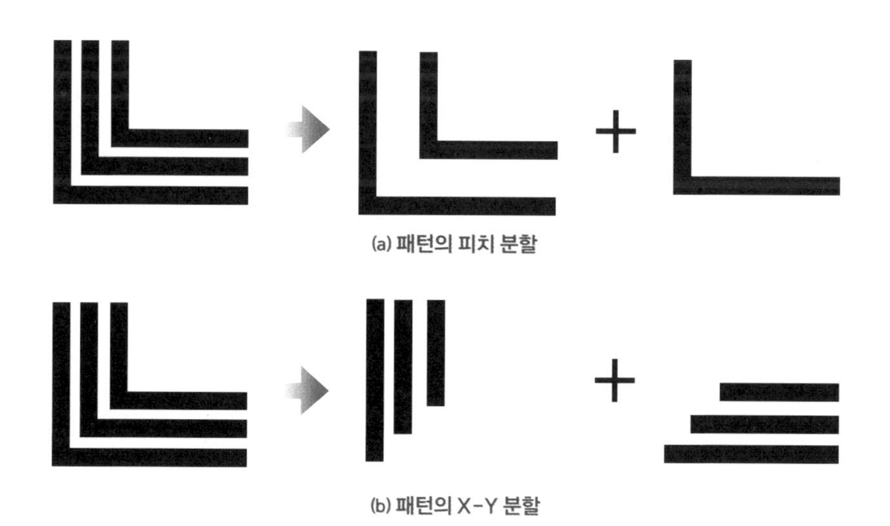
(a) 패턴의 피치 분할

(b) 패턴의 X-Y 분할

초해상 기술 - OPC 보정 마스크

포토마스크에 묘화한 마스크 형상의 미세화가 진행되면, 근접 효과* 때문에 설계 패턴으로 전사 패턴을 만드는 과정에서 형상 충실도가 떨어진다.

이를 방지하기 위해 포토마스크에 설계 패턴과 관련해 적절한 보정을 더한 것이 아래 그림과 같은 OPC(Optical Proximity Correction) 보정 마스크다. OPC 보정을 사용하지 않고 설계 데이터를 레지스트에 전사하면, 전사 패턴은 코너 부분이나 이웃한 부분에서 쇼트나 오픈이 발생하고 만다. 그래서 쇼트가 예측되는 부분은 간격이 넓어지도록, 그리고 가늘어질 것으로 예측되는 부분은 그것을 막도록 원하는 부분에 작은 직사각형을 더하거나 뺀다. 이렇게 하면 설계 패턴에 충실한 형상으로 전사 패턴을 만들 수 있다.

OPC 보정은 광학 원리를 바탕으로 만든 패턴 형상 오차의 보정량을 시뮬레이션하는 것, 또는 제조 공정에서 프로세스 피드백이 주는 예측 데이터를 기본으로 그 보정값을 설계 마스크 패턴에 가공한다. 또한 보정 후에 방대해지는 포토마스크 데이터양을 압축해서 전자빔 마스크 묘화 시간을 얼마나 줄일 수 있는지가 중요해서 소프트웨어 처리도 필요하다.

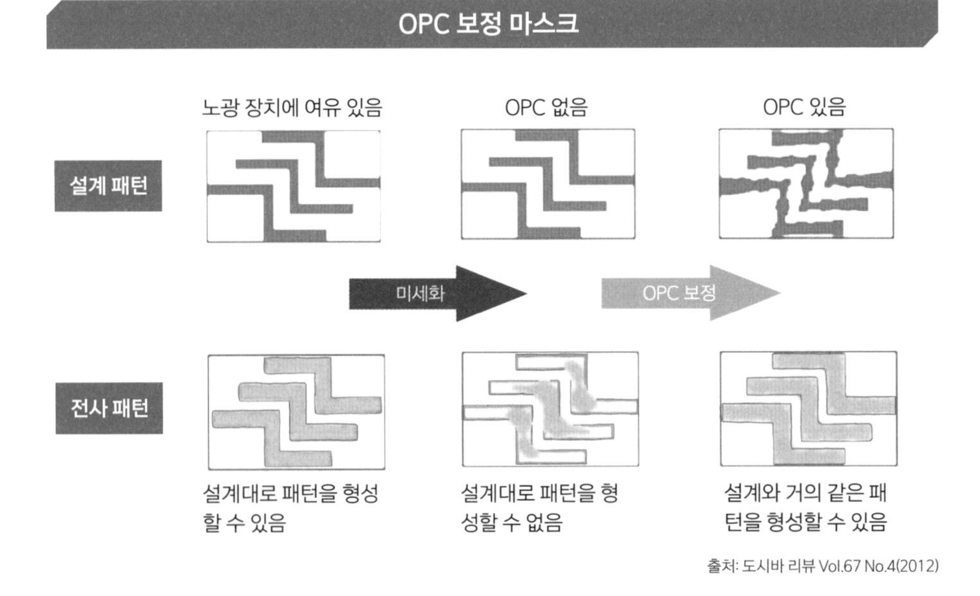

출처: 도시바 리뷰 Vol.67 No.4(2012)

● **근접 효과** : 노광하면 여러 패턴이 접근해서 패턴 형상이 변하는 현상

초해상 기술 – 더블 패터닝(SADP)

SADP(Self-Aligned Double Patterning)는 이미 노광 장치로 형성해 놓은 템플릿(심재 구조)을 바탕으로 Self-Aligned•를 써서 사이드 월(측벽)을 형성하고, 그 사이드 월을 이용해서 구조 밀도를 2배로 하는(패턴 피치를 1/2로 함) 기술이다. 이 때문에 SADP는 사이드 월 스페이서법이라고도 불린다. 그 프로세스는 아래와 같다.

①초기 구조의 템플릿은 가공막 위에 형성된다. ②박막이 퇴적한다. ③이방성 식각으로 템플릿 측벽에 사이드 월 막을 형성한다. ④템플릿을 제거하고 사이드 월 막을 남긴다. ⑤사이드 월 막을 마스크에, 가공막으로 식각한다. ⑥사이드 월 막을 제거하면 1/2 피치가 된 가공막이 남는다.

기존 초해상 기술을 이용한 해상은 한계가 38nm였는데, SADP는 20nm, SADP를 2번 반복한 SAQP•는 10nm, 3번 반복한 SAOP•는 5nm가 가능하다.

그러나 SADP는 이중 노광과 비교해서 공정이 복잡하고 프로세스 부하가 매우 커진다.

더블 패터닝(SADP)

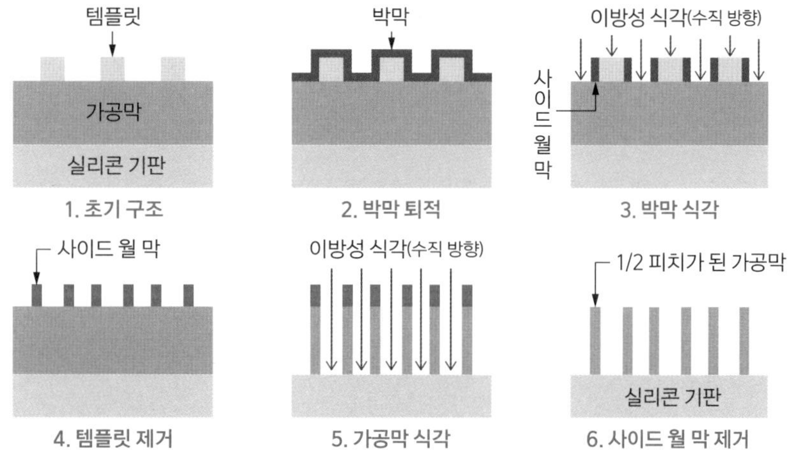

템플릿
가공막
실리콘 기판
1. 초기 구조

박막
2. 박막 퇴적

이방성 식각(수직 방향)
사이드 월 막
3. 박막 식각

사이드 월 막
4. 템플릿 제거

이방성 식각(수직 방향)
5. 가공막 식각

1/2 피치가 된 가공막
실리콘 기판
6. 사이드 월 막 제거

이방성 식각 : 특정 방향으로만 표면에서 깊게 가공하는 식각

- **Self-Aligned** : 자기 정합형 위치 맞추기(작성이 끝난 패턴을 마스크로 이용하고, 마스크 위치를 맞추지 않은 채 다음 형상을 작성하는 수법)
- **SAQP** : Self-Aligned Quadruple Patterning
- **SAOP** : Self-Aligned Octuple Patterning

EUV 노광 장치

현재 ArF 액침 노광(파장 193nm)과 초해상 기술로 미세 가공 7nm 정도까지 LSI가 제조되고 있다. 하지만 그 프로세스는 무척 복잡해서 EUV 노광 장치(파장 13.5nm)가 본격 가동되기만을 손꼽아 기다렸다.

하지만 이를 실현하려면 ①초고정밀 다층막 거울의 반사 광학계가 필요하다. EUV 광은 직진성이 강해서 유리 렌즈를 사용하는 투과 광학계에서는 집광을 할 수 없기 때문이다. ②EUV 장치의 진공조 안에서 높은 진공도를 확보하고 수분 제거도 해야 한다. (EUV광은 산소 분자에 흡수됨) ③스루풋을 정하는 고출력 광원과 ④초저결함 반사 마스크를 개발해야 한다. 이처럼 해결해야 할 문제가 산더미처럼 쌓여 있어 매우 어려운 상황이었다.

최근에는 위 문제들을 해결하고 7nm 프로세스부터 EUV 장치를 가동해 5nm, 3nm 프로세스에 적용하고 있다. 기존 수법과 비교하면 묘화 충실도가 올라가고, 공정 수는 1/3~1/5까지 줄어들어 비용 측면에서도 유리해진다고 한다.

앞으로 미세화 로드맵에 따르면 EUV 노광 장치(개량형)의 프로세스 룰은 일중(싱글 노광)이 3nm, 이중 노광이 2nm, 삼중 노광이 1nm인 CMOS 실현도 예상된다. (더블 패터닝 SADP는 쓰지 않음)

3차원 미세 가공의 식각이란?

식각은 약품이나 이온의 화학 반응(부식 작용)을 이용해서 박막을 형상 가공하는 공정이다. 식각 방법에는 비용이 저렴하지만 생산성이 높은 습식 식각과 비용은 꽤 들지만 미세 가공이 가능한 건식 식각으로 나뉜다.

두 종류의 식각 방법

노광 공정을 거친 실리콘 웨이퍼는 패턴 현상으로 불필요한 포토레지스트(예를 들어 빛을 조사한 영역)를 제거한다. 그리고 레지스트 마스크로 웨이퍼 위의 불필요한 산화막(예를 들어 SiO_2)을 제거한 후, 불필요한 포토레지스트를 제거해 원하는 산화막 형성을 얻는 공정이 식각이다. 식각 방법에는 두 가지 방법이 있는데, 습식 식각과 건식 식각이다.

■ 습식 식각

습식 식각(Wet Etching)은 약액으로 산화막이나 실리콘을 부식하는 방법이다. 사용하는 약액도 비교적 저렴해서 한 번에 수십 장을 동시 처리*할 수 있다. 생산성이 높아

식각으로 하는 형상 가공

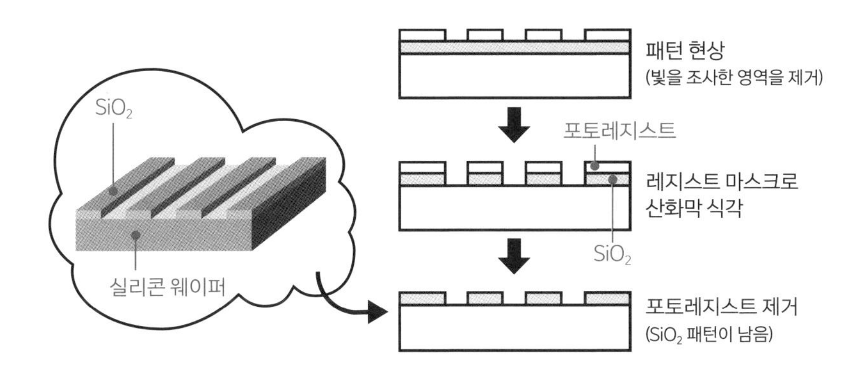

서 비용도 줄어든다.

사용하는 식각액은 식각을 하고 싶은 박막에 따라 달라진다. 예를 들어 산화막(SiO_2)을 식각할 때는 불산(HF)이나 불화암모늄(NH_4F)을, 실리콘(Si)을 식각할 때는 불산과 질산을 혼합한 것을 사용한다. 또한 막(Si_3N_4)을 식각할 때는 열인산을 사용한다.

습식 식각은 부식이 등방성(어느 방향으로든 똑같이 부식이 진행됨)을 띠기에 마스크 아래의 가로 방향으로 식각이 진행되고, 식각의 두께 방향은 바깥 둘레부터 얇아진다. 따라서 미세한 패턴을 가공하기에는 적합하지 않다.

습식 식각의 개념

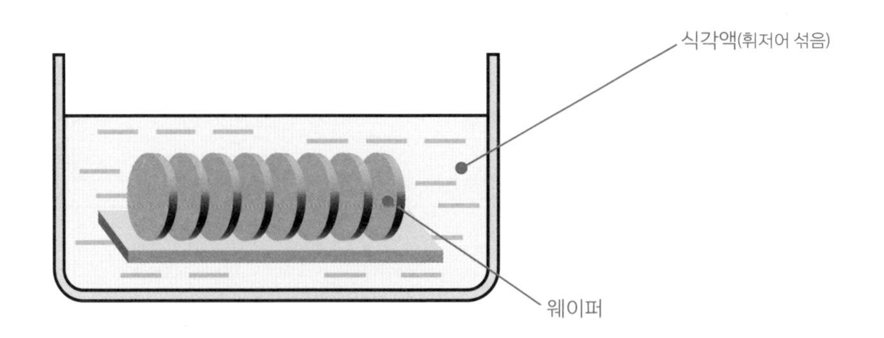

습식 식각은 미세화에 부적합

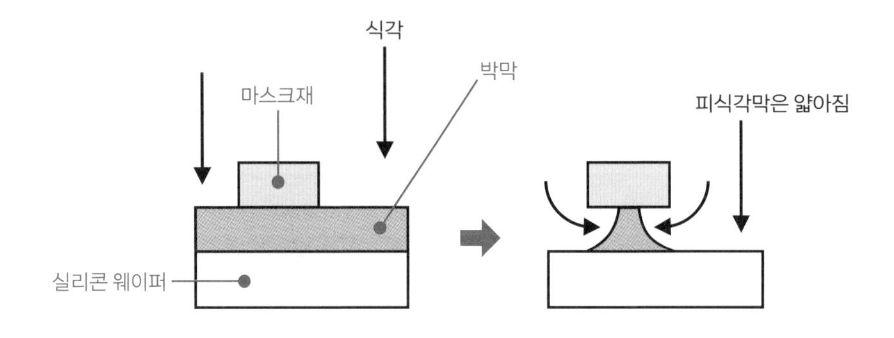

● **동시 처리 :** 배치 처리(배치식)라고 한다. 반대로 한 장씩 처리하는 방법은 매엽식이라고 한다.

■ 건식 식각

건식 식각(Dry Etching)은 액체 약품을 쓰지 않고 부식한다. 대표적인 예로는 이온을 뿌리고 레지스트에 마스크되지 않은 부분을 깎아내는 **반응성 이온 식각**●이 있다. 반응성 이온 식각은 챔버 내부에 접근해서 상대 전극을 두고, 다른 전극 위에 웨이퍼를 설치해 플라스마를 발생시킨다. 이때 생성한 이온을 피식각 재료로 흡착시켜서 표면 화학 반응을 일으키고, 거기서 나온 생성물을 배기 제거해 식각을 진행한다.

건식 식각을 이용하면 미세 패턴, 즉 가공 정밀도가 좋은 식각을 만들 수 있으므로 현재 LSI 제조 공정 대부분에서 건식 식각을 쓴다.

건식 식각(RIE)

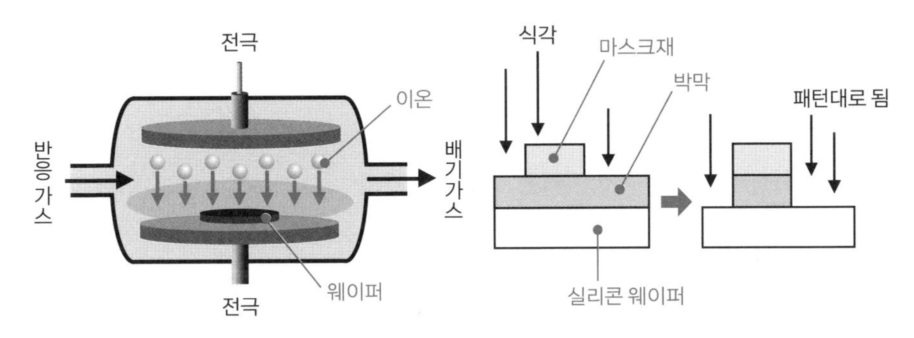

참고: 《반도체가 완성되기까지-전 공정/후 공정》, 일반사단법인 일본반도체제조장치협회

미세화에 대응하는 새로운 식각 장치

마이크로파 ECR 플라스마 장치는 진공 장치 내의 자기장과 마이크로파(2.45GHz)의 전자 사이클로트론(ECR, Electron Cyclotron Resonance) 공명 현상을 이용한다. ICP(Inductive Coupling Plasma) 식각 장치는 고주파 코일에 의한 유도 결합형 플라스마로 고밀도 플라스마 상태를 만들어낸다.

이 새로운 식각 장치들은 최첨단 리소그래피로 형성한 레지스트 패턴을 이용해 충실하게 미세 가공이나 균일성 등을 재현하고, 300mm 웨이퍼에 대응한 스루풋 요구도 맞춰준다.

● **반응성 이온 식각 :** RIE, Reactive Ion Etching

불순물 확산 공정이란?

불순물을 반도체(실리콘 웨이퍼)에 첨가하는 공정과 첨가한 불순물을 반도체 안에 넓게 분포시키는 확산 공정을 합쳐서 불순물 확산 공정이라고 한다. 붕소나 인 등을 웨이퍼 전면 혹은 표면 일부에 첨가해서 P형이나 N형 반도체 영역을 형성한다.

실리콘에 P형이나 N형 반도체 영역을 만든다

불순물 확산 공정은 반도체(실리콘 웨이퍼)의 전면 혹은 마스크(레지스트나 SiO_2)를 통해 표면의 일부 영역에 붕소, 인 등의 불순물을 첨가(퇴적)하고, 그 후에 불순물을 열확산으로 원하는 깊이까지 재분포시켜 P형이나 N형 반도체 영역을 만드는 공정이다. 단, 불순물 첨가·확산 공정이 동시에 진행될 때도 있다.

불순물 확산에는 **열확산법**과 **이온 주입법**이 있다. 프로세스의 미세화, 웨이퍼의 대구경화와 함께 불순물 첨가 공정에 이온 주입법을 많이 이용하고, 열확산법은 원하는 깊이에 첨가 불순물을 넣기 위한 **열처리**(어닐링) 공정에서만 이용한다.

■ 열확산법

열확산법은 확산로 안에서 고온 가열된 웨이퍼에 불순물 가스를 퇴적시키고, 동시에 웨이퍼 안으로 불순물이 넓게 퍼지도록 확산하는 방식이다. 석영 보트(웨이퍼 트레이)에 웨이퍼를 올려두고, 히터로 고온 가습한 확산로(석영) 안에 천천히 넣는다. 노심 안의 온도는 대략 800~1,000℃ 범위에서 균일하게 유지된다. 불순물 농도나 깊이를 제어하는 일은 불순물 종류나 가스 유동량, 확산 시간에 따라 실시한다.

열확산법에는 봉관법과 개관법이 있다. 봉관법은 실리콘 웨이퍼와 불순물 소스를 확산로 안에 가두고 가열해 불순물 소스(고형)를 기화시켜 웨이퍼 표면에 퇴적시킨다. 이 방법은 깊은 확산층을 얻는 데 적합하다.

개관법은 확산로에 웨이퍼를 넣고 불순물 가스를 질소 가스와 함께 흘려보낸 다음, 웨이퍼 표면에 불순물을 퇴적시킨다.

불순물 첨가·확산 공정

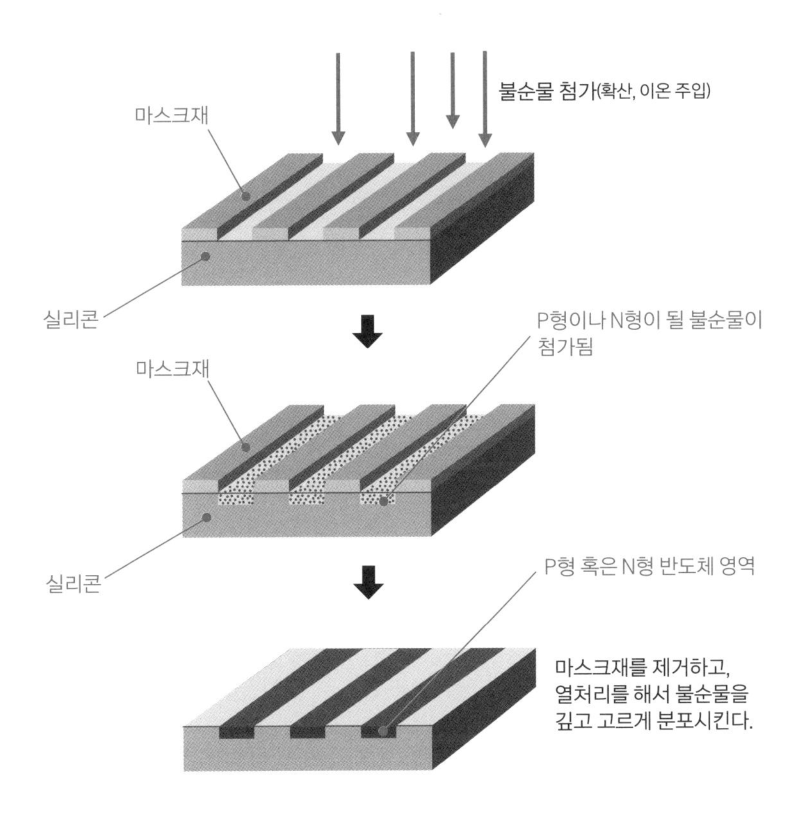

열확산법(개관법)의 예시

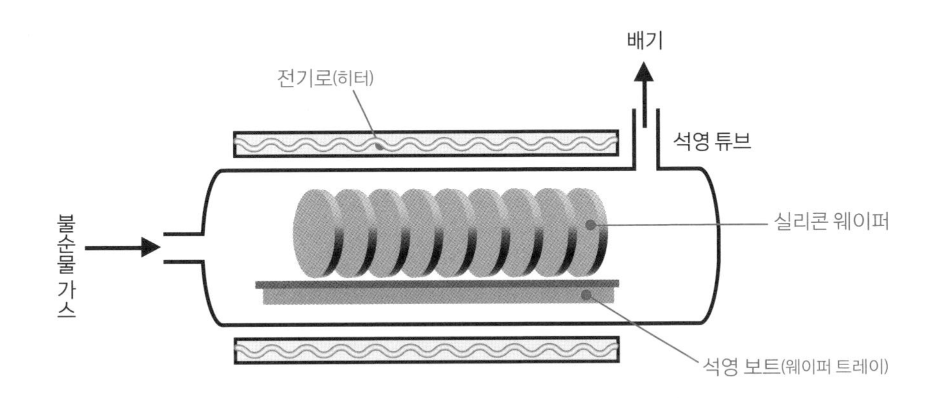

■ 이온 주입법(이온 임플란테이션)

이온 주입법은 현재 가장 널리 이용되는 불순물 확산법이다. 불순물 농도나 깊이 방향을 정확히 제어해야 하는 미세화 구조의 LSI 제조에는 꼭 필요한 장치다. 또한 포토레지스트를 마스크(레지스트 마스크)로 사용할 수 있다는 이점도 있다.

이온 주입법은 이온 주입 장치를 이용해 인, 비소, 붕소 등의 불순물 가스를 진공 안에서 이온화하고, 이를 고전계에서 가속해 웨이퍼 표면에 박아 주입한다. 불순물이 박히는 깊이는 가속 전압(박는 에너지)으로 정해지고, 불순물 농도는 이온빔 전류로 정해진다. 이온 주입은 너무 깊은 곳까지 넣을 수는 없어서 원하는 깊이를 얻으려면 주입 후에 **열처리**(어닐링) 공정이 필요하다. 또한 이온을 주입한 직후에는 반도체 안의 결정 구조가 흐트러지기 때문에 이런 의미에서도 열처리가 약간 필요하다.

이온 주입 장치의 개념

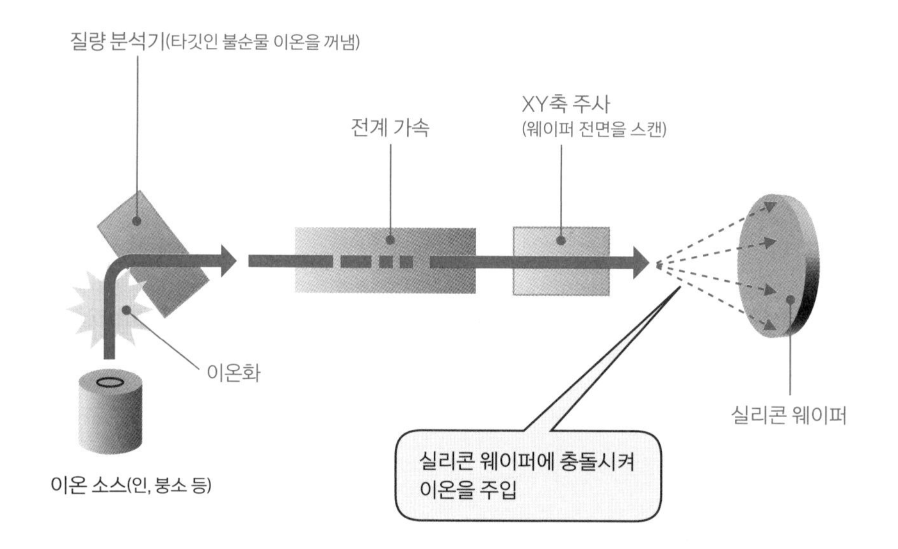

6-09 반도체 소자를 접속하는 금속 배선

반도체 프로세스에서 금속 배선 공정은 웨이퍼에서 반도체 소자를 완성한 후에 반도체 소자 사이를 금속 재료로 접속하고, 원하는 배선 패턴을 만든다. 미세화 구조를 만들기 위해 배선 지연을 해결하는 것이 큰 문제로 떠오르고 있다.

최첨단 LSI의 금속 다층 배선은 12~13층

널리 쓰이는 LSI의 배선층(금속, 폴리실리콘)은 3~5층이 일반적이다. 최첨단 LSI에서는 소자/회로 접속의 금속 배선 길이를 최대한 짧게 해서 전자 기기의 고속 처리에 맞출 필요가 있다. 그래서 **다층 배선 구조**로 이뤄진 금속 다층 배선은 12~13층까지 쌓아 올리고 전체적인 배선 길이를 짧게 해서 배선 지연을 최소화한다.

배선 재료를 알루미늄에서 구리로 바꿔서 배선 지연을 감소

이상적인 배선은 소자나 기능 블록 사이의 전기신호에 지연이 생기지 않아야 한다. 그 말인즉슨, 금속 배선에 따른 전기신호 지연이 발생하면 미세화를 해서 소자(트랜지스터)의 성능이 올라가더라도 LSI의 처리 속도는 **배선 지연** 때문에 악영향을 받는다. 사실 미세화가 이뤄지기 이전의 프로세스 룰 0.2㎛ 부근에서는 배선 지연이 소자 지연보다 더 많았다.

그래서 최첨단 LSI의 다층 배선에서는 알루미늄 배선보다 저항이 더 낮은 **구리 배선**으로 대체한다. 구리 배선을 형성할 때는 일반적인 성막 기술을 쓸 수 없으므로 절연막 표면의 홈으로 금속을 전해 도금으로 메우고, 홈 이외의 금속은 **CMP**(화학적 기계 연마)로 제거해 홈부에만 비어*(VIA)를 형성한다. 그 위에 새로 평탄한 배선층을 성막하는 **다마신 배선**이라는 기술을 이용한다. 또한 금속 배선을 더 미세하게 만드는 배선 재료로 일부 배선층에 코발트(Co)도 사용한다.

● **비어** : 다층 배선으로 상하층의 배선을 전기적으로 연결하는 접속 영역

저유전율 재료를 이용해서 배선 간 용량을 감소

배선 지연의 원인에는 배선 저항 외에도 배선 간 용량이 있다. 배선과 배선 사이를 구성하는 층간 절연막의 전기 용량(콘덴서)이 배선 사이에서 상호 간섭을 일으켜 지연이 발생한다. 따라서 이 상호 간섭을 줄이기 위해 층간 절연막으로 저유전율(low-k) 재료가 쓰이고 있다.

다층 배선 구조에서는 평탄화 CMP 기술이 필수

다층 배선층 수가 많아지면 많아질수록 배선 금속 공정에서 울퉁불퉁한 부분이 커진다. 울퉁불퉁한 단차는 접속 배선의 저저항을 올리고, 단선이나 단락(쇼트)의 원인이 되는 일도 있다. 나아가 포토리소그래피의 노광 조건에서 초점이 흐려지는 일을 막기 위해서도 실리콘 웨이퍼의 표면을 평탄화해야 한다.

다층 금속 배선을 평탄화할 때는 CMP 기술을 이용한다. CMP란 연마제(슬러리)가 들어간 화학 약품(chemical)과 숫돌 같은 연마 패드(mechanical)를 이용해서 실리콘 웨이퍼 표면을 닦아(polishing) 웨이퍼를 평탄화하는 기술이다. CMP 기술은 다층 구리 배선 공정이 지배적인 프로세스가 되고 있는 최첨단 LSI 제조에서 중요한 의미를 띤다.

CMOS 인버터의 제조 프로세스를 이해하자

이 장에서는 설명을 최대한 간결하고 쉽게 이해하도록 가상의 프로세스 구조와 패턴 레이아웃을 보면서 CMOS 인버터(N기판, P웰, 폴리실리콘 1층, 메탈 1층)의 제조 프로세스를 따라가 보자.

가상 CMOS 인버터의 단면도와 패턴 레이아웃

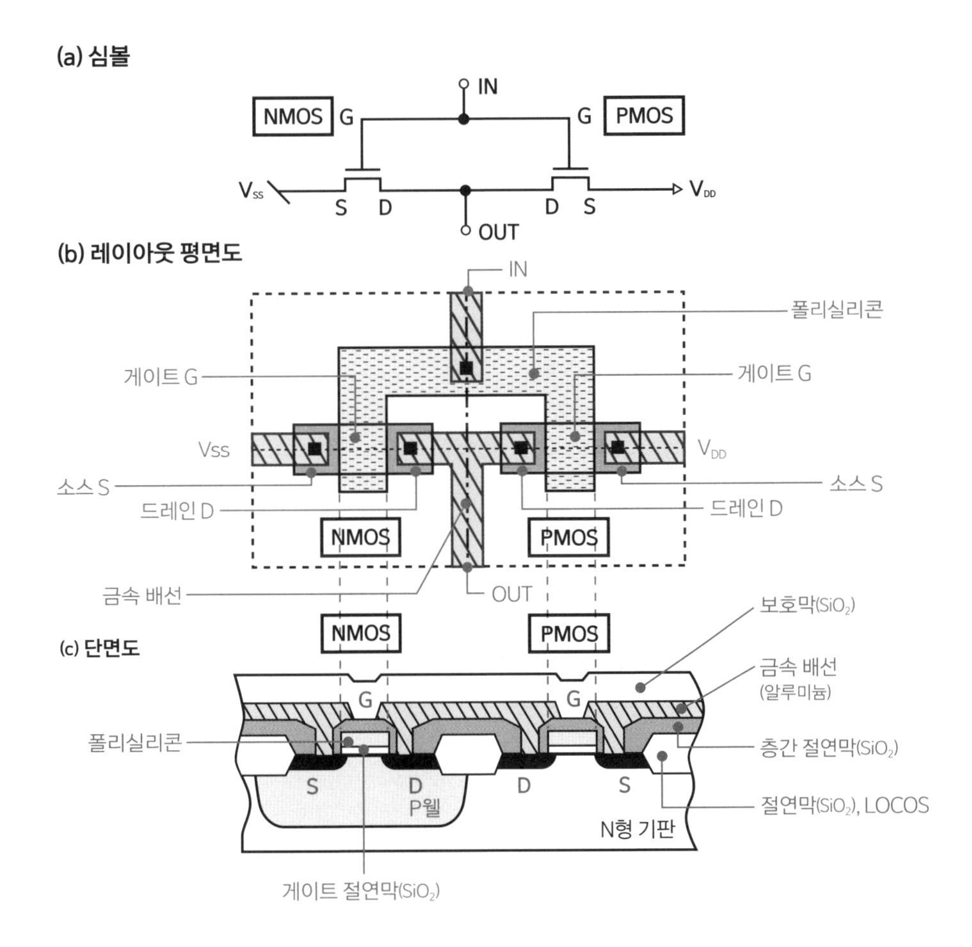

샘플 CMOS의 포토마스크

현재 0.1μm 룰 CMOS 구조에서 사용하는 포토마스크는 DRAM 혼재를 포함하면 20~30장에 이르지만, 여기서 사용하는 포토마스크는 다 해서 8장이다. 마스크의 이름과 역할을 간단히 설명하겠다.

줄임말	명칭	역할
PW	P-type Well	CMOS 구조에서는 원래 반도체 기판이 P형과 N형, 총 두 종류가 필요하다. 보통은 실리콘 기판 안의 특정 영역에 다른 모양의 반도체 영역(웰)을 만든다. 여기서는 N형 기판에 P웰을 만들고, P웰에 P형 기판의 역할을 시킨다.
AR	Active Region	MOS 트랜지스터로서 작동하는 영역, 즉 활성 영역이다. NMOS의 ND 마스크 영역과 PMOS PD 마스크 영역을 OR 연산한 것이다. AR 영역 이외에는 두꺼운 필드 산화막(LOCOS)을 형성한다.
POLY	Poly-Silicon	다결정 상태의 실리콘으로 이온을 주입해서 전기저항을 낮춰 배선 재료로 쓴다. 동시에 MOS 트랜지스터의 게이트 전극에 사용한다. 또한 POLY 밑에는 POLY 자신이 마스크가 돼 불순물이 들어가지 않고, MOS 트랜지스터의 채널 영역이 된다.
PD	P-type Diffusion	PMOS 트랜지스터를 위한 확산 영역이다.
ND	N-type Diffusion	NMOS 트랜지스터를 위한 확산 영역이다.
CH	Contact Hole	절연막(산화막)에 구멍을 뚫어서 금속 배선과 확산 영역(P형, N형의 드레인, 소스 등) 또는 금속 배선과 폴리실리콘 배선을 전기적으로 접속한다.
METAL	Metal	반도체 소자 사이나 전원과 접속하는 금속 배선이다.
PV	Passivation	반도체 소자를 오염이나 습도에서 보호하는 막. 본딩·패드를 제외하고 전부 다 보호된다.

칼럼

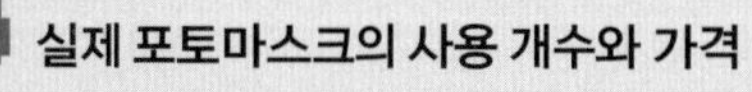

실제 포토마스크의 사용 개수와 가격

반도체 제조에는 일반적으로 포토마스크를 20~30장(최첨단 LSI에서는 30~50장) 사용한다. 2003년 당시 포토마스크 가격은 0.25μ 룰에서 1장에 60~120만 엔, 0.18μ 룰에서 1장에 90~260만 엔, 0.13μ 룰에서는 약 800만 엔, 0.09μ 룰에서는 약 1,200만 엔이었다. 현재, 최첨단 LSI(프로세스 룰 : 7~10nm)에 쓰는 포토마스크(레티클) 1세트는 마스크 장수가 50~100장 정도가 되고, 세트 가격은 수억~10억 엔이나 된다. EUV 노광에서 사용하는 EUV 마스크 가격은 사양에 따라 다르지만, 장당 3,000만 엔으로 예상된다.

CMOS 프로세스 플로

앞서 설명한 포토마스크 8장을 사용해서 CMOS 인버터의 제조 프로세스를 순서대로 따라가 보자.

1 PW 포토마스크에서 P웰 영역으로 이온 주입

1. 산화막(SiO_2) 생성
2. 레지스트 도포(빛을 조사하는 영역의 레지스트가 불용성 네거 타입)
3. PW 마스크에서 노광 · 현상 · 식각
4. 산화막, 레지스트의 2층을 마스크로 해서 이온(P형의 경우는 붕소)을 주입
5. 레지스트 제거

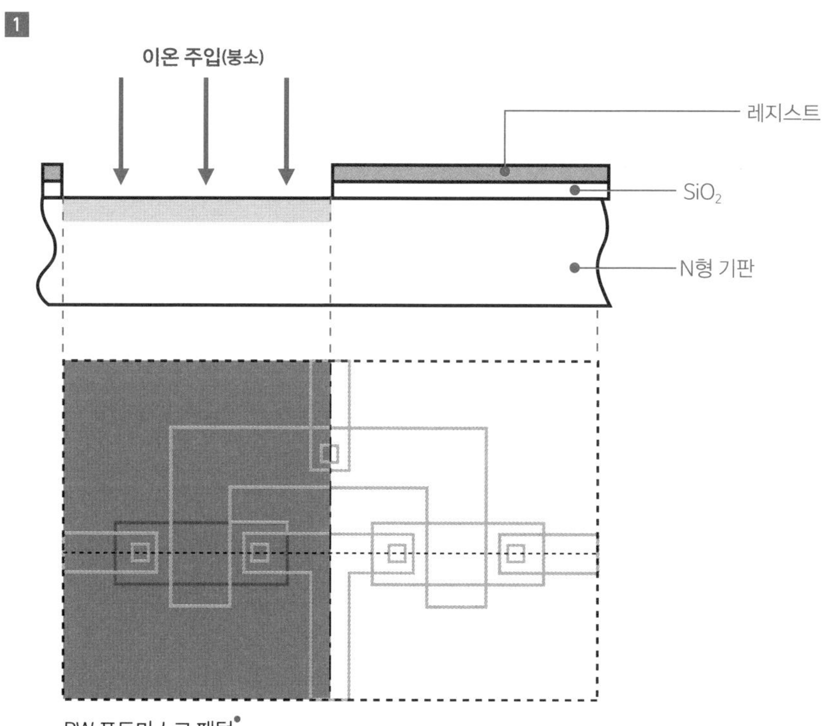

PW 포토마스크 패턴●

● **포토마스크 패턴 :** 포토마스크 패턴의 설명도에서 색이 칠해져 있는 영역이 빛을 가리는 실제 포토마스크 패턴 부분이다. 크롬이 성막돼 있다. 회색 선은 완성 CMOS 레이아웃 이미지의 참고이며, 실제 포토마스크에는 없다.

2 열처리를 해서 P웰 영역을 넓힌다

이온 주입한 붕소를 일정한 깊이까지 열처리로 확산시키면 P웰이 생긴다. 이 공정을 드라이브 인(drive-in)이라고 부른다. 산화막은 남은 채로 열처리한다. (드라이브 인을 할 때 산화막이 약간 성장함)

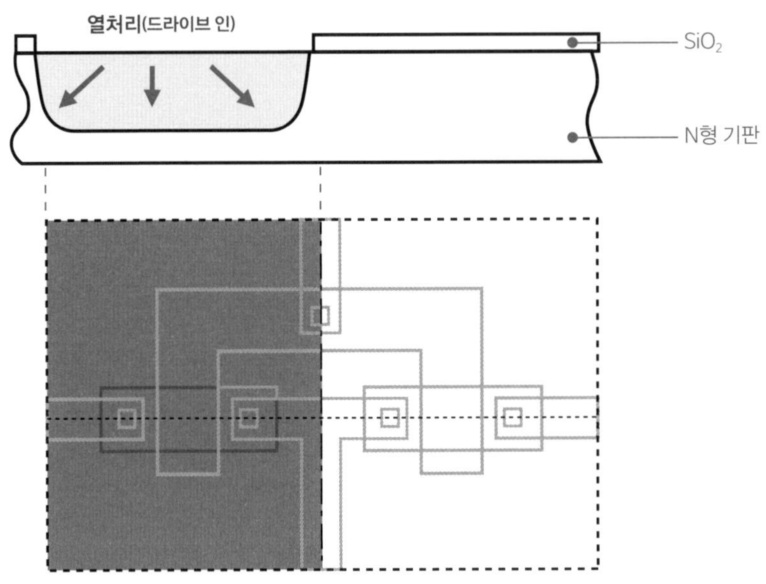

MEMO

이 설명에서는 P웰로 설명했지만, 현재는 NMOS 영역용 P웰과 PMOS 영역용 N웰이라는 두 종류를 이용한 트윈 웰(더블 웰) 방식이 주류이다. 왜냐하면 PMOS, NMOS 트랜지스터의 임계 전압●을 일정하게 만들려고(임계 전압은 기판 불순물 농도에 좌우됨), 불순물 농도가 연한 실리콘 기판에 이온 주입 작업으로 불순물을 확산시켜서 일정하면서도 안정된 불순물 농도 영역(웰)을 만들기 위함이다. 이 방법으로 실리콘 웨이퍼의 불순물 농도가 고르지 못해 생기는 임계 전압의 불균형을 개선할 수 있다.

● **임계 전압** : 82쪽 '3-4 LSI의 기본 소자, MOS 트랜지스터란?'을 참고

3 AR(Active Region) 영역 만들기

MOS 트랜지스터(PMOST, NMOST)로 작동시키지 않는 필드 영역을 위한 마스킹(방지용 막)을 AR 포토마스크로 만든다.

1. 드라이브 인 작업 후에 산화막 식각
2. 얇은 산화막(SiO_2) 생성
3. 질화막(Si_3N_4) 생성
4. 레지스트 도포(빛을 조사하는 영역의 레지스트가 가용성 포지 타입)
5. AR 마스크로 노광 · 현상 · 식각

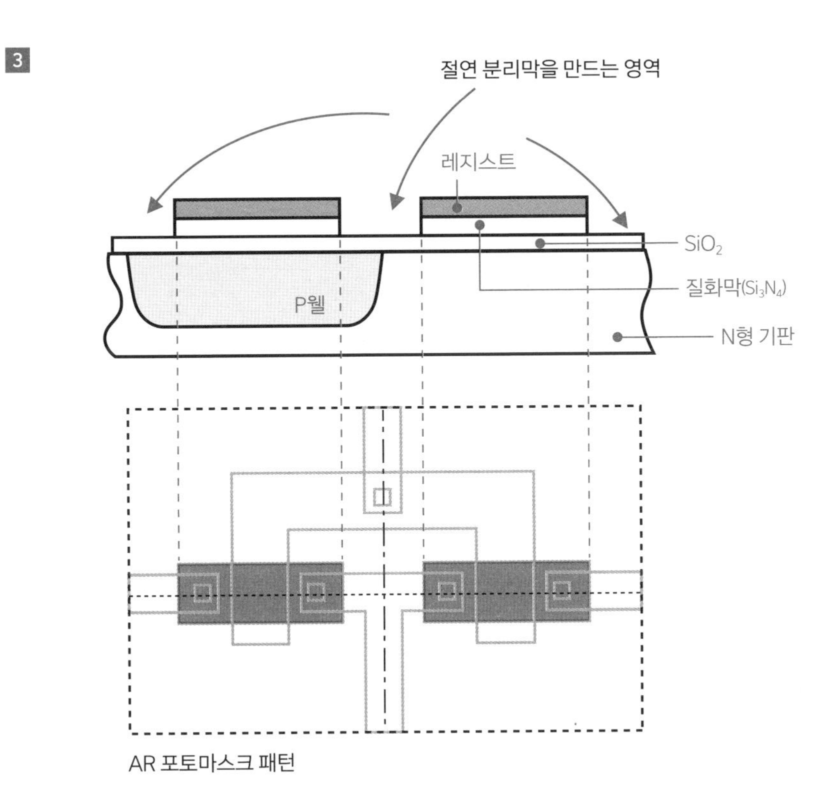

4 절연 분리막(LOCOS 구조의 SiO_2)을 성막

PMOST(P채널 트랜지스터)와 NMOST(N채널 트랜지스터)의 분리, 또는 이웃한 MOST와의 경계 등에는 두꺼운 산화막(SiO_2)을 이용해서 소자를 분리한다. 질화막(Si_3N_4)을 마스크로 이용해서 실리콘 웨이퍼에 파고 들어가는 **LOCOS**(Local Oxidation of Silicon) 선택 산화막(질화막이 없는 부분에 대한 선택적인 산화 작용) 구조다. 소자 분리를 위한 산화막은 MOS 트랜지스터 구조에서 게이트 산화막과 관련해 필드 산화막이라고 부른다.

1 레지스트 제거

2 질화막을 마스크로 이용해서 필드 산화막(LOCOS 구조의 SiO_2) 생성

3 질화막 제거

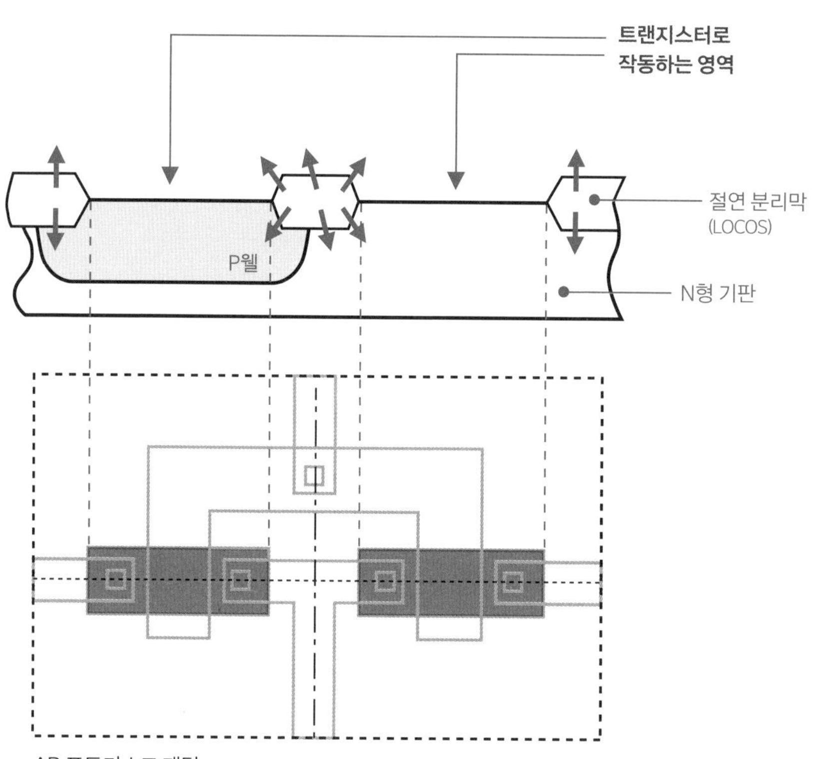

5 폴리실리콘을 생성해서 POLY 마스크로 MOS 트랜지스터의 게이트와 폴리실리콘 배선 만들기

1 MOS 트랜지스터의 게이트 산화막(SiO_2) 생성

2 폴리실리콘 생성

3 레지스트 도포(빛을 조사하는 영역의 레지스트가 가용성 포지 타입)

4 POLY 포토마스크로 노광 · 현상 · 식각

5

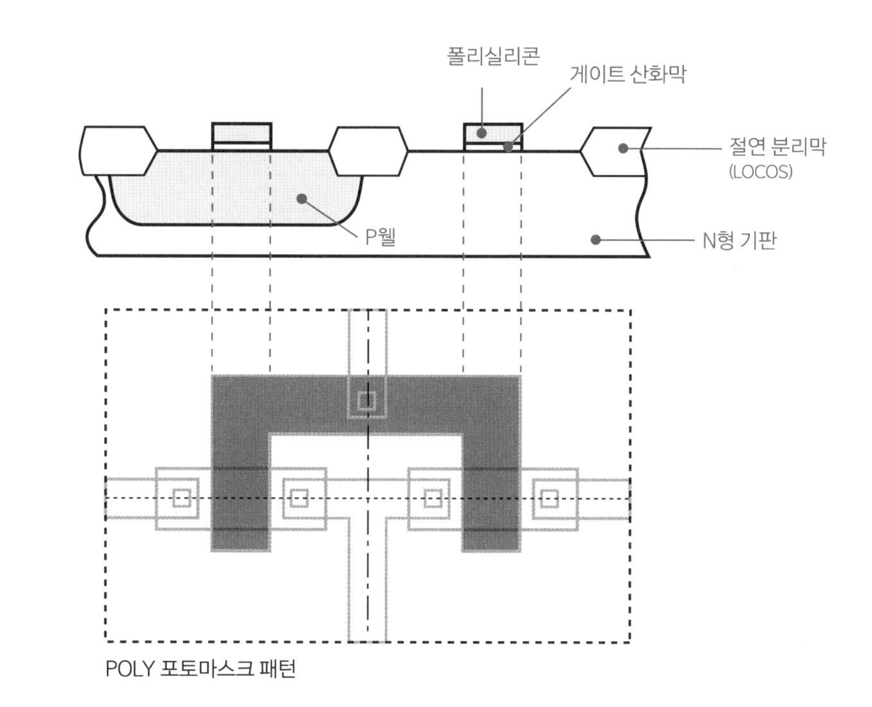

POLY 포토마스크 패턴

MEMO

이 설명에서는 설명을 더 간략하게 하려고 LOCOS 구조로 설명했지만, 현재는 섈로 트렌치 분리(STI)가 주류다. STI•는 질화막을 마스크로 이용하고, 식각으로 실리콘 기판에 얕은 홈을 형성한다. 그리고 식각한 부분에 산화막(Buried oxide)을 형성하고, 그것을 절연 분리막으로 이용한다. STI는 LOCOS와 비교해서 가로 방향으로 퍼지지 않기 때문에 미세화가 가능하다.

• **STI** : Shallow Trench Isolation

6 PD 포토마스크로 PMOS 영역 이외를 마스킹

PMOS 영역에 불순물(붕소)을 확산시키기 위한 준비 단계다.

1 산화막(붕소 확산용) 마스크 생성

2 레지스트 분포(빛을 조사하는 영역의 레지스트가 불용성 네거 타입)

3 PD 포토마스크로 노광 · 현상 · 식각

6

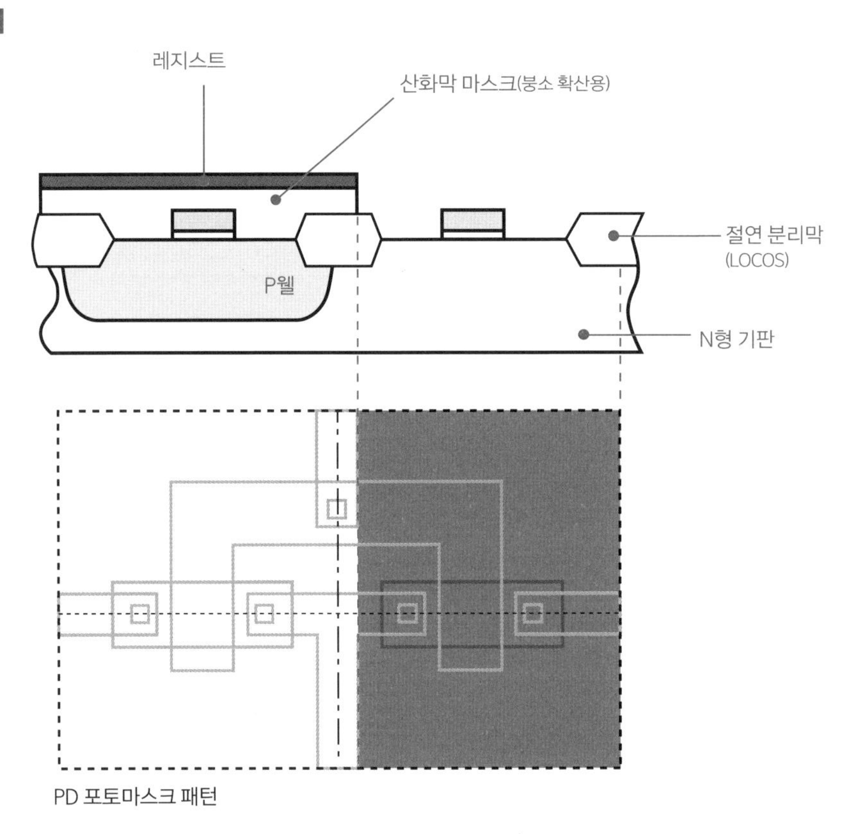

7 P형 불순물(붕소) 확산

P형 불순물(붕소)을 확산시켜서 PMOS 트랜지스터의 드레인, 소스와 게이트(폴리실리콘)를 만든다. 또한 동시에 불순물이 확산하면서 PMOS 폴리실리콘 배선(게이트 영역도 포함)의 저저항화가 이뤄진다. 여기서 AR 영역의 폴리실리콘 밑에는 붕소가 들어가지 않고, 자동으로 채널이 형성돼 트랜지스터 구조가 된다. 이 방식으로 만들어진 트랜지스터의 게이트를 셀프 얼라인 게이트(self-aligned gate)라고 부른다.

1 전 단계에서 생성한 산화막 마스크로 P형 불순물(붕소) 확산
2 산화막 마스크(붕소 확산용) 제거

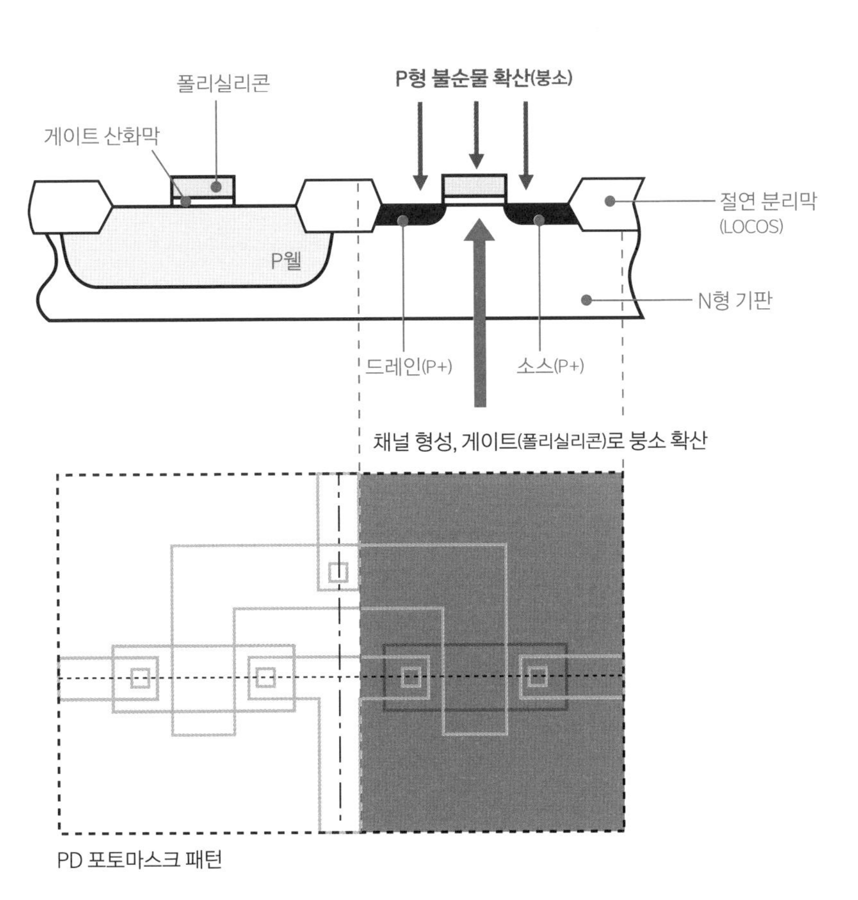

8 ND 포토마스크로 NMOS 영역 이외를 마스킹

이것은 NMOS 영역에 불순물을 확산시키기 위한 준비 작업이다.

1 산화막 마스크(인 확산용) 생성

2 레지스트 도포(빛을 조사하는 영역의 레지스트가 불용성 네거 타입)

3 ND 포토마스크로 노광 · 현상 · 식각

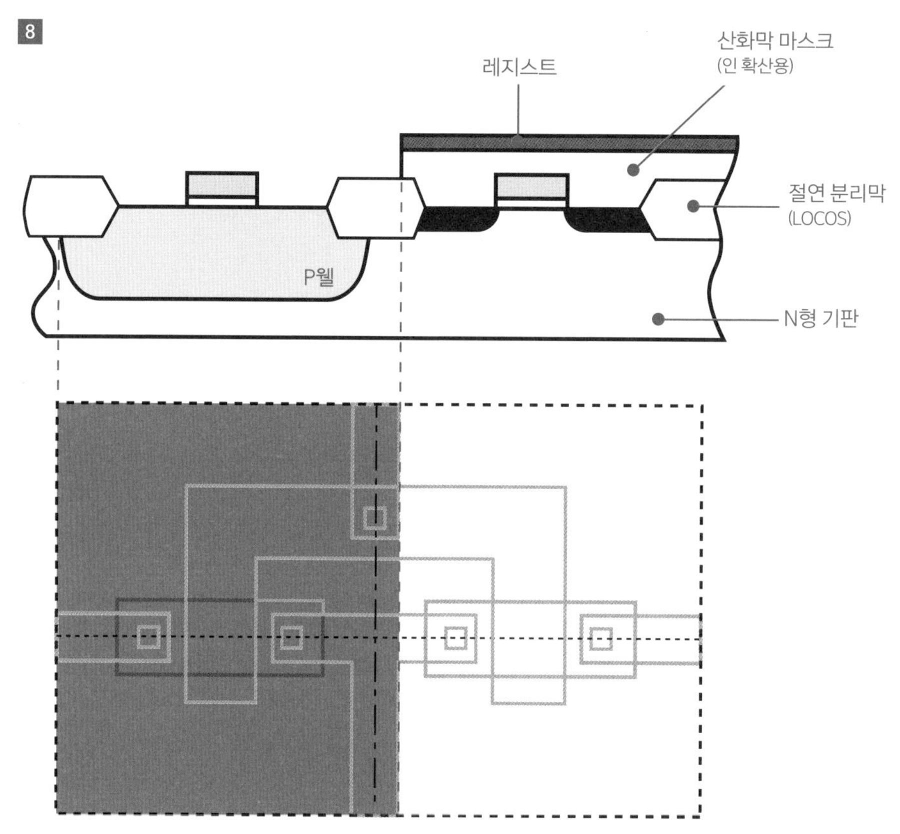

9 N형 불순물(인)의 불순물 확산

NMOS 트랜지스터의 드레인, 소스, 게이트와 NMOS 영역 폴리실리콘 배선 쪽으로 불순물이 확산해 저저항화를 한다. 여기서도 마찬가지로 AR 영역의 폴리실리콘 밑에는 인이 들어가지 않고, 자동으로 채널이 형성돼 트랜지스터 구조가 된다.

1. 전 단계에서 생성한 산화막 마스크로 N형 불순물(인) 확산
2. 산화막 마스크(인 확산용) 제거

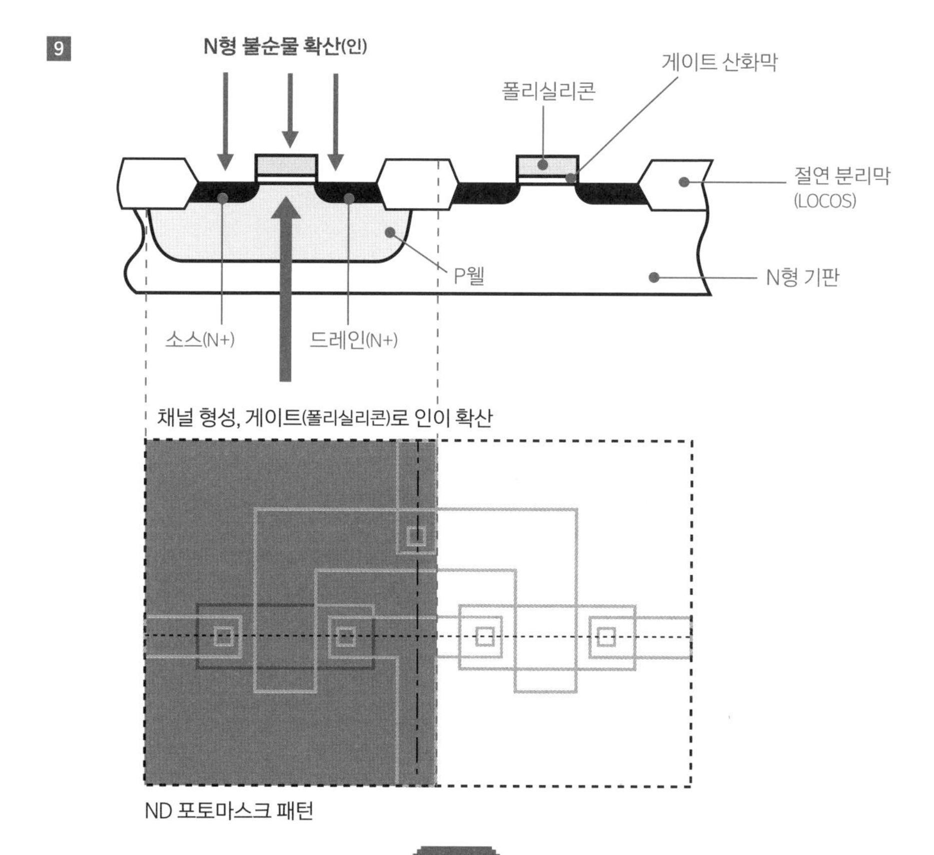

MEMO

이 설명에서는 NMOS와 PMPS의 드레인, 소스를 만드는 일을 불순물 확산 한 번으로 설명했지만, 현재 주류는 드레인, 소스 근방에 더 얇은 불순물을 포개서 확산(이중 확산)시키는 LDD• 구조다.

• **LDD** : Lightly Doped Drain

10 층간 절연막을 생성해 콘택트 홀을 뚫기

층간 절연막을 생성해 CH 포토마스크로 MOS 트랜지스터의 드레인, 소스, 게이트 전극을 위한 콘택트 홀을 뚫는다.

1. 층간 절연막(SiO_2) 생성
2. 레지스트 도포(빛을 조사하는 영역의 레지스트가 불용성 네거 타입)
3. CH 포토마스크로 노광 · 현상 · 식각

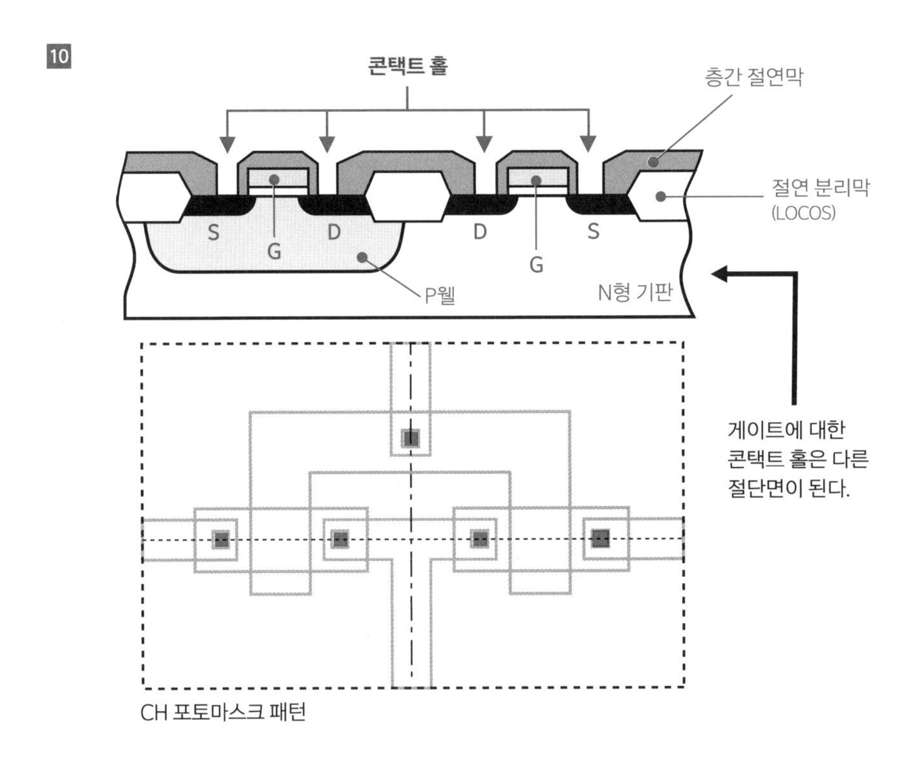

MEMO

층간 절연막은 금속 배선이나 기판과의 사이사이에 용량을 형성해서 전자회로의 배선 지연을 일으킨다. 따라서 용량을 줄이기 위해 현재 산화막(SiO_2)보다 유전율이 낮은 절연막이 개발되고 있다. 또한 금속 배선이 다층에 이르는 현재에는 미세화 구조를 위해 절연막의 평탄화가 필요하다. 평탄화 기술이 CMP•다.

• **CMP** : Chemical Mechanical Polishing

11 METAL 포토마스크로 금속 배선

배선 금속막(예를 들어 알루미늄)을 생성하고, METAL 포토마스크로 금속 배선을 한다.

1 배선 금속막 형성(스퍼터)

2 레지스트 도포(빛을 조사하는 영역의 레지스트가 가용성 포지 타입)

3 METAL 포토마스크로 노광 · 현상 · 식각

11

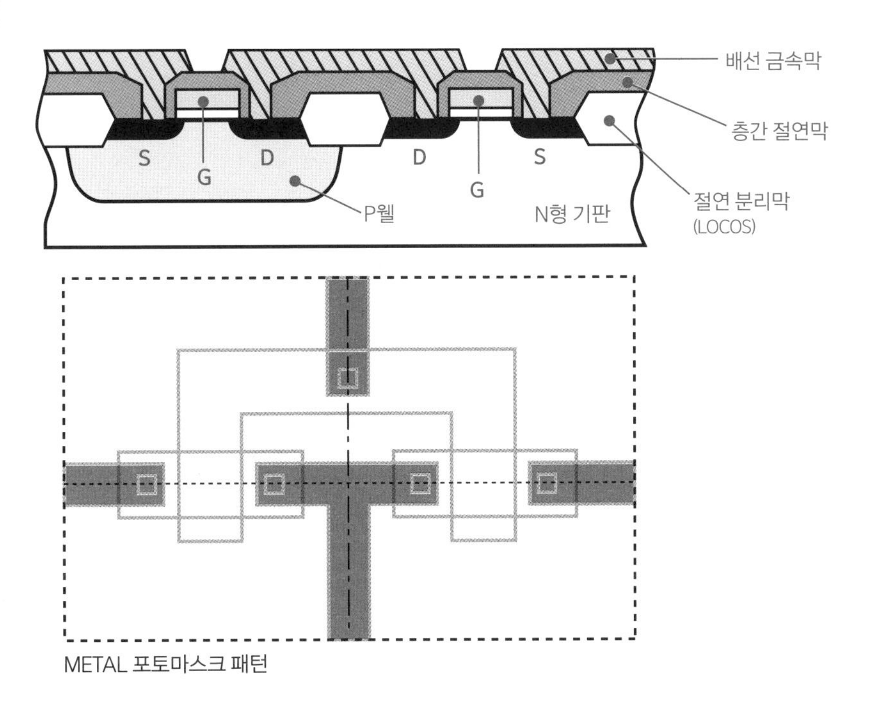

METAL 포토마스크 패턴

MEMO

이 설명에서 배선층은 폴리실리콘과 금속을 합쳐서 2층이지만, 현재 배선층은 5층 이상이다. 배선층끼리 접속하기 위해 절연막 표면에 홈을 파서 전계 도금으로 메운다. 홈 이외에 있는 금속은 CMP로 제거해서 홈에만 접속 배선(비어)을 형성하고, 그 위에 새로 평탄한 배선층을 성막해서 형성하는 다마신 배선을 이용하는 추세다. 이에 발맞춰 알루미늄보다 저항이 더 낮은 구리 배선으로 바뀌고 있다.

12 보호막 생성

반도체 소자를 오염이나 습도에서 보호하기 위해 보호막을 생성한다. 본딩 패드(외부로 전극을 꺼내기 위한 접속용 패드) 이외의 모든 것이 보호된다.

1. 보호막(산화막이나 질화막) 생성
2. 레지스트 도포(빛을 조사하는 영역의 레지스트가 가용성 포지 타입)
3. PV 포토마스크로 노광·현상·식각

12

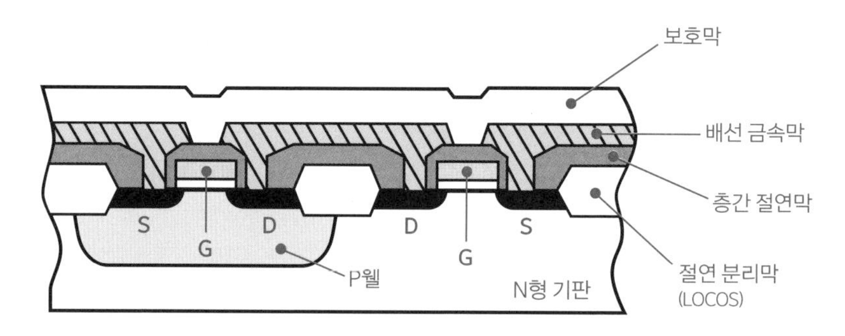

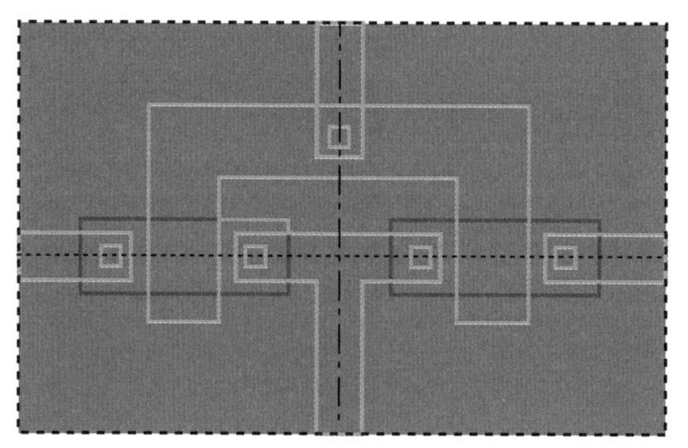

PV 포토마스크 패턴(본딩 패드 이외의 모든 것이 보호됨)

완성(실리콘 웨이퍼)

제7장

LSI 제조의 후 공정과 실장 기술

패키징부터 검사·출하까지

자주 보이는 까만 지네 모양의 LSI는 실리콘 웨이퍼에서 양품 실리콘 칩을 잘라내 패키지에 봉입하고, 검사 후에 시장으로 출하돼 전자 기기에 들어간다.

이 장에서는 칩의 실장 방법과 패키지 종류, 최근 초소형 전자 기기에 많이 쓰이는 최신 실장 기술의 동향을 설명한다.

실리콘 칩을 패키지에 넣어 검사·출하하기까지

LSI 후 공정은 전 공정에서 웨이퍼 검사를 마친 양품 칩을 실장해서 출하할 때까지의 공정을 말한다. 구체적으로는 다이싱, 마운트, 본딩, 몰드, 실장 완성 후의 출하 테스트까지가 이에 해당한다.

조립(패키징)

1 다이싱

검사를 마친 웨이퍼●를 LSI 칩의 치수에 맞게 가로세로로 잘라서 칩(다이)을 하나씩 나눈다. **다이싱**은 50~200㎛ 두께의 원반 모양 다이아몬드 블레이드를 고속으로 회전시켜서 실리콘 웨이퍼를 정확히 펠릿 모양으로 절단한다.

2 마운트(다이본딩)

다이싱을 완료하고 선별된 양품 칩을 리드 프레임 같은 회로 기판에 하나하나 도전성 접착제(전기저항이 작은 접착제)로 붙인다. 칩을 붙인다고 해서 칩 **마운트**, 혹은 다이를 리드 프레임에 결합한다고 해서 다이본딩이라고 부르기도 한다.

3 본딩

LSI와 외부의 전기신호를 주고받기 위해 IC 칩 표면의 둘레 부분에 배치된 본딩 패드(외부 접속을 위해 칩 위에 만든 알루미늄 전극)와 리드 프레임 쪽의 리드 전극을 금이나 알루미늄의 얇은 선●으로 하나씩 접속한다. 와이어 **본딩**이라고도 부른다.

● **웨이퍼 검사** : 163쪽 '5-8 LSI 전기 특성의 불량 해석 평가 및 출하 테스트 방법'을 참고
● **금이나 알루미늄의 얇은 선** : 전기저항이 매우 작고 가공도 쉽다. 본딩 패드와 결합성이 좋아서 이용된다.

4 몰드(봉지)

본딩이 끝난 LSI 칩은 기계적 또는 화학적 보호를 위해 **몰드재**(봉지재)로 밀봉한다.

5 마무리(마킹)

리드 프레임을 절단한 다음, 리드 가공과 리드 도금을 하면 완성이다. 필요에 따라 마킹을 한다.

검사(테스트)

실장한 LSI를 대상으로 전수 양품 테스트를 실시하고, 출하한다.

조립 공정(패키징)의 흐름

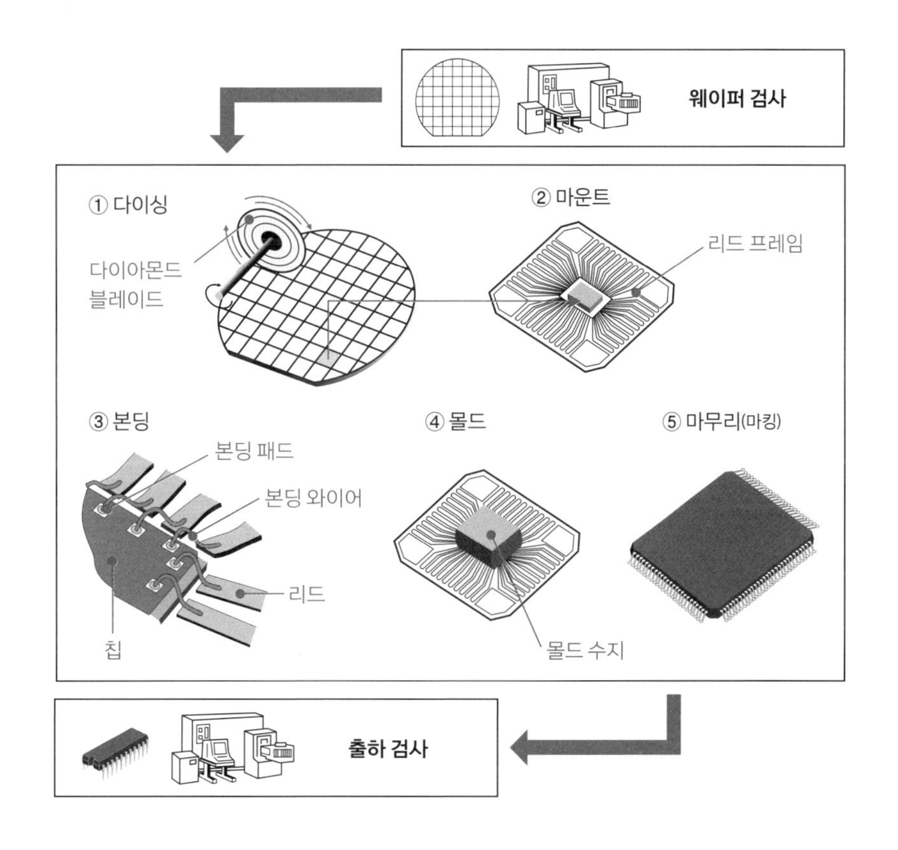

패키지 형상의 종류는 아주 많다

LSI 패키지•의 본래 목적은 반도체 칩을 외부 환경에서 보호하는 것이다. 하지만 최근 패키지는 보호 역할과 더불어 고도 전자 기기의 경박단소 요구에 맞춰 다종다양한 종류가 개발되고 있다.

크게 나누면 두 종류

프린트 기판용 LSI에는 **핀 삽입 타입**과 **표면 실장 타입**이 자주 쓰인다. 최근에는 전자 기기의 경박단소 요구에 맞춰 크기를 더 작게 할 수 있는 표면 실장형이 주류다. 핀 삽입 타입과 표면 실장 타입에 각각 어떤 종류가 있는지, 대표적인 것을 그림으로 살펴보자.

패키지 형상과 핀 수

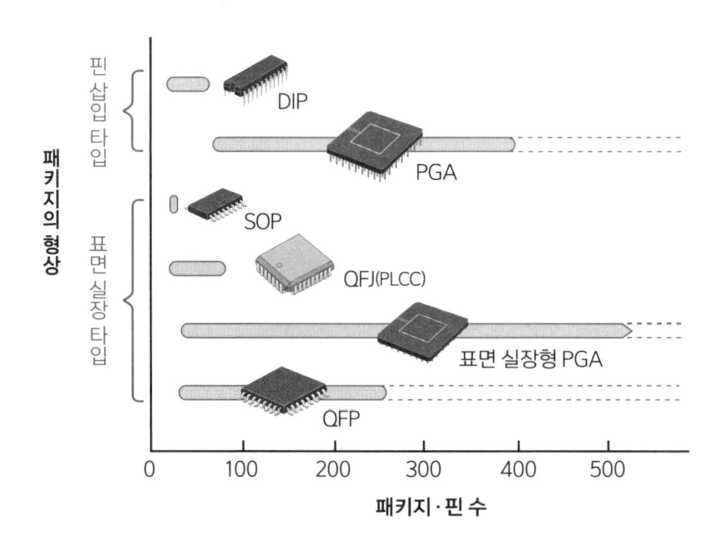

- **LSI 패키지** : LSI 패키지 기술에는 리드 프레임의 미세화, 도금 기술, 설계의 CAD화, 고성능 본더 등의 개발이 중요하다.

■ 핀 삽입 타입

IC 개발 초기부터 있던 타입이다. 대표적인 DIP에서 볼 수 있듯이 패키지(수지 혹은 세라믹)의 측면에서 지네 다리 같은 리드가 나와 있다. 이 리드(지네 다리)를 프린트 회로 기판의 스루홀(thru-hole)*에 삽입해 실장한다.

핀 삽입 타입

● **DIP**
Dual Inline Package

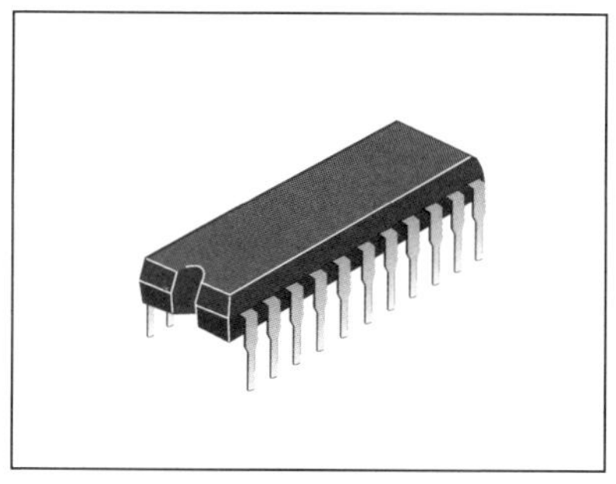

▲ 리드가 패키지의 양옆에 있는 패키지

● **SIP**
Single Inline Package

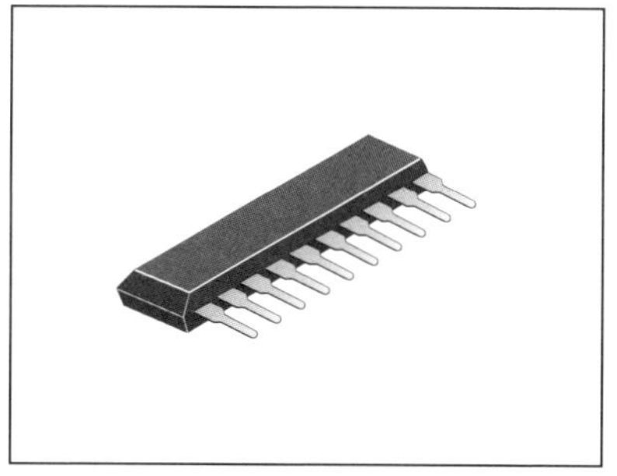

▲ 리드가 패키지의 한쪽 측면에 있으면서 일렬인 패키지

● **ZIP**
Zigzag Inline Package

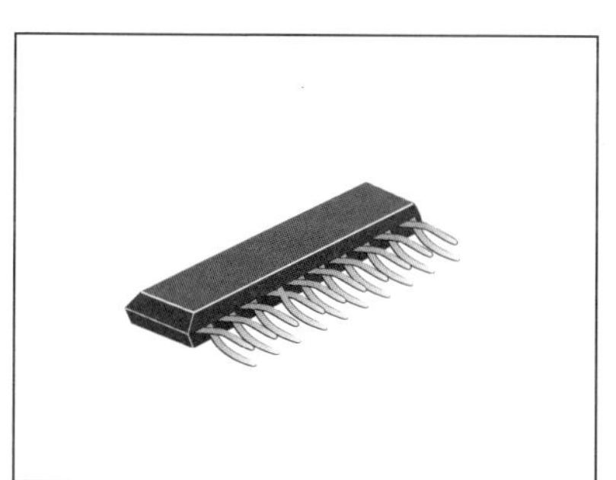

▲ 리드가 패키지의 한쪽 측면에 있으면서 교대로 구부러진 패키지

● **PGA(Pin Grid Array)**
(PPGA: Plastic Pin Grid Array)

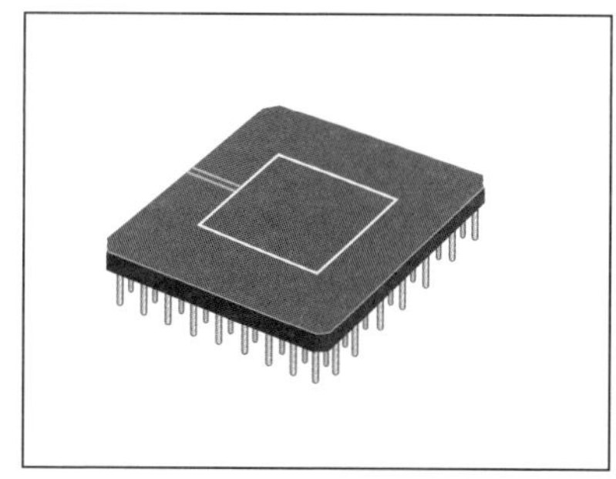

▲ 리드가 패키지의 윗면 혹은 아랫면에 있고, 격자 모양으로 배치된 패키지

---

* **스루홀** : 납땜으로 IC를 고정하면서 전기적으로 IC와 회로 배선을 접속하기 위해 납땜 도금한 구멍

■ 표면 실장 타입

이 타입은 전자 기기의 소형화·박형화·고기능화 요구에 맞춰 개발된 패키지다. 리드가 IC 표면과 병행으로, 혹은 따라가듯 형성돼 있다. 이 리드를 프린트 회로 기판의 납땜 도금된 패턴에 직접 납땜을 해서 실장한다. 프린트 회로 기판에는 스루홀이 없기 때문에 배선 피치를 작게 할 수 있고, 패키지 본체의 높이도 낮아서 고밀도 실장이 가능하다.

표면 실장 타입

● **BGA**
Ball Grid Array

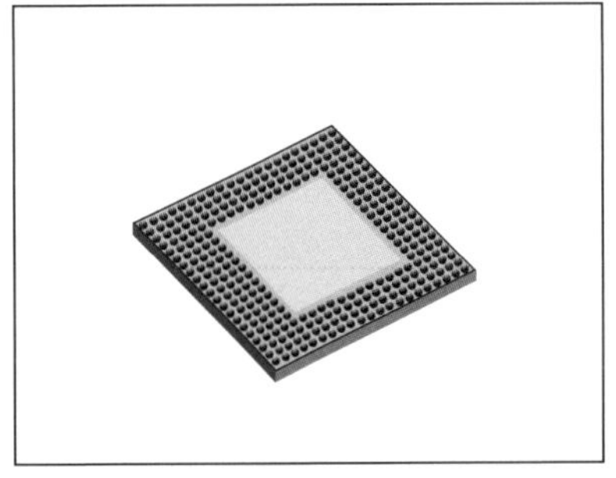

▲ 핀 리드 대신 납땜을 마친 구 모양 범프를 어레이 상태로 나열한 패키지

● **SOP**
Small Outline Package

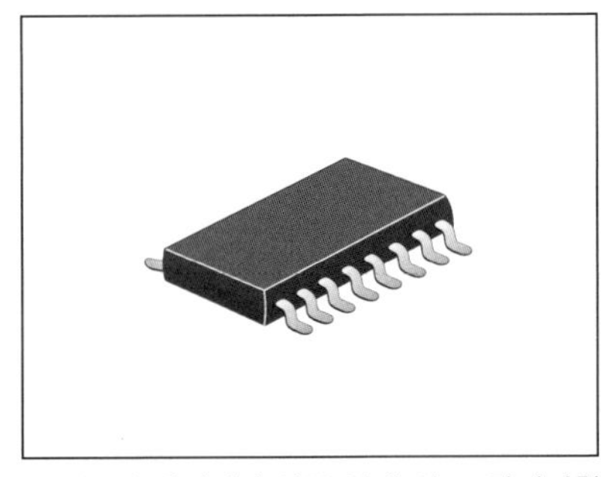

▲ 리드가 패키지의 양쪽 옆에 있고, 갈매기형 날개 모양으로 형성된 패키지

● **QFP**
Quad Flat Package

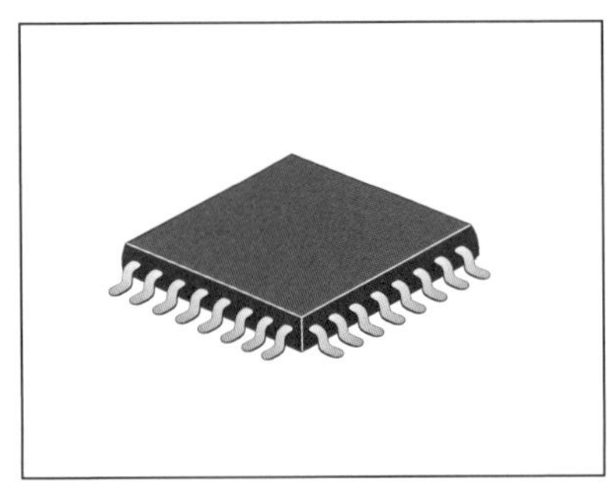

▲ 리드가 패키지의 사방에 있고, 갈매기형 날개 모양으로 형성된 패키지

● **TSOP**
Thin Small Outline Package

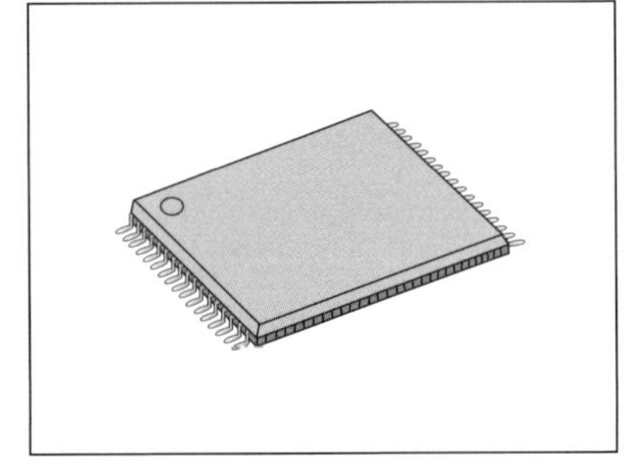

▲ 리드가 패키지의 양쪽 옆에 있고, 갈매기형 날개 모양이며 패키지가 설치된 높이가(총 두께) 1.27mm 이하인 패키지

LSI 패키지에 요구되는 기술

패키지의 본래 목적은 외부와의 전기 접속과 외부 환경으로부터의 칩 보호 두 가지지만, LSI가 고집적화·고성능화되면서 최근 패키지에는 고기능화를 위한 기술도 요구되고 있다.

■ 패키지 형상에 대한 요구

1. 휴대폰이나 모바일(휴대) 기기용 회로 기판에 대응하기 위한 소형·경량화
2. 초소형화·초박형화에 따른 고밀도(대용량)화
3. 컴퓨터나 네트워크 기기용으로 1,000핀 이상을 갖춘 다핀(고밀도)화

■ 패키지 전기 특성에 대한 요구

1. 고속화 대응

휴대폰으로는 1.5GHz대가, 네트워크 기기로는 1,000핀을 넘는 영역에서 500MHz의 고속성이 요구된다. 그래서 회로 지연을 일으키지 않고 고속화에 대응하는 기판 재료를 선택하거나 회로 패턴을 만들어야 한다.

2. 전기 노이즈 대책

LSI는 작동 주파수와 트랜지스터 수가 늘어나면서 전력이 증가하지 않도록 저전압화를 추구하는데, 이 때문에 노이즈 내성이 저하된다. 또한 작동 주파수가 늘어나면서 미세화된 배선 간의 전기 노이즈 간섭 때문에 전자 기기가 오작동을 일으킨다. 그래서 패키지 쪽에서도 전기 노이즈와 관련한 대책이 필요하다. 이런 대책으로는 전원 단자를 전면에 배치하기, 칩과 리드 프레임 사이의 배선 거리 최단화하기, 콘덴서 사이가 최단 거리가 되는 리드 배치로 전원 전압의 안정화 꾀하기 등이 있다.

■ 패키지 방열 특성에 대한 요구

반도체 칩에 회로 전류가 흐르면 전류 ON 저항에 부응하는 열이 생긴다. 열이 발생하면 반도체 오작동을 일으키는 것은 물론이고, 패키지를 경유해서 LSI가 탑재된 전자 기기의 성능 저하를 일으키며, 안전성이나 신뢰성에 결정적인 영향을 주는 일도 있다. 그래서 패키지에 열 방산성이 뛰어난 수지 재료를 쓰거나 리드 프레임 구조에 신경을 쓴다.

7-03 BGA나 CSP란 어떤 패키지인가?

패키지는 LSI의 고밀도화, 고속화(고방열성, 전기적 특성), 다핀화•에도 불구하고 작아졌다. CSP는 표면 실장형인 BGA가 진화해서 (칩) 외형의 크기와 칩 크기와 같아진 것이다.

패키지 치수는 칩 크기로

패키지 실장 방식은 전자 기기의 경박단소 요구에 부응해 핀 삽입형에서 표면 실장형으로 이행했다. 휴대전화, 디지털카메라 등이 매우 가볍고 작아진 것은 시스템 LSI의 발전과 함께 실장 기술에서 큰 비약이 있었기에 가능했다.

표면 실장형 중에서도 접속 리드가 패키지의 사방에서 나오는 타입보다 면 전체에서 접속할 수 있는 BGA 타입이 다핀화에는 단연 유리하다. 최근에 BGA 타입을 칩의 치수까지 더 작게 만든 것이 CSP(Chip Size Package)다.

■ BGA

실장 모듈 기판의 뒷면에 핀 리드 대신 납땜을 한 **범프**(bump. IC 칩과 회로 기판을 접속하는 돌기 모양의 구형 전극)를 어레이 모양으로 나열한 표면 실장형 패키지를 **BGA**(Ball Grid Array)라고 한다.

BGA는 납땜 볼을 배치하기 위한 베이스 재료로 분류한다. PBGA(Plastic BGA)는 수지계 기판을 쓰며, TBGA(Tape BGA)는 폴리이미드계 테이프를 사용한 것이다.

기존에 쓰던 가장 대중적인 패키지면서 사방 측면에 리드 프레임 단자가 있는 QFP(Quad Flat Package)와 BGA를 비교해 보자. 소형 경량화와 다핀화, 나아가 조립 수율 상승에 크게 영향을 주는 단자 핀치의 확장도 이뤄졌다.

• **다핀화** : IC 기능이 많아지면 외부와의 전기신호 입출력 관계가 복잡해지기 때문에 인터페이스를 위한 핀의 수는 필연적으로 증가한다. 또한 가느다란 본딩 와이어나 칩 금속 배선에서 저항이 증대하면 전자회로의 전압 강하가 일어나고 처리 속도에 악영향을 미치는데, 이를 배제하려고 전원 공급용 핀 수를 늘린다.

BGA 구조의 예

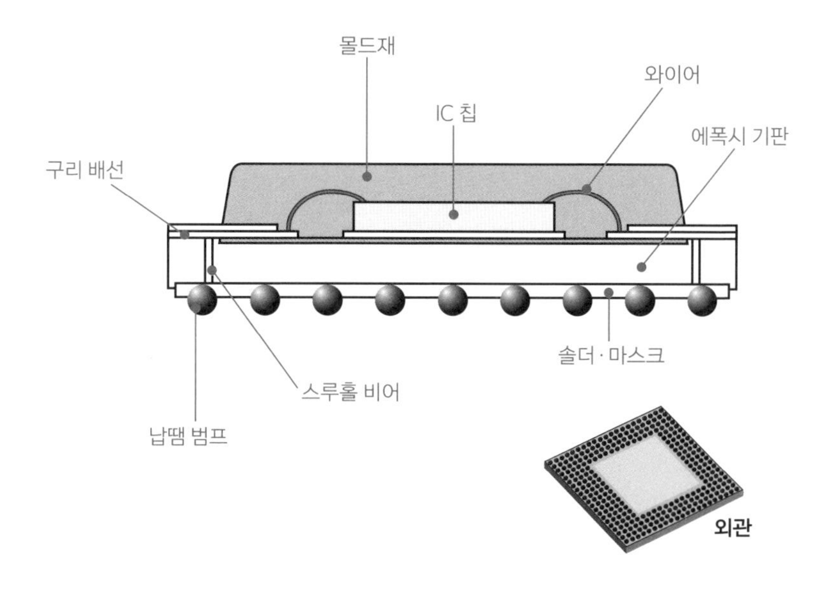

패키지 비교(QFP vs BGA vs CSP)

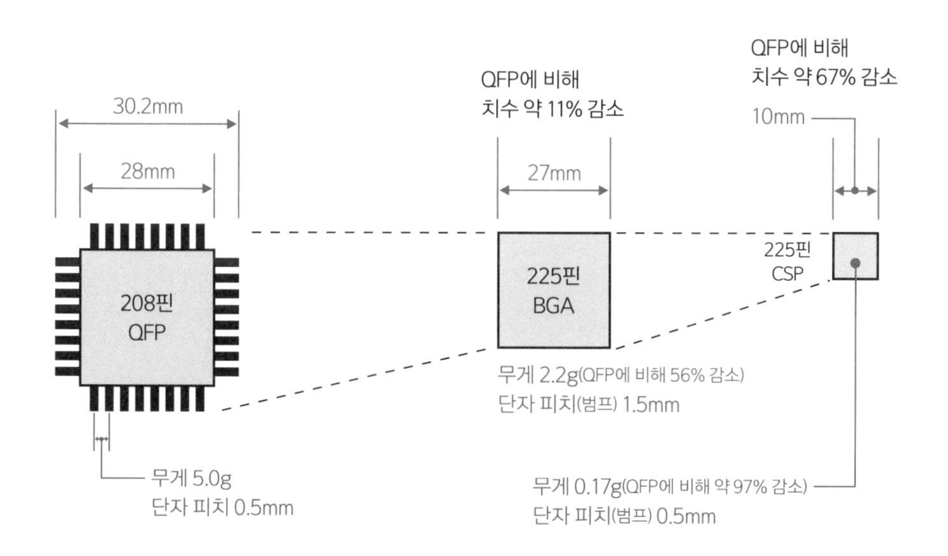

CSP

외형 치수가 칩 크기와 거의 같아진 패키지를 통틀어 **CSP**(Chip Size Package)라고 부른다. BGA는 프린트 기판을 끼고 범프를 만들었지만, CSP는 칩 위의 수지나 테이프 등을 끼고 범프(납땜 볼)와 본딩 패드를 직접 접속했다. 여기서도 기존에 쓰던 가장 대중적인 패키지면서 사방 측면에 리드 프레임 단자가 있는 QFP(Quad Flat Package)와 CSP를 비교해 보자.(앞 페이지 아래 그림) QFP와 비교했을 때 무게는 97% 감소, 치수는 67% 감소했다. 전자 기기 소형화에 부응한 진보가 매우 두드러졌다.

CSP 구조의 예

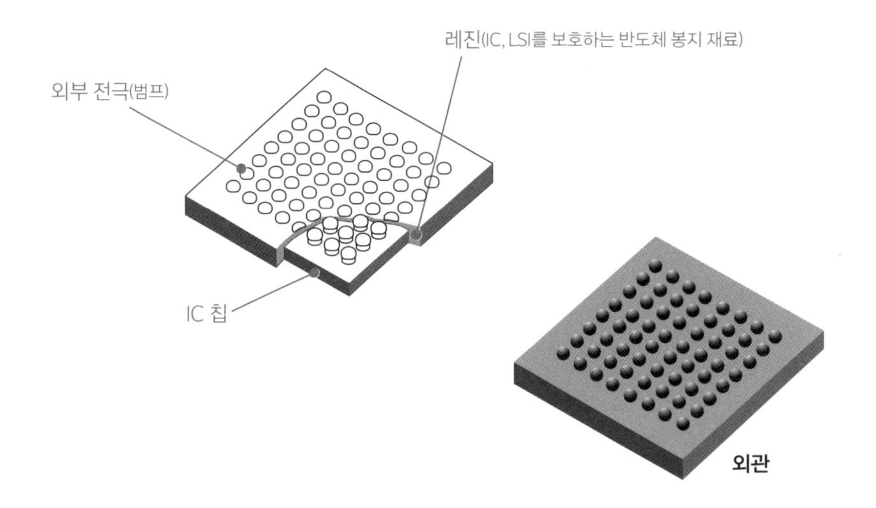

웨이퍼 레벨 CSP(WLCSP●)

기존 CSP가 칩 크기보다 살짝 큰 데 비해, 웨이퍼 레벨 CSP는 칩 자신의 크기로 실현한 리얼 칩 사이즈의 CSP다. 따라서 그 치수가 베어 칩(아무런 가공도 하지 않은 기본 칩 상태)과 같다.

예를 들어 후지쯔가 개발한 SCSP(Super CSP)의 제조 과정을 보면 일반 전 공정(웨이퍼 프로세스)을 마친 후, 이어서 재배치 배선을 위한 메탈 성막을 하고, 재배선이나

● **WLCSP** : Wafer Level Chip Size Package

메탈 포스트(납땜 볼과 접속하기 위한 돌기 전극)를 형성한다. 그 후 웨이퍼마다 수지 봉지를 실시하고, 다음으로 납땜 볼을 탑재한다. 마지막으로 기존 방법처럼 다이싱을 해서 펠릿으로 절단해 완성한다. 이렇게 하면 웨이퍼가 완성되는데, 전 공정과 후 공정을 모두 완료했다는 뜻이다.

웨이퍼 레벨 CSP의 제조 프로세스/구조 예시

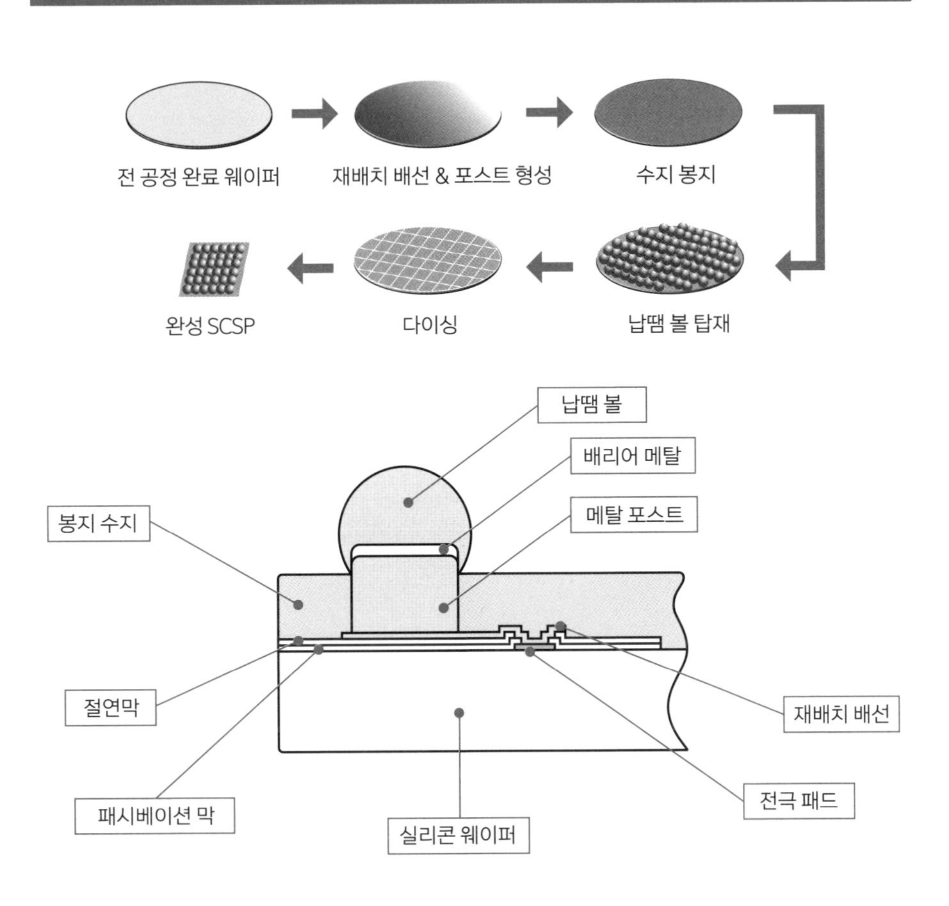

칩 여러 개를 같은 패키지에 탑재하는 SIP

예전에는 CSP가 패키지의 한계일 것으로 생각했으나 MCM 방식을 도입하면서 칩 여러 개를 적층한 3차원 실장 기술이 개발됐다. 전자 기기 시스템이 통째로 패키지에 들어간다고 해서 이들 기술을 통틀어 SIP라고 부른다.

실장 밀도가 2 이상으로

반도체 패키지의 미세화로 핀 삽입 타입은 표면 실장 타입으로 발전했다. 이때 최종 형태가 BGA/CSP였다. 이른바 실장 밀도(칩 면적/패키지 면적)가 1이 되고, 패키지 크기가 칩 크기와 동등해졌기 때문이다.

그런데 최근에는 기존 MCM을 3차원 구조로 전개한 **적층 칩 패키지**를 써서 실장 밀도가 2 이상인 패키지를 개발했다.

패키지 기술의 진보

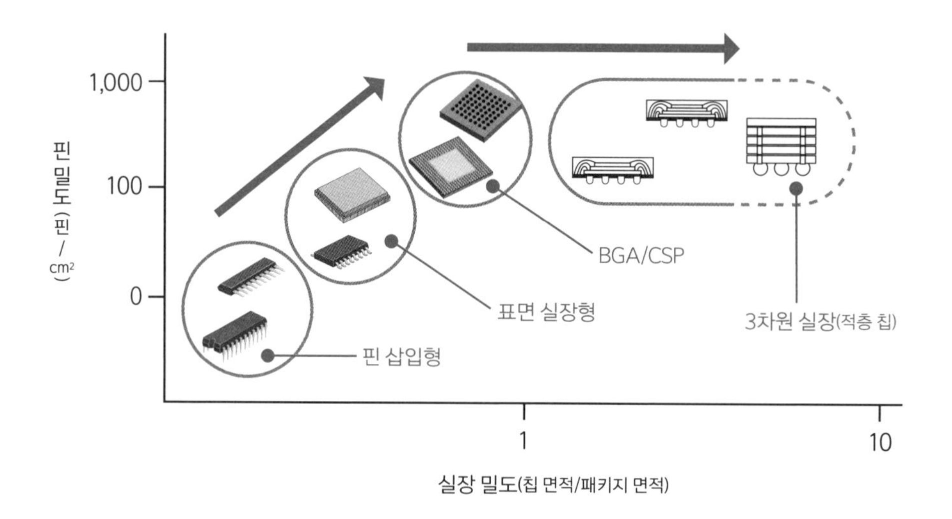

■ MCM(Multi Chip Module)

기술 혹은 비용 측면에서 LSI 시스템을 원칩으로 만들기 어렵다면 CPU, DSP 같은 디지털회로와 아날로그회로를 섞거나 DRAM 메모리를 탑재하는 등, **MCM** 방식을 써서 원 모듈화로 실현해 왔다. 소형·경량화할 뿐만 아니라 LSI 사이의 배선 길이를 단축해서 칩 사이의 배선 지연을 감소하고, CPU와 DRAM을 접속할 때 생기는 버스 보틀넥(메모리 버스의 전송 시간이 늘어나면서 처리 속도가 감소하는 것)이 끼치는 영향을 줄일 수 있다.

■ 3차원 실장 기술(적층 칩)

MCM 중 하나지만, 기존에는 평면적으로 배치했던 칩 여러 개를 적층해서 한 패키지에 실장한 패키지 기술이다. 이 기술을 CSP 레벨에서 전개한 것이 바로 최신 SIP 방식이다.

MCM 구조의 예

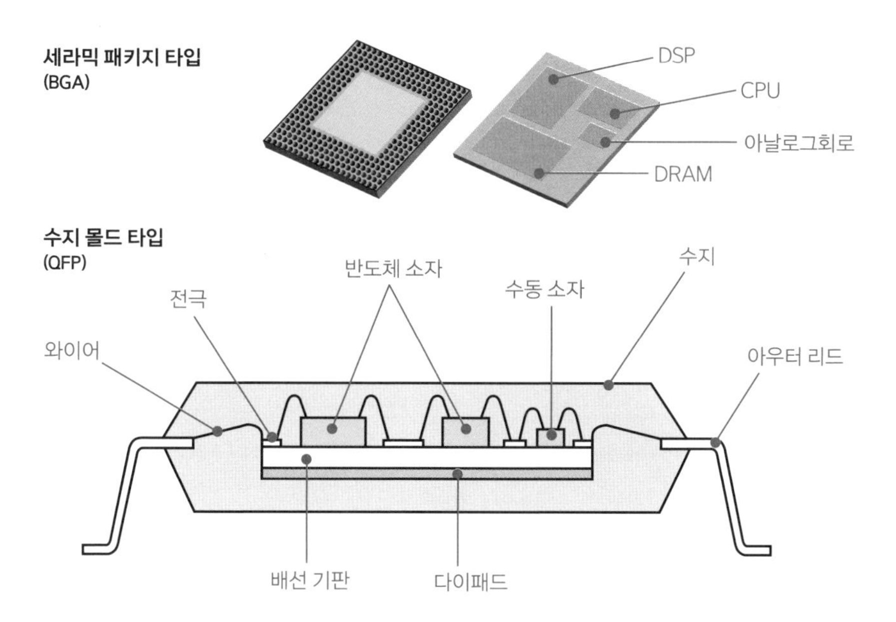

■ SIP(System In Package)

전자 기기의 소형화, 다기능화는 LSI를 미세하게 만드는 기술의 발전과 더불어 시스템 LSI, SoC(System On a Chip)라는 형태로 나타났다.

한편, SoC 방식을 패키지로 전개한 것이 칩 여러 개를 3차원으로 접속한 **SIP** 기술이다. 초소형화가 필수인 휴대폰이나 디지털카메라 같은 모바일 제품을 중심으로 급속하게 응용되고 있다. 앞으로는 비용 절감, 고속 작동, 이종 칩 혼재 등의 과제를 해결하면서 전자 기기 전체에 응용될 것이다.

3차원 실장 기술

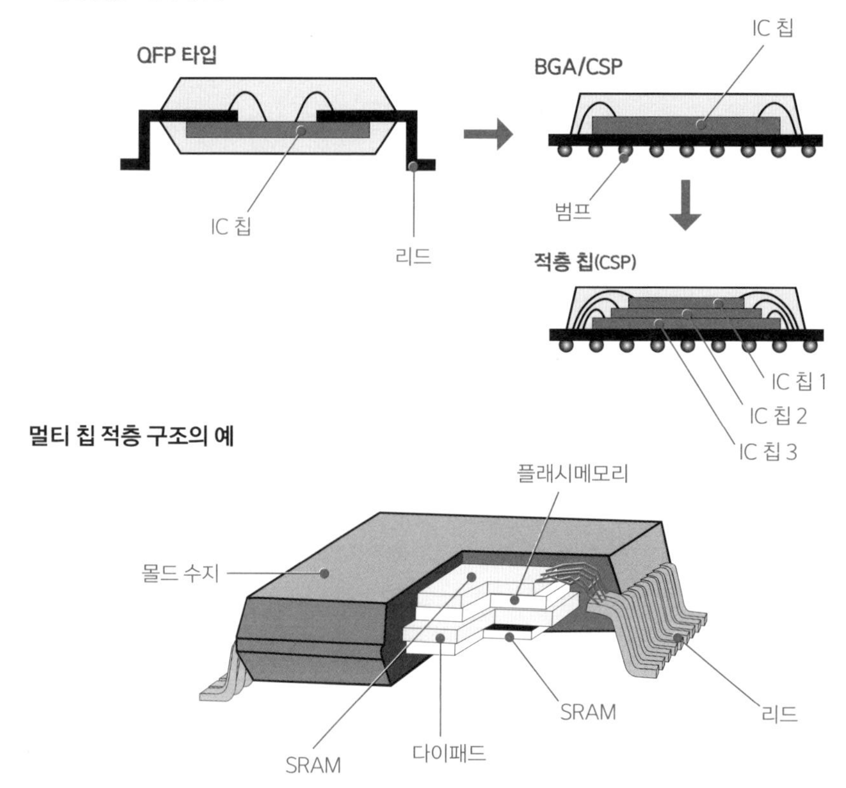

SIP의 제품 형태

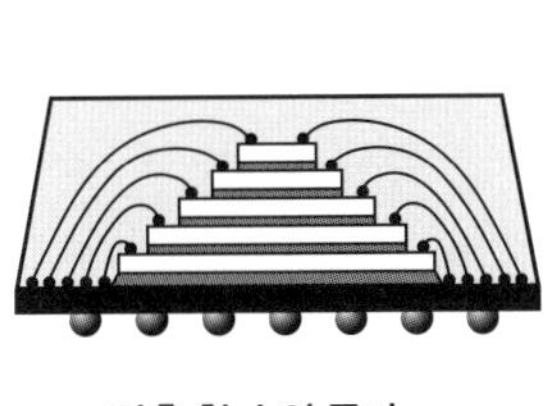

적층 칩 수의 증가

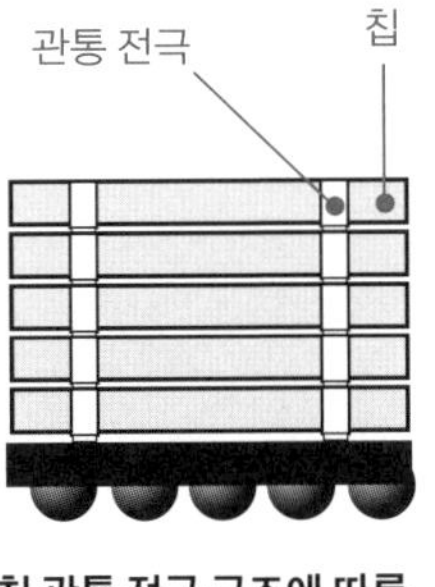

칩 관통 전극 구조에 따른 리얼 사이즈 CSP

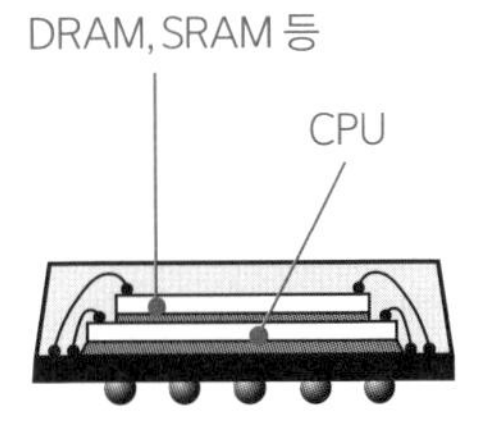

이종 칩의 적층(칩 온 칩)

SIP vs SoC

SIP가 실용화되면서 SoC와 비교 대상에 놓이게 됐다. 아날로그, 고주파 소자, 메모리 등을 혼재할 수 있는 SoC라고 하지만, 실제로는 개발 기간(제조 공정의 검토까지 포함)이 오래 걸리거나 마스크 대금을 포함한 개발 비용이 높아지는 등, SIP로 실현하는 것이 더 유리한 경우도 있기 때문이다. SIP와 SoC를 비교해 대략적인 우열을 아래 표에 정리했다. 이 중에서 SIP가 현저하게 유리한 경우를 생각해 보자.

▼ SIP와 SoC의 실정 비교

	SIP	SoC	설명
개발 기간	유리	불리	기존 칩의 어셈블리면 충분
개발 비용	유리	불리	어셈블리 비용+α
제품 비용	불리	유리	생산 개수가 많은 경우
제품 비용	유리	불리	생산 개수가 적은 경우
소형화	유리	불리	이종 디바이스인 경우
소형화	불리	유리	동일 디바이스인 경우
고속화	불리	유리	칩 사이의 접속에 따른 버스 넥
저전력 소비	불리	유리	미세화 덕분에 배선 부하도 감소
메모리 탑재	유리	불리	적층 덕분에 대용량 가능

1 이기종 칩의 혼재가 가능

원칩이 최고라고는 하지만, 실제로 고주파 회로부, 이미지 센서 등은 아직 SoC화가 어려운 상황이다. 현재 시스템 기기에서는 대부분 칩 여러 개로 구성해서 실현하고 있다. SIP는 기존 칩을 적층해서 실현할 수 있다.

2 대용량 메모리의 탑재

시스템 LSI가 되면 될수록 칩에서 차지하는 메모리 영역이 증가한다. DRAM을 혼재한 칩은 비용이 커진다. SIP는 기존 CUP와 가격이 저렴한 기존 대용량 DRAM을 혼재할 수 있다. 디지털카메라의 화상 메모리에 이미 응용 중이다.

3 개발 기간 단축 · 경비 절감

신제품을 시장에 투입하는 일은 현재 비즈니스의 중심이다. SIP를 선택하면 기존 칩을 조합하기 때문에 개발 기간을 대폭으로 단축할 수 있다. 개발 기간은 SoC의 6개월~1년과 비교했을 때 1/5~1/10까지 단축할 가능성도 있다. 또한 개발 비용까지 포함한 비용 역시 기본적으로 어셈블리만 쓰므로 1/3~1/4까지 절감할 수 있다.

SIP 단독이면 SIP×SoC의 솔루션으로

SIP는 탑재 칩이 가장 효율적으로 적층되도록 구성하고, 최단 거리 접속 와이어로 지연 최소화를 꾀하며, 나아가 테스트 시간 단축을 위한 최적 본딩 패드를 배치하는 등 설계할 때 여러 사항을 검토하는 일이 무척 중요하다.

위에서 언급한 기술적 고려를 넣은 최근의 SIP 방식은 대규모 고기능 SoC 혹은 실리콘 이외의 고주파 IC, 메모리 등을 SIP로 여러 개 혼재해서 단순한 1패키지 이상으로 만든 시스템 솔루션을 기대한다. 미래의 고기능 SIP에는 복수 SoC를 SIP에 탑재하는 방식, 즉 SIP와 SoC의 합작(SIP×SoC) 콘셉트를 기초로 한 설계 수법이 요구되고 있다. 따라서 SIP나 SoC를 선택할 때는 개발 제품이 전략상 어느 위치에 있는지, 그리고 생산 개수는 어느 정도인지 충분히 고려하는 것이 중요하다.

7-05 관통 전극 TSV를 쓰는 3차원 실장 기술

관통 전극 TSV를 사용한 3차원 실장 기술은 적층한 LSI 칩 사이의 전기신호를 와이어 본딩 배선보다 짧은 배선으로 접속한다. 기존 2차원 실장과 비교해서 실장 면적을 크게 줄이고 더 고기능인 LSI를 실현할 수 있다.

실리콘 관통 전극 TSV 기술이란?

실리콘 관통 전극 **TSV**(Through Silicon Via)를 쓰는 3차원 실장 기술은 적층한 LSI 칩의 위아래를 관통하는 비어를 식각 장치로 형성하고, 구리나 폴리실리콘 등의 전극 재료를 흘려보내 세로로 배선해서 LSI 칩 상호 간의 회로 접속을 한다. 기존 SIP는 LSI 칩을 세로로 쌓거나 가로로 놓아서 와이어 본딩으로 LSI 칩들을 전기적으로 상호 접속했다.

TSV의 이점으로는 ①소형화·고밀도화(LSI 칩의 바깥쪽으로 뻗는 와이어 본딩이 없음), ②처리 속도의 고속화(배선 전체 길이가 짧아짐), ③저전력 소비화(배선 저항·부유 용량 감소), ④다단자화(수천 개까지 가능), ⑤다기능·고기능화(복수 칩, 이기종 칩 접속)를 들 수 있다.

TSV 기술과 기존 3차원 실장 기술

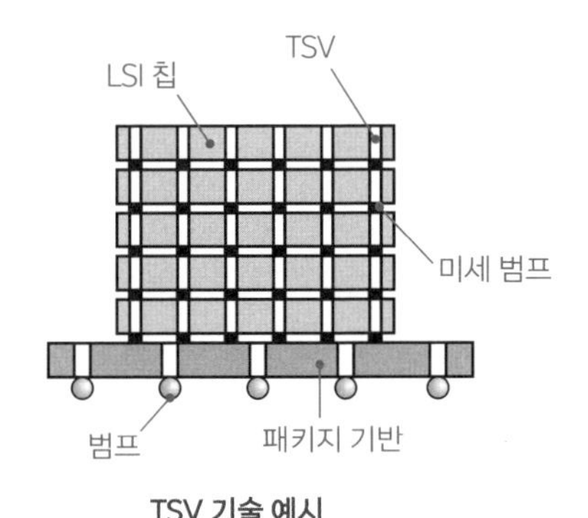

TSV 기술 예시

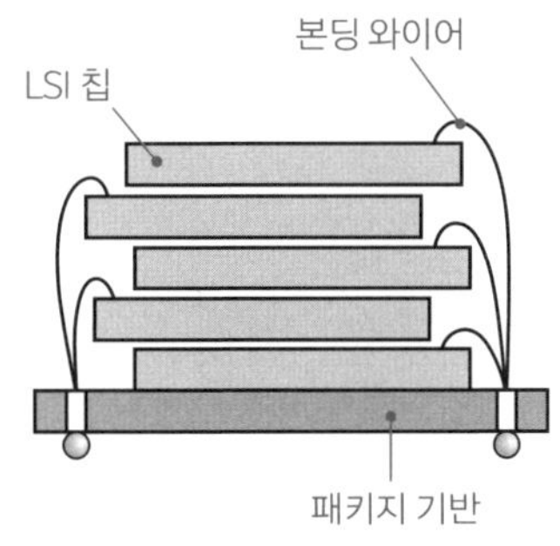

종래 기술 예시

TSV 기술과 응용 디바이스

TSV 기술을 대표하는 제작 공정의 예로는 ①실리콘 웨이퍼의 TSV 홀 뚫기 공정, ②실리콘 웨이퍼와 TSV를 분리하는 절연막 형성 공정, ③TSV 홀에 대한 전극 재료의 충진 공정, ④TSV를 완성한 웨이퍼의 불필요한 부분을 제거하고 TSV를 노출하기 위해서 뒷면부터 실시한 CMP 연마 가공과 식각 공정, ⑤TSV를 완성한 웨이퍼(혹은 잘라낸 칩)를 붙이는 웨이퍼(칩) 사이의 배선 접속 공정 등이 있다. 이 공정을 거쳐 제작을 완료한다.

NAND 플래시메모리에서는 와이어 본딩으로 칩을 적층한 상태에서 대치하며, 이를 이용한 고속화·고밀도화 모듈(SD 카드, USB)을 만들어 TSV 기술을 응용해 왔다. 하지만 3DNAND 플래시메모리의 등장으로 TSV 기술은 필요 없어질지도 모른다. 또한 DRAM에서는 삼성전자가 TSV 기술로 칩을 12층(칩 두께를 50㎛ 이하로 가공해 두께는 720㎛)으로 쌓는 데에 성공해 24GB의 초고속 광대역 DRAM 제품을 발표했다. 사람들의 일상에 쓰이는 기기 쪽을 보면, SONY의 CMOS 이미지 센서가 있다. 칩 사이즈의 카메라 모듈로 탑재된다.

TSV 기술의 제작 공정 예시

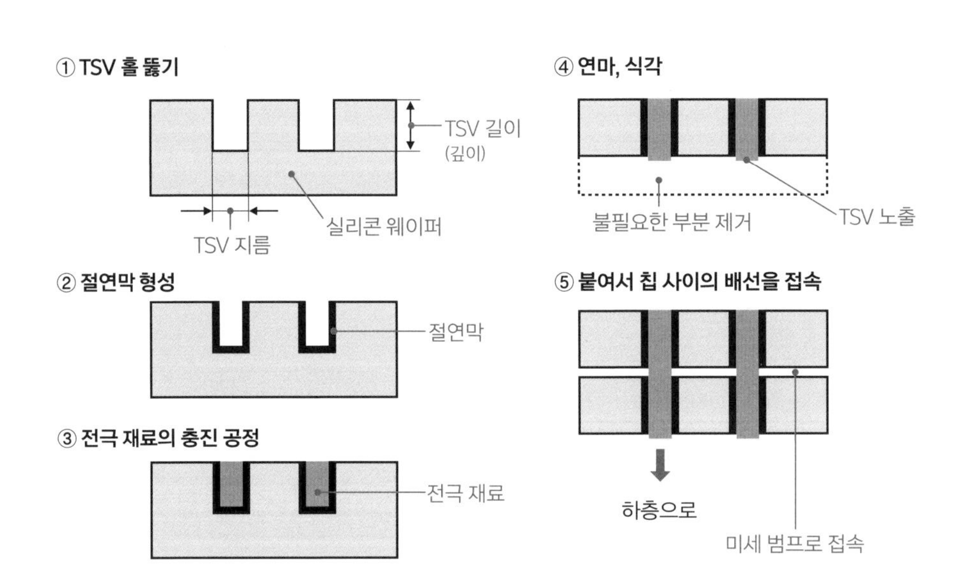

더 진화하는 고밀도 실장 기술

WLCSP[•]는 실리콘 웨이퍼와 봉지 수지 사이에 발생하는 열 변형 때문에 웨이퍼가 휜다. 또한 단자 피치가 좁아서 프린트 배선 기판이 어렵다. 미세화로 고집적·고기능화해서 면적당 입출력 단자 수가 증가하지만, 모든 단자를 수용하지 못하는 문제점이 있었다.

WLCSP에서 고집도·고신뢰성을 갖춘 FOWLP로

FOWLP[•]는 반도체 칩과 납땜 볼 사이를 잇는 재배선층을 웨이퍼 프로세스(프린트 배선보다 몇 단이나 미세 배선이 가능)로 제작하고, 입출력 단자 영역을 칩 바깥쪽(Fan Out 영역)까지 넓혀서 입출력 단자 수를 대폭으로 늘렸다.

그 결과, LSI 고기능화와 함께 입출력 단자 수 증가나 모듈의 박형화, 배선 길이 감소로 인한 고속 처리화, 고주파대의 저전송 손실 등의 문제에 대응하는 최첨단 LSI용 패키지로 쓰이고 있다. FOWLP와 대비해서 기존 WLCSP를 FIWLP[•]라고 한다.

WLCSP vs FOWLP

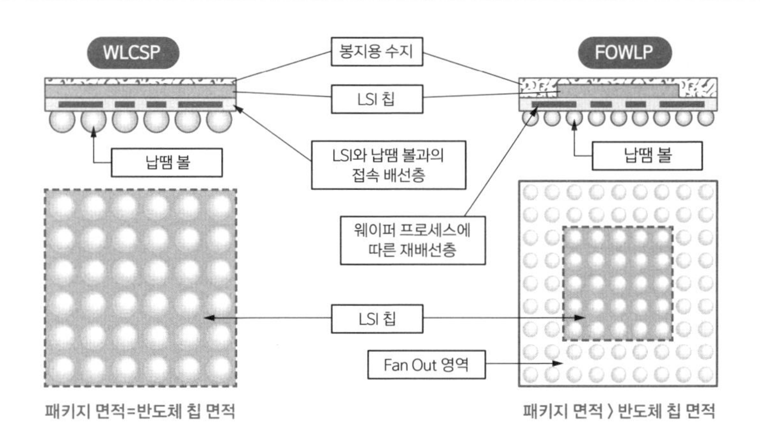

- **WLCSP** : Wafer Level Chip Size Package. 221쪽 참고.
- **FOWLP** : Fan Out Wafer Level Package
- **FIWLP** : Fan In Wafer Level Package

FOWLP 제조 공정

FOWLP 제조 방법에는 ①탑재하는 칩을 접합하기 전에 재배선층을 만들거나 ②탑재하는 칩을 접합한 다음에 재배선층을 만드는 방법 등 두 가지 이상이 있다. 이 장에서는 제조 공정의 이미지를 쉽게 잡을 수 있는 제조 방법 ①을 설명한다.

1. 지지 기판(실리콘 웨이퍼, 유리 등) 위에 재배선층 형성
2. 탑재하는 IC 칩을 지지 기판·재배선층 위에 재배치해서 접속
3. 몰드 재료로 IC 칩(재배선층)을 수지 봉지
4. 지지 기판을 박리(수지 봉지한 쪽이 기판이 됨)
5. 다른 한쪽의 재배선층에 납땜 볼을 탑재
6. 기판을 다이싱해서 개별화

위 설명에서는 IC 칩이 하나지만, IC 칩 여러 개를 탑재하면 기능이 더 좋은 멀티칩 FOWLP를 만들 수 있다. 예를 들어 CPU와 메모리를 최단 배선으로 결선할 수 있기 때문에 배선 지연이 적은 고속 처리 회로 모듈이 가능하다. 대만 TSMC에서는 이 실장 방식을 InFO(Integrated Fan-Out)라고 부른다.

FOWLP 제조의 개념

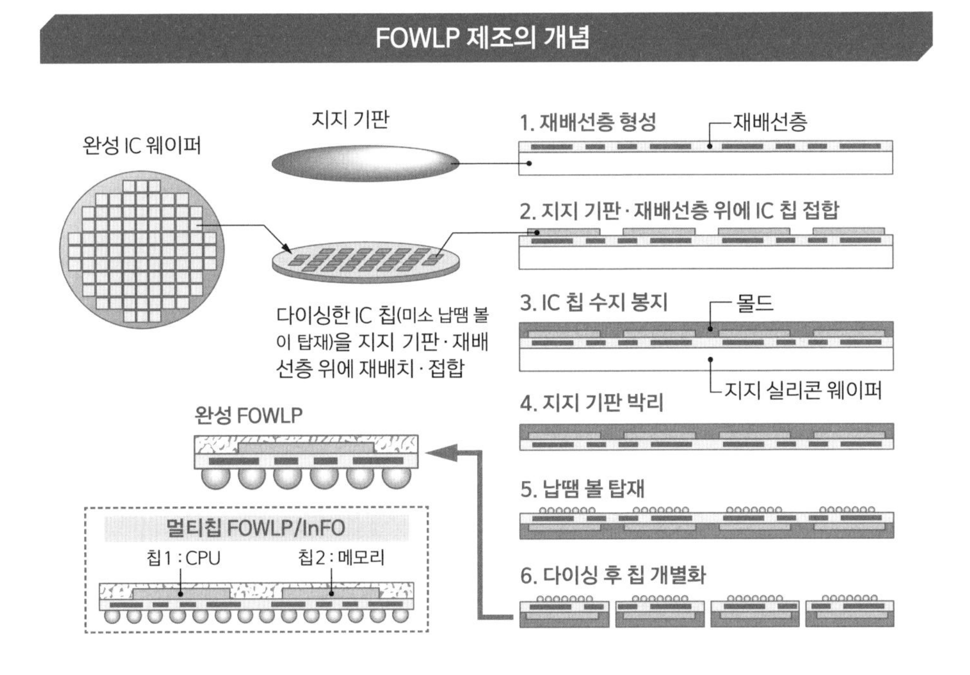

제8장

대표적인 반도체 디바이스

발광다이오드·반도체레이저·이미지 센서·전력 반도체

반도체 기술은 IT 시대를 맞아 고성능 전자 기기에 널리 응용되고 있다. 이 장에서는 우리 생활에 특히 관계가 깊은 반도체 디바이스(발광다이오드, 반도체레이저, 이미지 센서, 전력 반도체 등)와 이를 탑재한 최신 전자 기기를 설명한다.

광반도체의 기본 원리

광반도체란 발광다이오드, 포토다이오드, 레이저다이오드, 이미지 센서, 태양전지 등 전기에너지를 빛에너지로 변환하거나 혹은 빛에너지를 전기에너지로 변환해서 이용하는 반도체 디바이스다. 여기서는 발광다이오드, 포토다이오드 등을 설명한다.

광반도체는 빛 ▸ 전기, 전기 ▸ 빛으로 에너지를 변환하는 디바이스

지금까지 설명한 반도체는 로직 LSI나 메모리 등, 주로 전자 기기에 탑재돼 연산이나 기억 등을 담당하는 것이었다. 이와 달리 광반도체는 로직 LSI나 메모리를 탑재한 전자 기기 중에서 우리 눈에 닿는 역할을 하며 실생활에서 보는 빛(빛에너지)을 전기에너지로, 혹은 전기에너지를 눈에 보이는 빛으로 변환하는 반도체 소자(반도체 디바이스)다.

광반도체 디바이스의 종류

■ 발광 디바이스

발광다이오드(LED•)는 전기신호(전기에너지)를 빛에너지로 변환하는 다이오드로, 적청녹의 가시광이나 눈에 보이지 않는 적외선, 자외선 등을 발광(방사)한다. 빛의 색은 결정 재료(InGaAIP, GaN 등), 결정 혼정비, 첨가 불순물에 따라 정해진다. 주로 가전제품, 계기류, 디스플레이, 리모컨 광원, 각종 센서 등에 쓰인다. 또한 **레이저다이오드(LD•)**는 파장이나 위상을 갖춘 고에너지 레이저를 방사해 광통신 디바이스나 CD, DVD용 레이저, 프린터, 계기류로 사용한다.

■ 수광 디바이스

포토다이오드(포토 트랜지스터)는 LED와 반대로 빛에너지를 전기신호로 변환하는 다

- **LED** : Light Emitting Diode
- **LD** : LASER Diode. 247쪽 '8-4 고속 통신망을 가능케 한 반도체레이저'를 참고.

이오드(InGaAs/InP 등이 결정 재료)다. 반도체의 PN 접합부에 닿은 빛 조사량에 맞게 전류를 꺼내서 이용한다. 이미지 센서•는 빛에너지를 화상으로 꺼낸다. 주요 용도는 빛 센서, 리모컨, 빛의 차단 검출, 광전 스위치, 스캐너, 비디오카메라 등이다.

■ 광복합 디바이스

포토커플러는 입력 전기신호를 광신호로 변환하는 LED와 그 광신호를 전기신호로 변환하는 포토다이오드를 일체화한 광결합 디바이스다. 포토인터럽터의 구조는 기본적으로 같지만, 발광·수광 소자 사이의 물체를 광차단해 검출하는 디바이스다.

■ 광통신용 디바이스

광파이버를 중심으로 한 고속 광통신용으로 광통신용 레이저다이오드나 광통신용 수광 소자 등이 있다.

■ 이미지 센서

디지털카메라로 촬영한 사진(광신호)을 전기신호로 변환한다.

발광 디바이스 : 발광다이오드는 고휘도로 수명이 길다

발광다이오드의 특징은 뭐니 뭐니 해도 열이 나지 않고 에너지를 마음껏 빛으로 만들 수 있다는 점이다. LED의 소비 전력은 백열전구의 약 1/8, 형광등의 약 1/2이다. LED 디바이스의 수명은 반영구적(10년 이상)인데, 조명 기구로 사용할 경우는 LED 디바이스 발열에 따른 봉지 수지의 열화 때문에 짧아진다. 현재 수명은 4만 시간 이상을 보증한다.

LED는 수은 같은 유해 물질을 포함하지 않고 열 발생도 적기 때문에 방 전체에서 보면 냉방 비용을 절약할 수 있다. 이런 이유로 친환경적인 그린 디바이스로 불린다. 특히 조명 분야에서 백열전구가 LED 전구로 바뀌어 에너지를 대폭 줄일 수 있게 되면서 CO_2가 줄어들어 지구 온난화 대책에도 크게 공헌하길 기대한다.

디스플레이에 이용하기도 한다. 1993년에 청색, 1995년에 순녹색 LED가 개발되자, 이미 개발을 마친 적색과 합쳐 휘도가 높은 풀컬러 표시가 가능해졌다. 길거리 빌딩

• **이미지 센서** : 241쪽 '방대한 수의 포토다이오드를 집적화한 이미지 센서'를 참고

의 벽면이나 축구 경기장 등에 다수의 LED를 매트릭스 모양으로 배열한 거대 스크린도 등장했다.

또한 LED는 조명 기구나 디스플레이뿐만 아니라 디지털 가전이나 정보 기기 분야에 침투했다. TV나 오디오 기기의 리모컨에는 적외선 LED가 사용되고, OA 기기인 컬러복사기, 스캐너, 레이저프린터 등에도 노광 광원으로 사용된다. DVD보다 용량이 큰 블루레이 디스크가 실현된 것도 기존 적색보다 파장이 짧은 청색 LED를 기초로 한 청색 반도체레이저 덕분이다.

LED와 백열전구 비교

	LED	램프(전구)
빛의 색조	적, 녹, 청으로 단일한 특정색	여러 가지 빛(파장)이 섞여 있어 흰색에 가깝다.
열의 발생	적다.	많다.(에너지의 80% 이상이 열이 됨)
수명	길다.(램프의 10배 이상)	짧다.
소비 전력	적다.(램프의 약 1/10)	많다.
응답 시간	짧다.(램프의 1/100만 이하)	길다.

발광다이오드의 기본 원리

LED는 반도체다이오드의 PN 접합에 순방향 전압을 가했을 때, PN 접합 영역을 향해 P영역에서 홀이, N영역에서 전자가 이동해 전류가 흐른다. 이때 PN 접합 부근에서 전자와 홀이 서로 붙어서 소멸하는 재결합이라는 현상이 일어난다. 재결합 후의 합산 에너지는 전자와 홀이 각각 갖고 있던 에너지보다 작아지므로, 그 에너지 차이가 빛이 돼 방사된다. 이것이 LED의 발광 현상이다.

발광색(빛의 파장)은 LED 반도체 재료나 첨가하는 불순물에 따라 달라지고, 자외선 영역부터 가시광역, 적외선 영역까지 있다. LED는 재료인 갈륨(Ga), 비소(As), 인(P) 등을 조합한 화합물 반도체•다.

• **화합물 반도체** : 44쪽 '2-3 LSI에는 어떤 종류가 있을까?'를 참고

LED 발광의 기본 원리

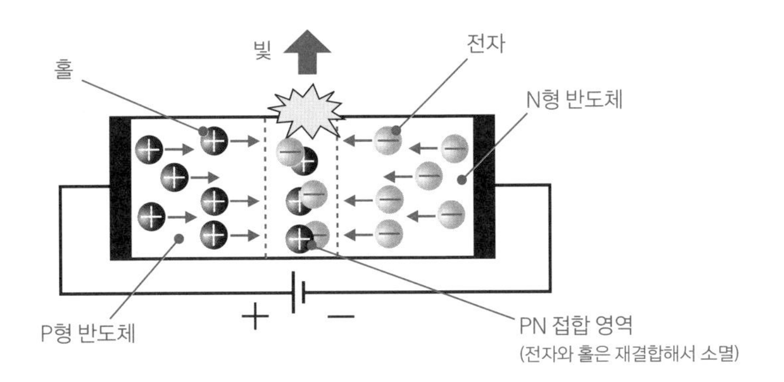

LED의 기본 구조

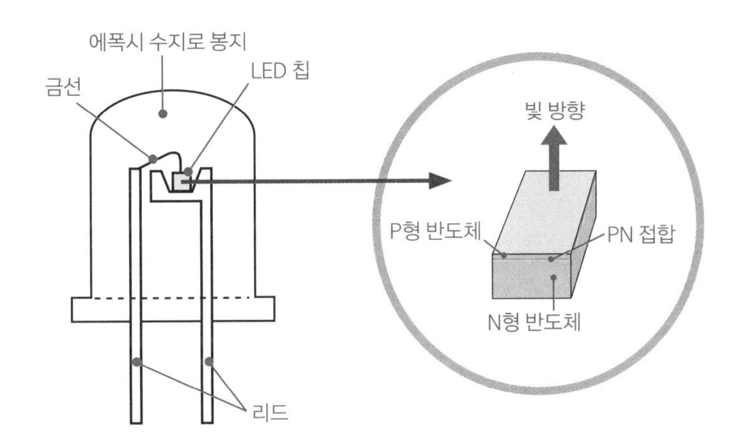

광센서(포토다이오드)의 기본 원리

광센서를 대표하는 포토다이오드의 기본 작동은 PN 접합에 역바이어스(P형에 음, N형에 양의 전압)를 가하고, 아주 작은 저항의 부하를 접속해서 이용한다. 빛이 PN 접합 영역으로 입사하면, 가전자대의 전자에 에너지를 줘 자유전자가 생긴다. 이때 가전자대에는 전자가 나간 자리에 홀이 만들어진다. 한 쌍으로 발생한 자유전자와 자유 홀은 다이오드에 가해진 전계에 끌려서 전자는 +전극 쪽으로, 홀은 −전극 쪽으로 이동한다. 이것이 빛에너지의 입력량에 비례한 역방향 전류(N형에서 P형으로 향함)가 되고, **광전류**의 상태로 검출할 수 있다.

포토다이오드의 출력을 트랜지스터로 증폭하는 구조로 만들어서 일체화한 것이 포토트랜지스터다. 포토다이오드와 비교해서 감도가 높고 고속 반응을 하므로, 현재 가장 널리 사용되는 수광 디바이스다.

곳곳에서 사용되는 광센서

■ 리모컨

가까운 예로 TV 리모컨이 그렇다. 리모컨에는 적외선을 송신하는 다이오드(적외선 LED)가 있고, TV 쪽에는 그것을 수광하는 센서(적외선 포토다이오드)가 있다. 실제로

포토다이오드의 기본 원리와 구조

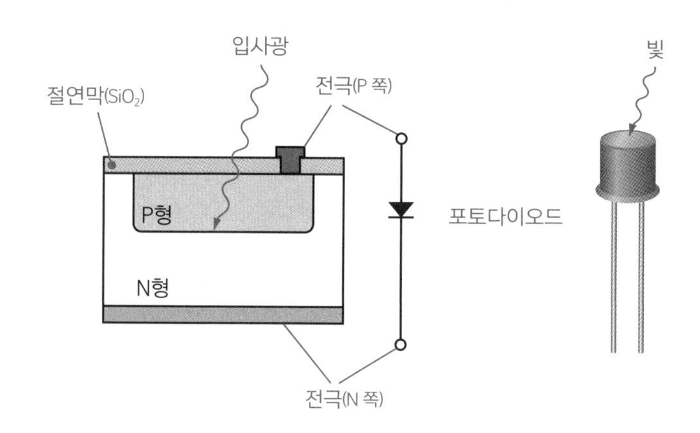

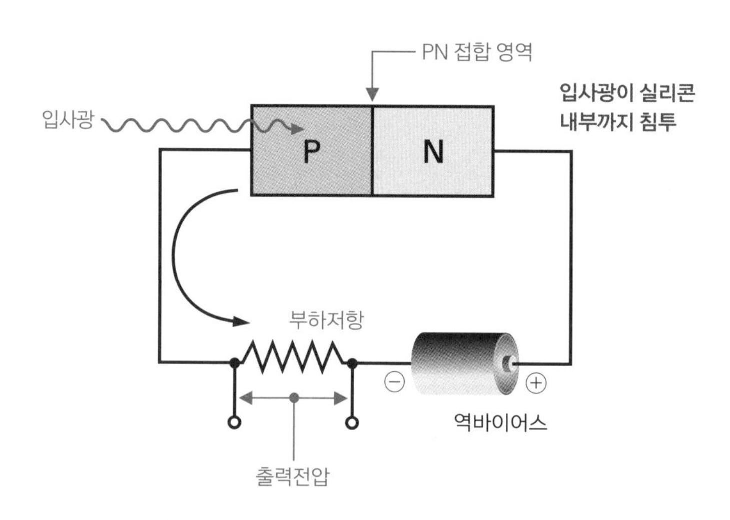

리모컨을 조작할 때는 그 빛에 따른 지령 신호를 수신 제어해서 채널이나 음량을 변경한다.

■ 조도 검출

주위의 조도(밝기)나 열(적외선) 등을 검출해서 기기 제어를 할 때도 사용된다. 가까운 예로 자동문이 열리고 닫히는 것, 저녁부터 어둑어둑해지면 켜지는 가로등 등이 있다. 또한 주위 밝기에 맞게 휴대폰, 액정 TV 등의 화면을 최적화해서 더 보기 쉽게 할 수 있고, 소비 전력을 절약하거나 사용 시간이 길어지게 할 수도 있다.

■ 물체 검출, 변이량 검출

광센서(수광 소자)와 발광다이오드(발광 소자)를 조합한 복합 디바이스를 사용해서 물체 유무, 물체 크기, 변이량 등을 알 수 있다. 자판기, ATM을 비롯해 프린터, 팩스, 복사기 등 많은 사무기기에 사용된다.

자판기에서 사용되는 광센서

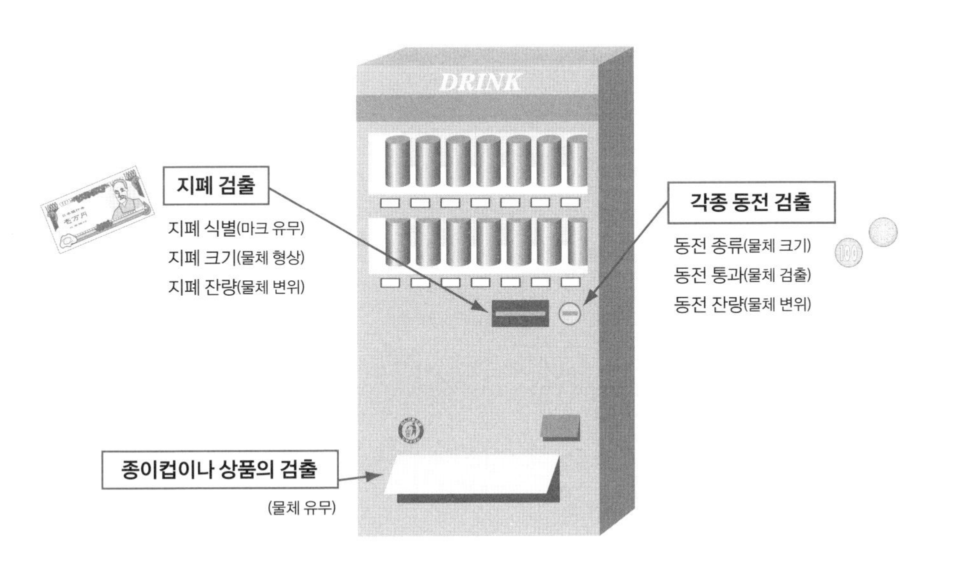

조명 기구로서의 백색 LED 등장

백색 LED가 등장하자, 조명 기구의 소비 에너지를 획기적으로 줄일 수 있었다. LED로 백색광을 얻는 방법으로는 삼색(적, 녹, 청) LED, 청색 LED+형광체, 근자외 LED+형광체 등 세 가지 방식이 있다.

조명 기구의 에너지를 줄여주는 백색 LED가 등장

조명 기구는 백열전구에서 형광등 중심으로 크게 바뀌어, 가정에서 에너지를 절약하고 있다. 하지만 더 줄이기 위해서는 LED 조명이 필수다. 밝기 60W 전구의 소비 전력은 백열전구 54W, 형광등 13W, LED 조명 6W에 해당하며, LED 조명은 무려 백열등의 1/8 정도로 소비 전력을 줄일 수 있다.

LED로 백색광을 얻는 세 가지 방식

빛의 삼원색은 빨강, 초록, 파랑으로 삼원색의 빛을 겹치면 백색광이 된다. 조명용 **백색 LED**도 기본적으로는 빛의 삼원색을 혼합해서 백색을 얻는다. 따라서 백색 LED는 기존부터 있던 적색 LED, 녹색 LED와 더불어 1993년에 청색 LED가 개발되면서 처음으로 실현됐다.

LED로 백색을 얻으려면 빛의 삼원색을 혼합하는 방식을 포함해서 다음과 같은 세 가지 방법을 생각할 수 있다. 현재 가장 보급된 것은 청색 LED와 **형광체**를 조합하는 방식이다.

또한 LED를 일반 조명 기구로 이용하려면 LED의 대출력화 외에도 지향성이 있는 빛을 확산하기 위한 산광판이나 내열성이 있는 **봉지 재료**, 구동 전원의 소형화 기술(전자회로, 방열기) 등이 필요하다.

1 빛의 삼원색 혼합(청색 LED+녹색 LED+적색 LED)

삼원색 LED를 하나로 모아서 동시에 발광시켜(빛의 삼원색 혼합) 백색광을 얻는 방식이다. 형광체를 사용하지 않기 때문에 빛 손실이 적고 발색도 좋다. 그리고 삼원색으로 풀컬러를 표시할 수 있기 때문에 디스플레이 조명이나 대형 디스플레이 등에도 이용된다. 하지만 이 방법은 칩 3개를 이용하기 때문에 색깔에 얼룩이 생기기 쉽고, 온도 특성이나 경시 변화 때문에 세 가지 색의 발광 특성이 개별적으로 변화하기 쉬워 초기부터 백색광을 지속하기가 쉽지 않다. 게다가 개별적으로 LED 3개를 구동시키는 전원이 필요해서 비용도 많이 든다.

2 청색 LED와 형광체의 조합(청색 LED+형광체)

청색 LED를 형광체의 여기 광원으로 사용하고, 형광체의 발색과 조합해서 백색광으로 만드는 방식이다. 노란색이 파란색의 보색광으로 파란색이 섞이면 흰색이 된다는 점을 이용해서 청색 LED가 발광한 파란빛을 노란색 형광체에 비춰 흰색을 얻는다. 이 방식은 밝은데다가(발광 효율이 좋음) LED를 원칩 타입으로 제조하기 쉽다는 점 때문에 현재 가장 보급돼 있다. 하지만 살짝 푸르스름한 흰색이 되기 쉽다는 개선 과제가 남아 있다.

3 근자외 LED와 형광체 조합(근자외 LED+형광체)

근자외 LED를 형광체의 여기 광원으로 사용하고, 형광체의 발색과 조합해서 백색광을 만드는 방식이다. 보라색 근자외 LED로 발광한 빛을 파랑·초록·빨강을 발색하는 형광체에 비춰 흰색을 얻는다. RGB 합성 덕분에 자연광에 가까운 백색이다. 색깔도 불균형이 적고 고르지만, 발광 효율을 향상하는 것이 앞으로 과제다.

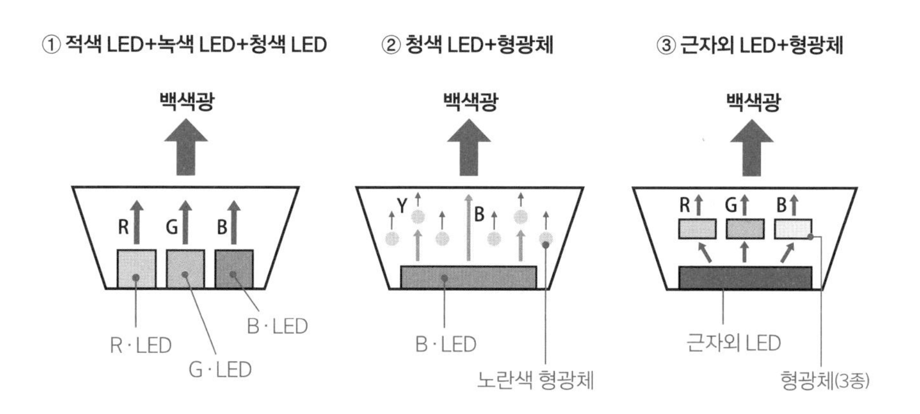

조명용 백색 LED의 구조

조명용 백색 LED에는 연속적인 대광량(밝기), 고효율(에너지 절약), 고연색성(광원에 따른 물체의 색 재현성), 긴 수명 등이 요구된다. 여기서 발광 LED 소자는 물론, LED 패키지 구조에서 봉지 수지, 형광체, 케이스(방열기 포함) 등에 대한 고찰이 필요하다.

소자의 고휘도화(소자에서 나오는 발열량이 큼)와 광원의 단파장화(빛에너지의 증대)가 진행되는 가운데 봉지 수지재는 백색 LED의 패키지 성능이나 수명을 크게 좌우한다. 그래서 수지 봉지재에는 장기 투명 안정성(고투과율, 내열성, 내광성), 내환경 신뢰성(ON/OFF 때를 포함하는 내 히트사이클성), 납땜 내열성(실장 조립 시) 등이 요구된다. 이렇게 혹독한 조건을 충족하는 재료로 에폭시 수지나 실리콘 수지가 사용된다.

형광체는 LED 칩의 빛을 흡수해 흡수광보다 긴 파장의 빛을 발광한다. 예를 들어 현재 가장 널리 보급된 백색 LED(청색 LED+노란색 형광체)는 청색 LED 광을 흡수하고, 그 빛을 노란색 빛으로 변환해 산광한다.

케이스는 LED 칩, 형광체, 봉지 수지를 담는 LED 패키지 구조의 중요한 부분이다. 외부 전자회로와의 접속은 물론, LED 발광 강도 분포를 가다듬는 광학 부품이나 LED 칩의 발광을 방산하는 방열기(히트 싱크)의 기능을 겸비한다. 히트 싱크가 있는 수지 케이스는 케이스 보디에 케이스 전극(+전극, -전극)과 케이스 히트 싱크를 갖추고 있으며, 푹 꺼진 중앙부에 LED 칩을 다이본딩하는 구조다.

히트 싱크가 있는 백색 LED 패키지

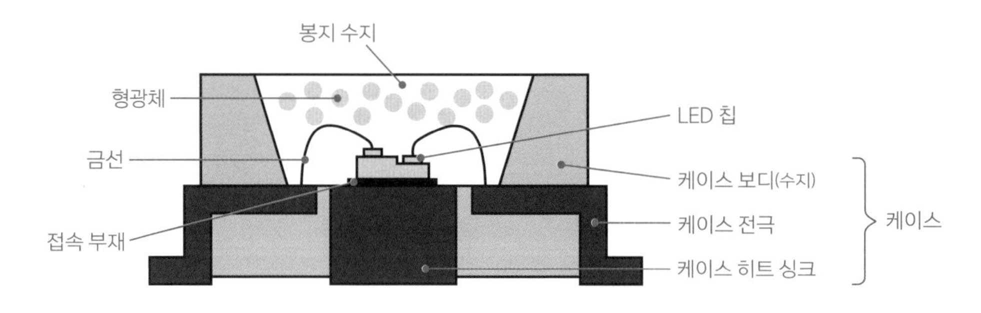

출처: 《LED 조명 핸드북》, LED 조명추진협의회

방대한 수의 포토다이오드를 집적화한 이미지 센서

이미지 센서의 기본 원리는 사람 눈의 망막과 같다. 렌즈로 피사체를 결상시키고, 방대한 포토다이오드로 빛의 명암을 전기신호로 변환해 사진으로 내보낸다. 빛을 전기신호 출력으로 어떻게 변환하는지에 따라 CCD와 CMOS형으로 나뉜다.

이미지 센서의 구조

이미지 센서(촬상용 반도체 소자)는 빛의 입력량에 맞게 전류가 발생하는 **포토다이오드**를 이용해 광(화상)신호를 전기신호로 변환하는 반도체 소자다. 렌즈 계열로 투영된 광학상을 읽어낸다. 이미지 센서는 빛을 전기신호 출력으로 어떻게 변환하는지에 따라 CCD와 CMOS형 이미지 센서로, 또는 화소 배열 차이에 따라 포토다이오드를 라인 상태로 한 라인 센서•와 평면 상태로 배치한 에어리어 센서•로 분류할 수 있다.

라인 센서는 복사기의 스캐너(화상 읽기 장치)에 사용된다. 작동 방식은 이렇다. 피사해야 할 원고 화상을 광원으로 조명하고, 그 반사(투과)광은 광학계를 통해서 리니어 이미지 센서(CCD)로 얇은 라인 상태에서 읽어 들인다. 그리고 반송계에서 원고 화상과 읽기부의 상대 위치를 스캔하면서 화상 정보로 입력한다.

한편, 휴대폰이나 디지털카메라에 이용하는 이미지 센서(에어리어 센서)는 실리콘 웨이퍼 위에 집광을 위한 마이크로 렌즈, 컬러화를 위한 빛의 삼원색(적, 녹, 청) 컬러 필터, 수광 소자의 포토다이오드, 수광한 화상(광량)에 맞는 값을 전기량(전압 혹은 전류)으로 변환해서 출력하는 회로 등이 구성돼 있다.

콤팩트 카메라는 이미지 센서의 칩 표면에 1화소(픽셀)가 1.5~3μm인 사각형의 작은 수광 소자가 10만~1천만 개 이상 배치돼 있다. 카메라 성능을 말할 때 언급되는 800만 화소란 이 화소 수를 말하는 것이다. 화소 수가 많을수록 더 정밀한 화상을 얻을 수 있는데, 색 재현성을 고려해 화질 측면에서 보면 꼭 그렇지는 않다.

- **라인 센서 :** 라인을 스캔해서 읽어내는 방식. 스캐너에 이용한다.
- **에어리어 센서 :** 카메라의 2차원 화상을 읽어낸다.

이미지 센서의 기본 구조와 작동 원리

이미지 센서(CCD 패키지의 예)

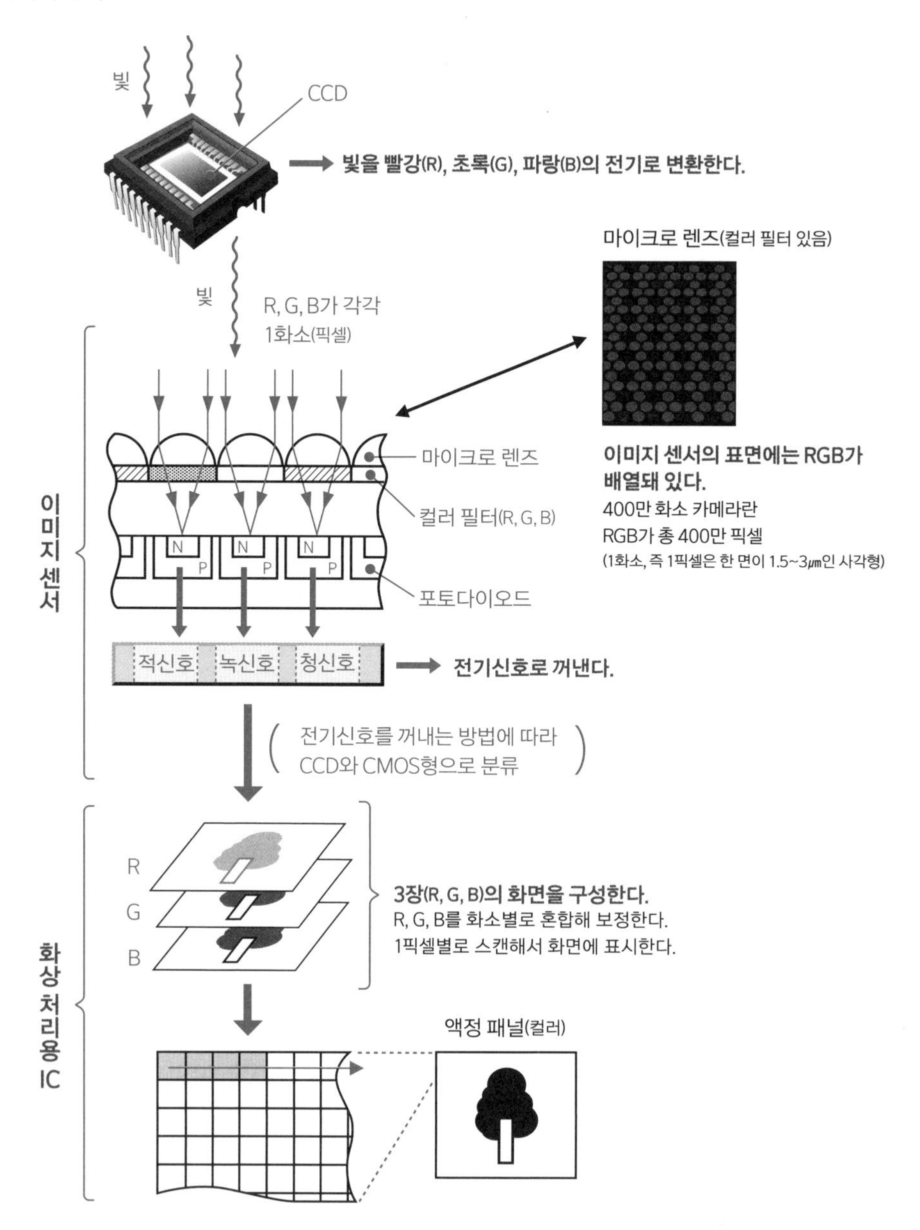

CCD 이미지 센서

CCD•란 원래 반도체 기판 표면에 다수의 전하 전송을 위해 전극(전하 전극)을 배열한 MOS 구조의 전하 결합 소자•를 뜻한다. 그러나 CCD를 고체 촬상 소자로 사용하고, 포토다이오드의 전하를 신호 출력으로 끌어내는 전송 방식이 일반화됐기 때문에 CCD가 이미지 센서를 가리키게 됐다.

CCD(이미지 센서)는 빛을 전하로 변환하는 포토다이오드와 그것을 전송하는 CCD 전극을 1화소(픽셀)로 해서 화소 수만큼 배치돼 있다. 화상을 구성하는 전수광소자의 전하는 이 CCD를 순차 주사해서 순서대로 다음 전극으로 이동해 화상 데이터의 전하를 모두 외부로 출력한다. 244쪽 그림에서는 먼저 수직 전송 CCD로 화소의 전하를 수직 아래 방향으로 전송하고, 그것을 수평 전송 CCD를 이용해 앰프(증폭 회로) 쪽으로 전송해 꺼낸다.

CCD의 특징 중 하나는 아무리 수백만 화소 이상이더라도 전하는 단 하나의 앰프를 이용해 꺼낼 수 있다는 점이다. 따라서 반도체 프로세스에서 소자의 불균형이 생겼을 때 앰프가 증폭하는 특성의 영향을 제거할 수 있고, 잡음이 적고 균일한 화질을 얻을 수 있다. 또한 포토다이오드의 누설 전류 불균형이 적기 때문에 화면이 어두울 때 전압 잡음이 적고, 포토다이오드와 CCD만으로 구성되기 때문에 수광 영역(포토다이오드)을 크게 취할 수 있어 화상의 밝기를 확보할 수 있다는 것도 장점이다.

한편 CCD 전송 회로에 높은 구동 전압 회로/복수 전원(예를 들어 +15V, -7.5V, +5V)이 필요하고 제조 프로세스가 복잡하므로 제조 비용이 상승하는 요인이 된다. CCD 프로세스가 특수해서 CMOS 논리회로와 같은 칩에 탑재할 수 없다는 단점도 있다.

CMOS형 이미지 센서

CMOS형 이미지 센서의 픽셀은 포토다이오드와 포토다이오드의 미약 신호(광출력)를 증폭하는 앰프(표준적으로는 3~5개)로 구성된다.

CCD가 수광한 전하를 전송하고, 최종적으로 앰프 하나로 전기신호로 변환할 때 CMOS형은 픽셀마다 전기신호로 바꾼다. 이것은 화질이 각 앰프의 특성(픽셀 수와 같은 수백만 개)에 좌우돼 불균형이 일어나기 쉽다는 뜻이다.

• **전하 결합 소자**: MOS형 반도체 소자다. 반도체 표면에 축적된 전하를 전극 주사를 이용해 전극에서 전극으로 연달아 전송하는 기능이 있다.

CCD 이미지 센서의 기본 원리

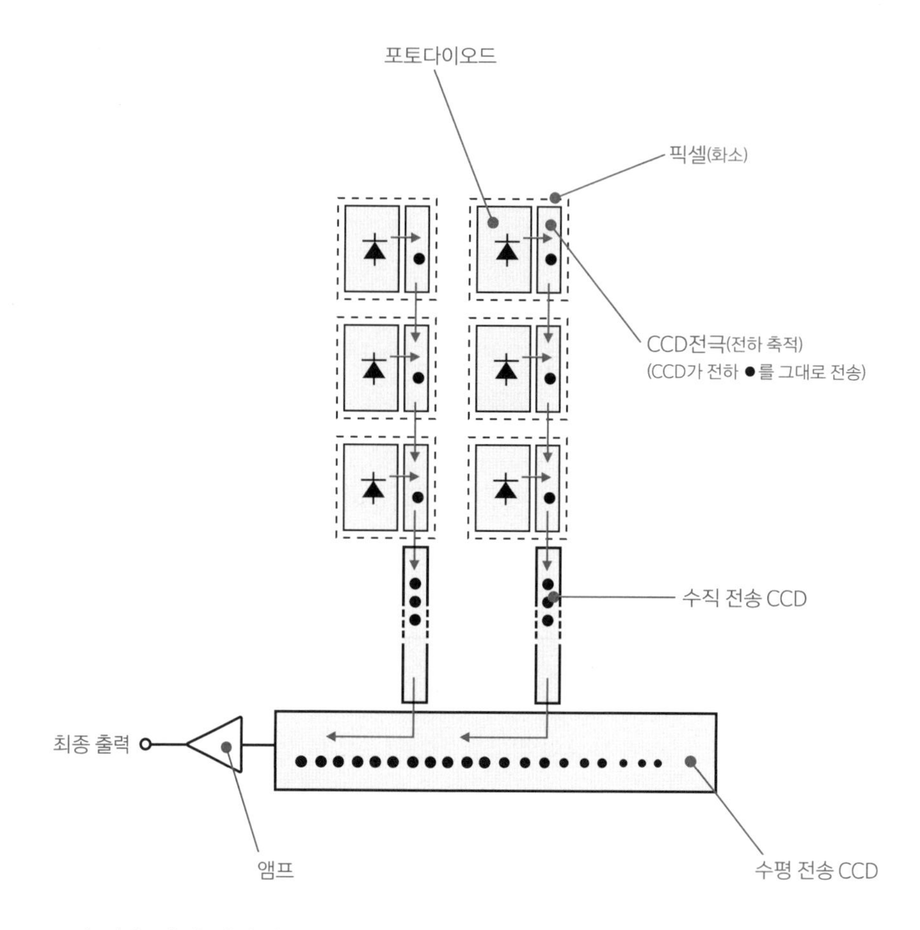

또한 작은 픽셀 안에서 앰프 부분이 큰 면적을 차지해서 CCD와 비교했을 때 충분한 수광량을 확보하지 못해 사진이 어두워지는 단점도 있는데, 이는 포토다이오드의 누설 전류가 많이 불균형하기 때문에 어두울 때의 전압 잡음이 많기 때문이다.

물론 장점도 많다. CCD는 주위보다 극단적으로 밝은 피사체를 비출 때 화상이 하얗게 퍼지는 스미어 현상이 있는데, CMOS형에서는 발생하지 않는다. 또한 CCD와 비교하면 부속하는 전자회로가 단일 전원/저전압 구동이기 때문에 소비 전력이 적고, CMOS 주사회로로 고속 화상 읽기가 가능하다. 게다가 이미지 센서를 CMOS 전자회로와 동일한 제조 프로세스로 만들 수 있어서 전체 비용이 저렴해질 가능성이 있다.

최근 들어 CMOS 이미지 센서는 기존 화소 구조(표면 조사형)와 달리 실리콘 기판의 뒷면 쪽에서 빛을 조사하는 **후면 조사형**이 개발됐다. 후면 조사형은 입사광이 줄어들지 않고 직접 조사되기 때문에 광량이 늘어나 화소 성능의 고감도·저잡음화가 실현돼 촬상 특성이 대폭 향상됐다.

CMOS형 이미지 센서의 기본 원리

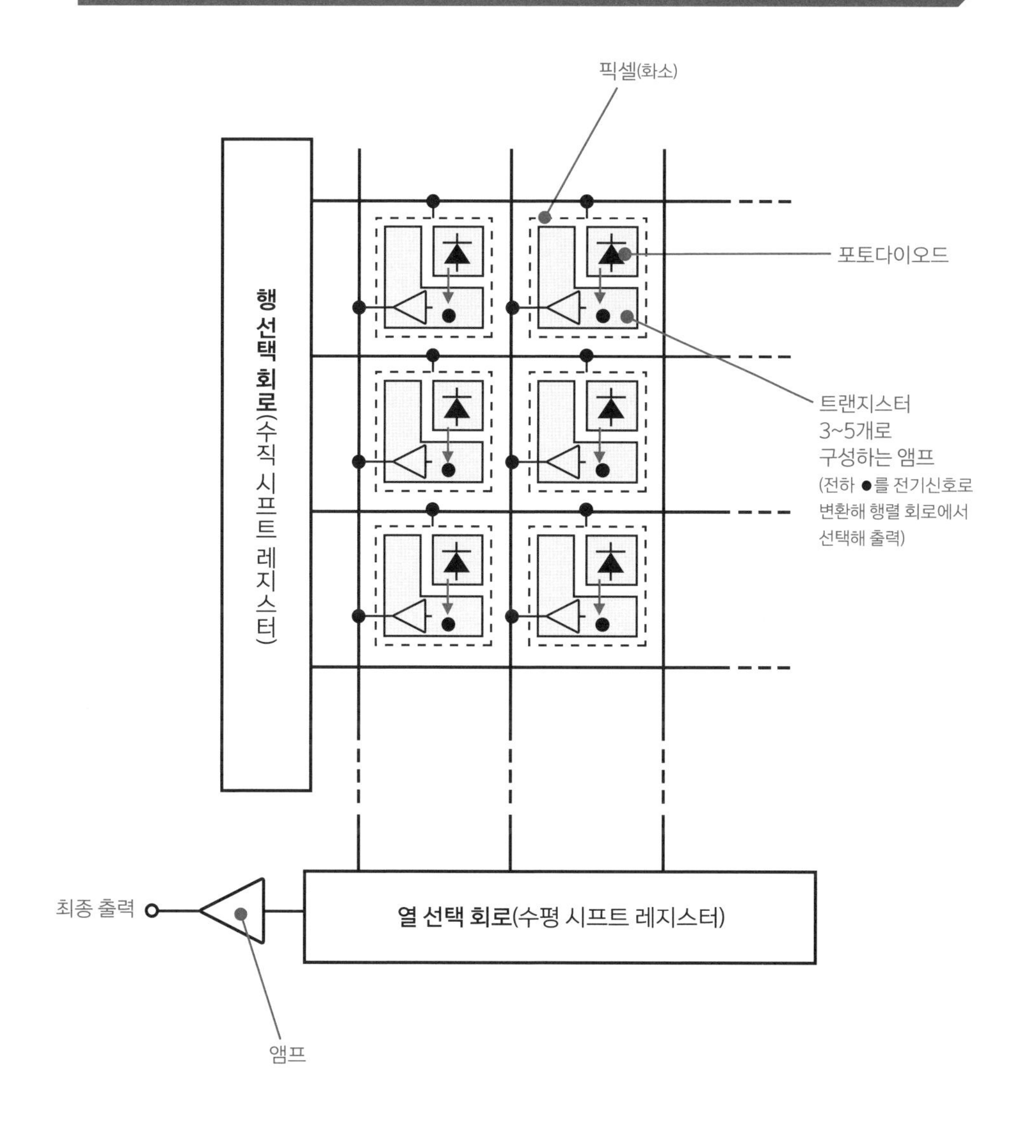

CMOS형 이미지 센서의 단면 구조(전면 조사형/후면 조사형)

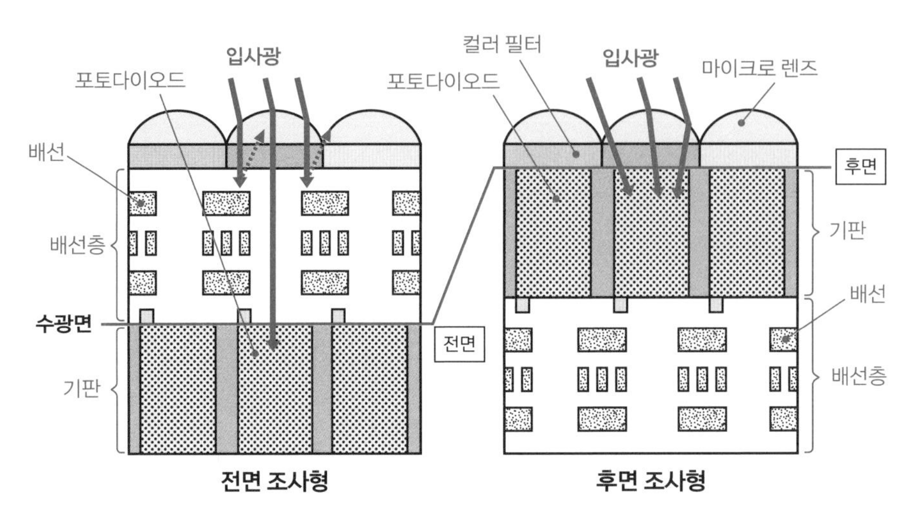

자료 협력 : SONY 주식회사

고속 통신망을 가능케 한 반도체레이저

현재 IT[•](정보 기술) 사회에서 브로드밴드(고속 대용량 통신)로 휴대폰이나 인터넷 등이 가능해진 이유는 광파이버와 광통신용 반도체의 발전 덕분이다. 광통신용 반도체 중에서도 반도체레이저는 전기신호를 레이저 광으로 변환해서 광파이버로 보내는 핵심 디바이스다.

광통신 시스템

광통신 시스템의 기본 구성은 광송신기(**반도체레이저**로 송신), 광전송로(**광파이버**) 및 광수신기(포토다이오드), 이렇게 세 가지 요소로 이뤄진다. 레이저다이오드(반도체레이저)는 전기신호를 레이저 광으로 변환하는 광통신용 디바이스다.

레이저(**LASER**[•]) 광은 태양광 같은 자연광과 달리 주파수 스펙터를 일정하게 유지할 수 있고 빔(나란히 나아가는 빛의 흐름)으로 모으기 쉬우며, 단위 단면적당 에너지 밀도가 높고 지향성·직진성이 뛰어나다는 장점이 있다. 그래서 원거리 통신을 가능케 하는 광통신 시스템에 사용된다.

광통신 시스템의 기본 구성

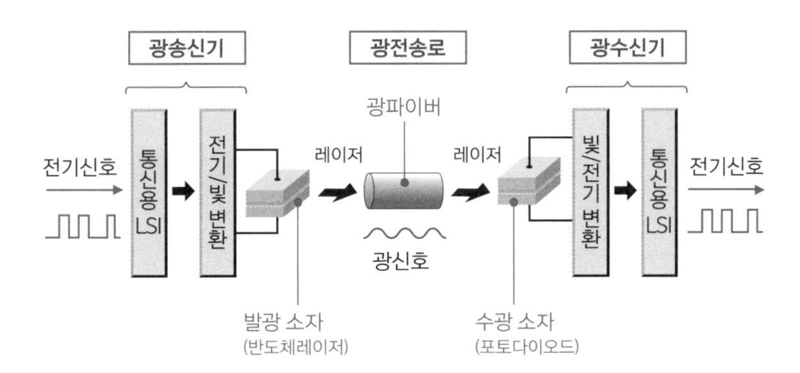

- **IT** : Information Technology
- **LASER** : Light Amplification by Stimulated Emission of Radiation. 복사의 유도 방출에 따른 광증폭.

반도체레이저

광통신 방식의 핵심 디바이스가 전기신호를 광신호로 변환하는 반도체레이저•다. 일반적인 LSI가 실리콘 재료를 쓰는 것과 달리, 반도체레이저는 화합물 반도체인 갈륨비소(GaAs)를 주재료로 사용한다.

반도체레이저의 구조는 PN 접합 사이에 활성층이라 부르는 영역이 끼워져 있다. 이 구조에서 순방향(P형으로 양, N형으로 음)으로 전압을 가하면, P형에서 N형으로 전자가, N형에서 P형으로 홀이 이동한다. 그러나 반도체레이저에서는 P형과 N형 사이에 활성층이 있다. 활성층이란 얇은 PN 접합 영역인데, 전자나 홀이 쌓이기 쉬운 구조다. 이 활성층에 전자와 홀이 조금 축적된다. 그러면 이 활성층에서 서로 끌어당겨 재결합이 일어나는데, 이때 빛에너지를 방출한다. 그러나 활성층과 P형, N형 영역 사이에 굴절률 차이가 있어서 빛은 갇히게 되고, 경면(거울의 표면) 상태로 가공된 활성층의 양쪽 끝에서 반사를 반복하며 발진 상태가 된다. 이 발진 상태가 경면 사이(활성층의 양쪽 끝)에서 증폭돼 일정 상태가 되면 레이저로 연속 발진한다. 이 경계면에서 외부로 방출된 일부 빛이 레이저 광이다.

반도체레이저의 원리

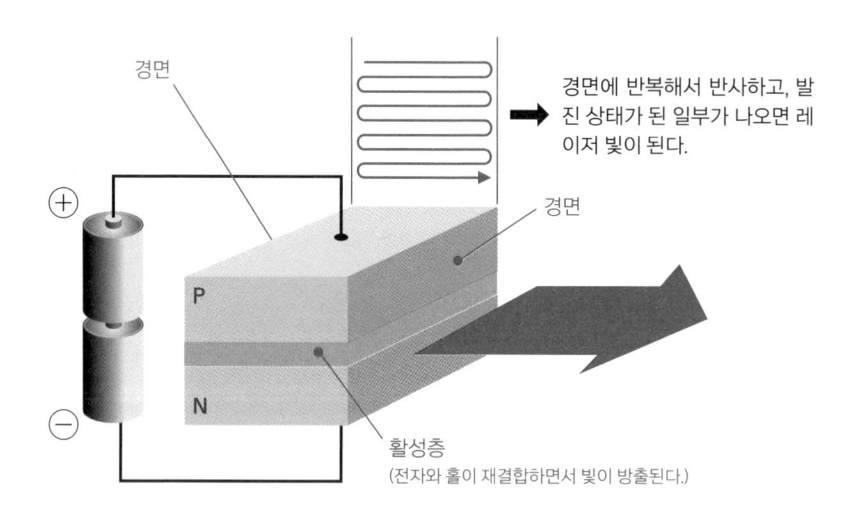

• **반도체레이저 :** 레이저다이오드라고도 한다.

8-05 청색 레이저가 가능케 한 고화질 장시간 레코더

블루레이 디스크는 기존 CD나 DVD와 비교해서 한층 더 단파장인 청색 레이저(파장 405nm)를 이용해 전과 같은 면적의 디스크에 더 작은 정보 피트를 고밀도로 만들어 넣어서 고화질 장시간 레코더를 실현했다.

광학식 기록 미디어의 원리

CD나 DVD 같은 광학 미디어(플라스틱 투명 수지로 만든 지름 120mm, 두께 1.2mm의 투명 기판) 위에는 **정보 피트**●(정보 구멍)라 불리는 매우 작은 돌기가 있고, 그 위를 알루미늄 박막이 덮고 있다. 반도체레이저를 **광학 미디어**에 비췄을 때 정보 피트가 없는 평면에 레이저 광이 닿으면 빛이 알루미늄 막에 반사돼 그대로 돌아가지만, 정보 피트가 있는 부분에 레이저 광이 닿으면 일부 빛이 흐트러지기 때문에 반사광이 감소한다. 이러한 빛의 강약을 광검출기●로 받고, 그것을 전기회로(시스템 LSI)로 처리해서 디지털 데이터를 읽는다.

광학 미디어의 구조

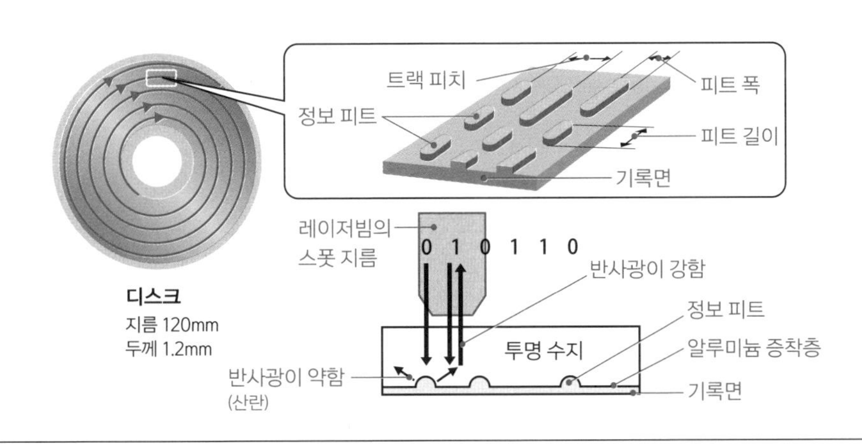

- **정보 피트** : 광학 미디어(CD, DVD, BD) 위의 작은 돌기. 그러나 피트의 원래 뜻은 구멍, 파인 곳.
- **광검출기** : 수광부는 포토다이오드로 구성한다.

광학 미디어 성능은 조사하는 레이저 광의 파장이 정한다

블루레이 디스크(BD)는 콤팩트디스크(CD)에서 사용하는 적외 레이저(파장 780nm)와 DVD에서 사용하는 적색 레이저(파장 650nm) 대신 파장이 더 짧은 **청색 레이저**(파장 405nm)를 사용해 픽업 광학 렌즈의 개구수 NA(수치가 큰 렌즈일수록 고해상도)도 올리고 있다. 이렇게 해서 정보 피트 그 자체나 **트랙 피치**(동심원 상태로 쓰인 기록 단위가 트랙인데, 그와 인접하는 트랙 사이의 간격)의 간격을 좁게 해서 같은 면적에 정보를 고밀도로 기록할 수 있게 됐고, 이 덕분에 기록 용량이 DVD보다 5배 이상 더 많다.(1층 25GB, 2층 50GB) 물론 고밀도화에는 레이저를 대신했다는 것과 더불어 광학 디스크 미세 가공 기술의 진보도 크게 공헌했다.

BD는 원래 고화질 동영상의 보존·재생용으로 개발됐는데, 기록 미디어의 대용량화로 PC용 BD 드라이브, BD 드라이브 게임 기기, BD 미디어 탑재 비디오카메라, 고해상도·고화질의 방송 기기, 장시간 동안 기록하는 보안 기기(감시 카메라) 등 여러 응용 제품으로 폭넓게 쓰이고 있다.

광학 미디어 비교(CD vs DVD vs BD)

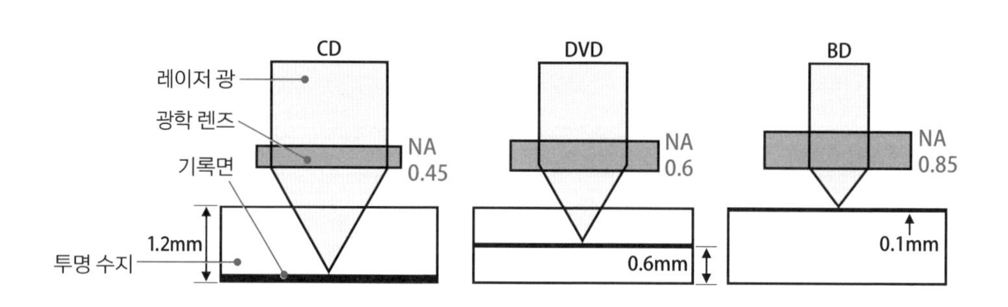

광학 미디어	CD	DVD	BD
트랙 피치	1.6㎛	0.74㎛	0.32㎛
최소 피치	0.87㎛	0.4㎛	0.15㎛
데이터 용량	700MB	4.7GB	25GB
레이저빔 지름	1.5㎛	0.96㎛	0.47㎛
레이저 파장	780nm	650nm	405nm

전기에너지를 아끼는 데 공헌하는 전력 반도체

에어컨이나 냉장고에는 전기에너지 절약에 공헌하는 인버터가 탑재된다. 인버터에는 전력 반도체로서 실리콘 재료로 만든 전력 MOSFET, IGBT 등이 사용되고 있지만, 앞으로는 한층 더 고효율화가 가능한 SiC나 GaN 반도체가 기대되고 있다.

전력 MOSFET

전력 반도체(**전력 MOSFET**)의 특성으로 저손실(온저항이 작음), 고속성(**인버터**•의 전력 변환 효율은 주파수가 높은 쪽이 좋음), 고파괴 내압량(구동 전압, 구동 전류가 큼) 등이 요구된다. 이런 요구에 부응해 전력 MOSFET은 소신호용 MOSFET이 전류를 2차원 방향(수평)으로 흘리는 반면, 전류를 칩의 3차원 방향(수직)으로 흘리는 구조를 채용해서 다수의 트랜지스터를 병렬 접속해 온저항을 감소하고, 구동 전류를 크게 한다.

전력 MOSFET에는 게이트가 칩 표면에 형성된 **플레이너 게이트 MOSFET**, 수직 방향으로 홈을 파서 그 안에 게이트를 채운 **트렌치 게이트 MOSFET** 등 두 종류가 있다. 트렌치 게이트 MOSFET은 U형 홈 게이트 구조에 따라 채널을 세로 방향으로 형성하고, 한층 더 고집적화를 실현해 저손실 · 대구동 전류를 얻는다.

IGBT

IGBT•는 그 이름 그대로 절연 게이트형 바이폴라 트랜지스터다. 컬렉터 쪽에 PN 접합을 부가하고, 그 PN 접합에서 홀을 주입해 전류 밀도를 늘려서 온저항을 낮추는 구조다. 이 구조 덕분에 MOSFET이 내압을 올리면 온저항이 급격히 증가하는 문제가 해결됐다.

MOSFET이 조명 기기 같은 저전압 용도라고 하면, IGBT는 주로 고전압 · 대전류 용도인 전동기 제어 분야(에어컨, IH 밥솥, 공작 기계, 전력 기기, 자동차, 전철)에서 이용된다.

- **인버터 :** 전자 제어로 모터 구동을 위한 전압 · 전류 · 주파수를 제어하는 기기
- **IGBT :** Insulated Gate Bipolar Transistor

전력 MOSFET의 구조

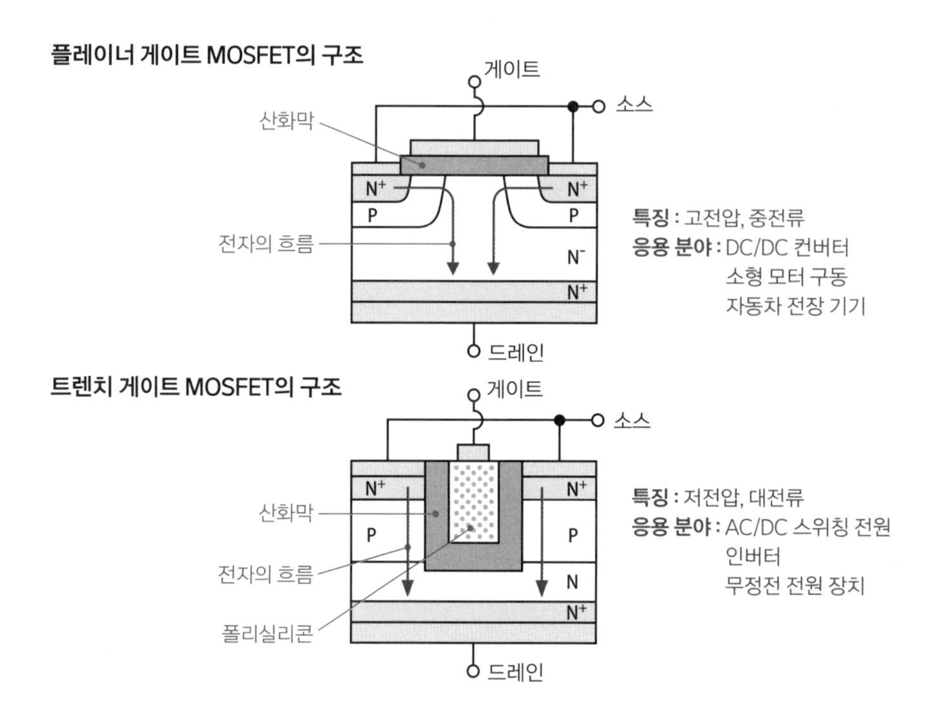

IGBT의 구조

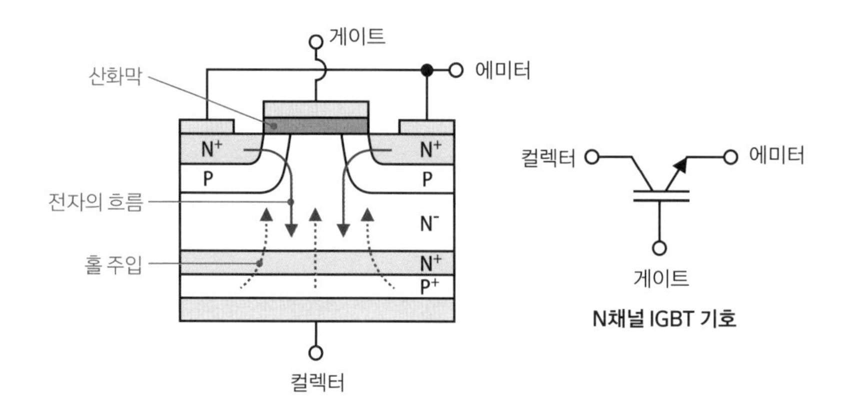

전력 반도체의 현황

전력 제어나 공급, 에너지의 유효한 이용에 관여하는 반도체를 전력 반도체라고 부르며, 출력 용량(고전압, 고전류)과 작동 주파수 등의 용도에 맞게 각종 디바이스가 개발되고 있다. 이런 디바이스의 품질 성능에는 더 뛰어난 초저손실화, 소형화, 경량화가 요구되는데, 실리콘 웨이퍼를 이용하는 MOSFET, IGBT의 성능은 이제 에너지 손실을 최소한으로 줄이는 한계치에 거의 다다랐다. 따라서 차세대 실리콘카바이드(SiC)나 갈륨나이트라이드(GaN)를 향한 기대가 한층 더 높아지고 있다.

실리콘 반도체의 한계를 뛰어넘는 SiC 반도체

SiC 반도체는 실리콘 반도체와 비교해서 에너지 밴드갭•이 3배(누설이 발생하기 어렵고 고온 작동이 가능하면서 드레인과 소스 사이의 전류 통로를 좁게 만들 수 있기 때문에 온저항이 감소하면서 저손실화를 실현), 절연 파괴 전압이 10배(고전압화), 고주파 작동 가능(인버터 등 고변환 효율화), 열전도율 3배(방열기의 소형화) 등 전력 반도체로서 특성이 뛰어나다.

SiC 반도체로 만든 MOSFET 구조가 기존 실리콘 반도체와 분명하게 다른 점은 내압 전압이 같을 때 칩 두께를 1/10 정도로 만들 수 있다는 것인데, 이것이 온저항 감소에 따른 저손실 전력 디바이스로 이어진다.

GaN 반도체는 SiC 반도체보다 전력이 낮지만, GaAs와 비교하면 더 고출력인 고주파 전력 디바이스로 기대되고 있다.

SiC 전력 반도체의 실용화가 시작된다

SiC 전력 반도체는 에어컨, 태양전지, 자동차, 철도 같은 분야에서 쓰이고 있다. 하지만 아래에 기술한 문제는 아직 완전히 해결하지 못했다.

- SiC 웨이퍼 제조로는 고품질 대구경 웨이퍼를 얻기가 힘들다. (현재는 6인치 정도)
- SiC는 화학 결합이 강하고 불순물의 열확산을 할 수 없어 도핑에는 고온 이온 주입(500℃ 이상)과 초고온 어닐링(1,700℃ 이상)이 필요하다.
- MOSFET에서 게이트 채널 저항값을 내리기(캐리어 이동도를 올리기)가 어렵다.
- 실제로 견딜 수 있는 산화막 신뢰성을 얻기 힘들다.

• **에너지 밴드갭 :** 12쪽 '1-1 반도체의 일반적인 특성'을 참고

전력 반도체의 성능과 용도

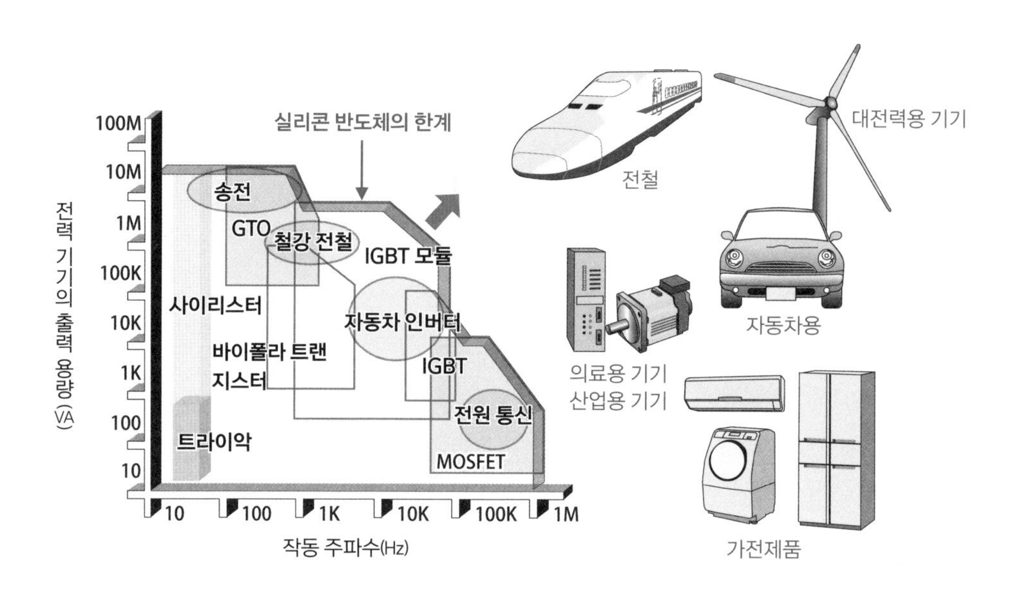

Si-MOSFET과 SiC-MOSFET의 구조 비교

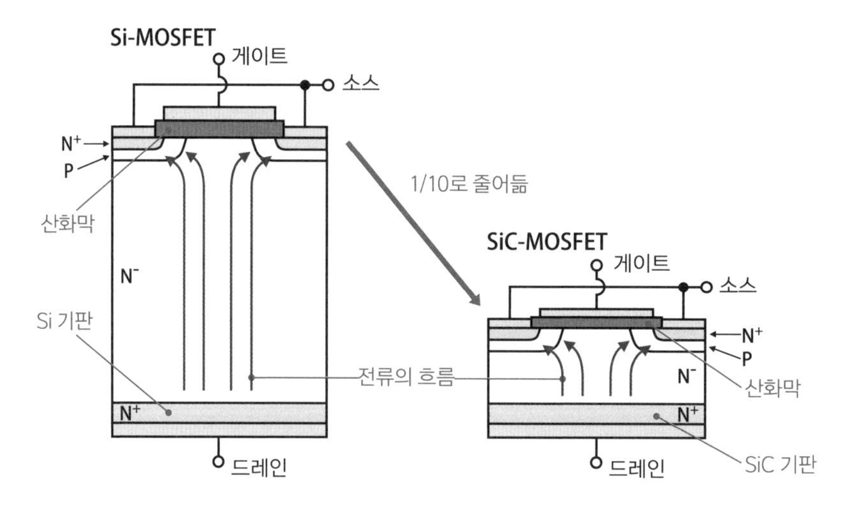

드레인에서 소스까지의 전류 통로를 1/10까지 줄여 온저항을 대폭 감소할 수 있다.

궁극적인 전력 반도체는 다이아몬드

차세대 전력 반도체의 재료로 실리콘 대신 SiC나 GaN이 관심을 받고 있다. 하지만 이들 반도체 성능을 훨씬 뛰어넘는, 궁극의 전력 반도체로 기대되고 있는 것이 **다이아몬드 반도체**다. 다이아몬드는 보통 절연체라고 생각하는데, 억셉터나 도너가 되는 불순물도 존재해서 이론적으로는 P형이나 N형 반도체로 실현할 수 있다. 이상적인 다이아몬드가 지닌 반도체 재료로서의 잠재력은 실리콘과는 비교가 되지 않을 정도로 높고, 실리콘보다 고온 작동 온도에서 5배, 고전압화에서 30배, 고속화에서는 3배의 특성을 띤다.

다이아몬드 반도체는 최근에 일본 기업이나 연구 기관 등이 대형 단결정 웨이퍼나 고품질 합성 다이아몬드 박막을 만드는 데 성공하면서 대출력 고주파 반도체 또는 전력 반도체로서 주목을 받고 있다. 만약 다이아몬드 반도체를 디바이스의 자기 발열 온도(200~250℃)에서 작동시킬 수만 있다면 전기 자동차, 하이브리드 자동차의 모터 구동을 위한 파워 모듈 냉각 장치를 배제해서 공랭이 가능해지고, 전력 전자 기기의 효율 상승이나 방열 장치에 혁명을 일으킬 가능성이 있다.

다이아몬드와 실리콘의 특성 비교

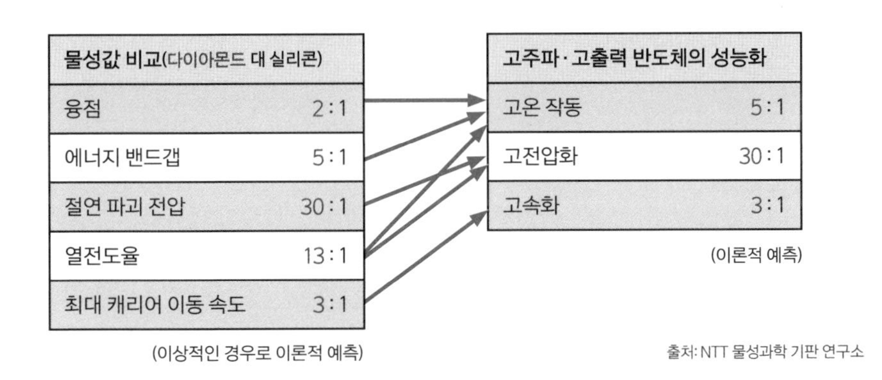

IC 카드는 초소형 컴퓨터

IC 칩에 정보가 들어간 IC 카드는 정보 기억량이 크고 안전성이 높다는 장점을 갖고 있으며, 그 구성은 그야말로 초소형 컴퓨터라고 할 수 있다. 게다가 편리성과 내구성도 뛰어나서 철도 패스나 전자 화폐로 널리 쓰인다.

초소형 컴퓨터와 같은 구조

IC 카드는 컴퓨터를 구성하는 기본 요소인 CPU, 메모리(기억장치), 입출력 장치가 있으며 용도에 맞는 애플리케이션 프로그램도 탑재된다는 사실을 생각하면 그야말로 초소형 컴퓨터라고 할 수 있다.

기존 자기카드보다 기억 용량이 훨씬 큰데, IC 카드의 최대 특징은 기억 용량이 아니라 CPU를 내장해서 개인 인증과 안전성(보안)을 압도적으로 높였다는 점이다.

IC 카드 종류

IC 카드에는 리더 라이터(데이터를 읽고 쓰는 카드 단말기)와의 통신 수단으로 접촉형과 비접촉형이 있다.

접촉형 IC 카드

접촉형 IC 카드는 자기카드와 크기가 같고(54×86×0.76mm), 전극 단자 8개가 있다는 것을 제외하면 기존 캐시 카드 같은 자기카드와 외관상 차이가 없다. 기존에 자기카드에서 정보를 읽고 쓰던 방법, 즉 자기 스트라이프를 단말기의 자기헤드와 접촉시켜 실행했던 것과 달리, IC 카드를 리더 라이터에 꽂으면 노출된 금속 단자를 끼고 직접 전원 공급과 데이터 통신을 한다. 전기 접속으로 확실히 통신을 할 수 있어서 정보량이 많고, 고도의 보안을 요구하는 은행 카드 결제나 인증 등에 많이 쓰인다.

접촉형 IC 카드의 구조

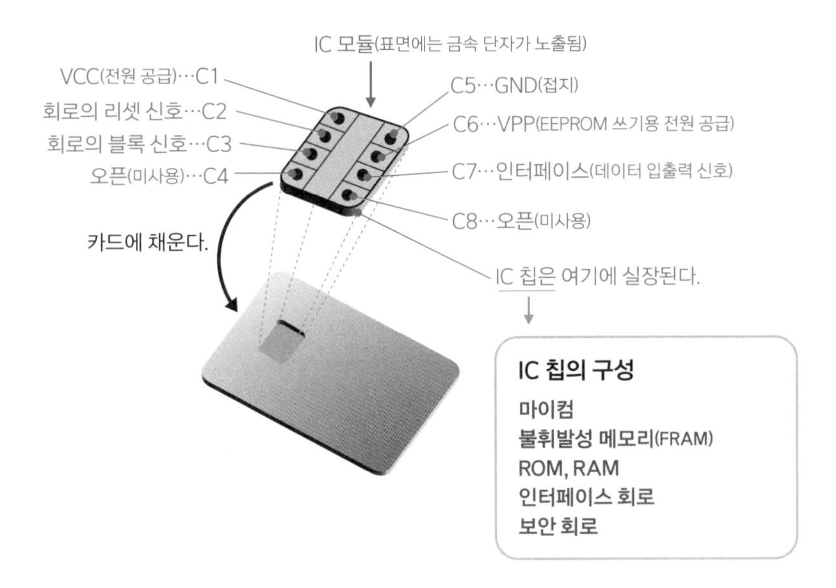

비접촉형 IC 카드

비접촉형 IC 카드는 단말(리더 라이터)과 직접 접촉해서 데이터 통신을 하지 않고, 카드에 내장된 안테나에서 발생하는 전파를 이용해 비접촉으로 데이터 통신을 한다. 그래서 카드 접촉으로 생긴 표면의 금속 마모나 티끌 때문에 접촉 불량이 일어나기 어렵고, 내구성이 뛰어나며 리더 라이터에서 발생하는 자계에 카드를 대기만 해도 데이터를 주고받을 수 있다.

단, IC 카드는 기본적으로 전지를 내장하지 않아서 외부에서 전력을 공급할 필요가 있다. 따라서 IC 카드 안에 코일 상태의 안테나를 넣어서 리더 라이터가 발신하는 전자파를 안테나에서 수신해 작동 전력으로 바꾼다.

비접촉형 IC 카드는 내구성이 뛰어난 장점을 최대한으로 살려, 교통 카드로 쓰였다. 그리고 현재 유통 중인 시장은 ① 전자 화폐 결제를 위한 프리페이드용 전자 화폐, ② 학생증/교직원증/사원증, ③ 공적 개인 인증 서비스에 대응한 마이 넘버 카드(일본의 주민등록증과 유사함) 등 간편성이 더 요구되는 곳에서 크게 확대되고 있다.

비접촉 IC 카드의 작동 원리(리더 라이터와의 통신)

비접촉 IC 카드와 리더 라이터(전자 유도 방식)와의 정보 교환은 다음과 같은 절차로 진행된다.

1 리더 라이터가 발생하는 전자파를 비접촉 IC 카드의 안테나로 수신해 전류로 변환한다.
2 IC 칩에 전류가 흘러 LSI(전자회로)가 작동한다.
3 IC 칩의 메모리에 들어가 있는 정보를 발신한다.
4 리더 라이터의 안테나가 전파를 수신해서 제어회로로 해석한다.

비접촉 IC 카드를 사용한 자동 개찰기의 예

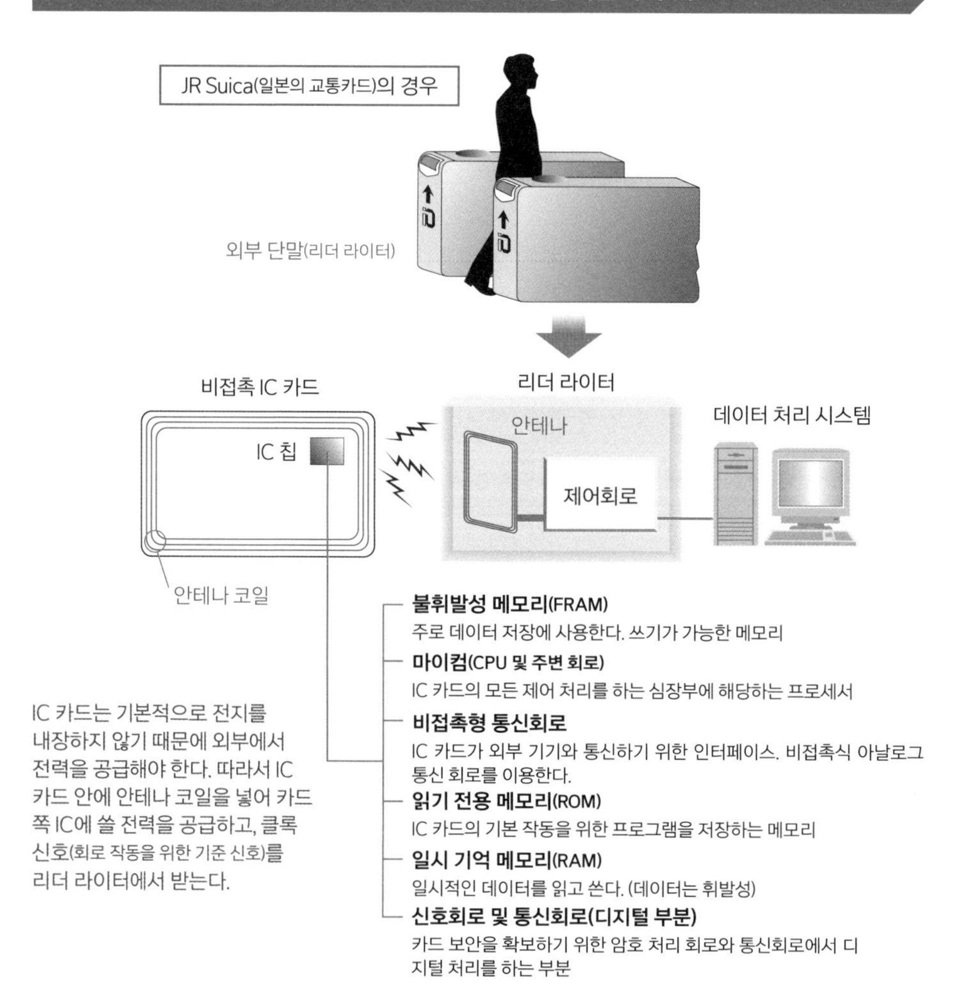

유통 관리의 구조를 바꾸는 무선 통신 IC 태그

IC 태그, 혹은 RFID는 기본적으로 IC 칩을 심은 비접촉 IC 카드와 기능이 같다. 하지만 기본적으로 CPU를 탑재하지 않고, 고유 번호를 식별하는 기술로 비접촉 통신을 이용한다는 점이 IC 카드와 다르다.

IC 태그의 특징과 비즈니스 응용

미소 칩(밀리미터 단위 이하)과 소형 안테나를 심은 **IC 태그**●는 라벨 스티커, 태그, 동전, 열쇠, 캡슐 등 모양이 다양하다. 기본 구성은 비접촉 IC 카드와 같지만, 대부분 제품은 CPU를 탑재하지 않고 고유 번호를 식별하는 기술을 이용한다. 또한 IC 태그에는 전자 태그, 무선 태그, 전자 꼬리표, **RFID**● 등 여러 가지 명칭이 붙어 있다. IC 태그는

IC 태그를 활용한 비즈니스 모델 예시

패션 업계
- 생산 관리
- 유통 관리
- 재고 관리
- 인기 상품 관리

운수 업계
-물류 관리
- 택배 관리
- 항공 수하물 관리

상품 계산
- 상품 한꺼번에 읽기
- 상품 관리
- 재고 관리
- 도난 방지

도서관, 출판업계
- 관리 번호
- 책 이름, 저자
- 장소 검색
- 대여 관리

● **IC 태그 :** IC 태그는 RFID라고도 불린다. IC 태그는 응용 측면, RFID는 기술 측면에서 부르는 이름이라고 생각하면 된다.

● **RFID :** Radio Frequency Identification. 전파에 따른 개체 식별. 원래는 무선을 이용한 비접촉 자동 인식 기술의 총칭이다.

무선으로 하는 비접촉 방식이기 때문에 식별 번호가 눈에 보일 필요가 없어서 상자 속에 들어 있거나 옷에 꿰매어 놔도 상관없다. 이런 점 때문에 다양한 비즈니스 현장에서 애플리케이션으로 이용된다.

IC 태그의 작동 원리

IC 태그는 비접촉 IC 카드와 마찬가지로 IC 칩과 리더 라이터에서 전파를 수신함과 동시에 전력을 공급받는 안테나 코일로 구성된다. IC 태그용 칩에 기록되는 데이터는 인식 번호가 주체가 되기 때문에 정보량이 적고, 또 읽기 전용 용도로 사용하는 경우가 많아서 비접촉 IC 카드와 비교했을 때 칩 면적이 크지 않다.

IC 태그(RFID)의 현황

(일본) 점포에는 IC 태그가 예상만큼 보급되지 못했다. 도입하기에는 IC 태그의 가격이 아직 비싸고, 단가가 저렴한 상품에는 비용 대비 효과를 기대할 수 없어 전 상품을 대상으로 적용하기가 어렵다. 리더 라이터의 구입 비용이 드는 문제도 있다. RFID 활성화를 위해 일본경제산업부는 'RFID 태그를 활용한 상품 손실 삭감에 관한 실증 실험(2021년)' 같은 활동을 펼친 적이 있으며, 히타치 제작소와 르네상스 테크놀로지는 공동으로 2005년 세계 박람회의 입장권인 IC 태그(뮤칩. 한 변이 0.4mm인 사각형)를 개발하기도 했다.

IC 태그의 예시(뮤칩 구성)

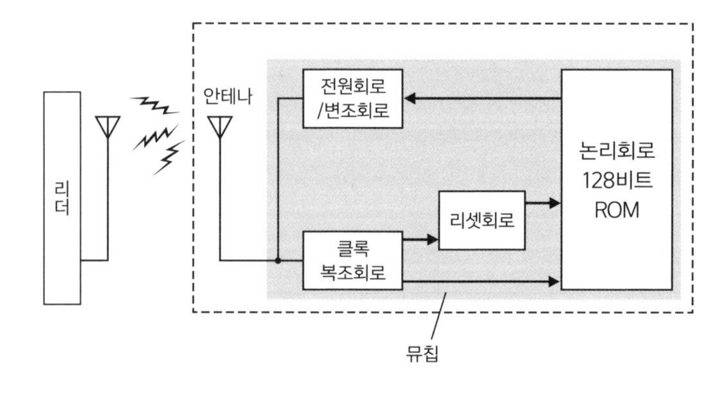

제9장

반도체 미세화의 미래

더 작게, 더 빠르게, 더 효율적으로

1971년 미국 인텔이 세계 최초로 마이크로프로세서를 발표했는데, 그때의 프로세스 룰은 10㎛였다. 2023년 현재는 3nm에 이른 반도체 미세화는 지금도 계속되고 있다. 어디까지 작아질 수 있을까? 이 장에서는 미래 동향과 가능성을 설명한다.

트랜지스터의 미세화 구조는 한계가 어디까지인가?

반도체 고성능화는 CMOS 트랜지스터 치수의 미세화에 의존한다. 미세화가 벽에 부딪혔던 시기도 있었지만, 초해상 기술이 등장하면서 현재까지 변함없이 발전하고 있다.

MOS 트랜지스터 미세화를 결정했던 스케일링 법칙

CMOS 디바이스의 미세화는 원래 MOS 트랜지스터의 주요 파라미터*를 일정한 계수(비율)로 축소해 가는 (MOS 트랜지스터의) **스케일링 법칙**을 충족해 왔다. 하지만 앞으로 스케일링 법칙을 따르기만 해서는 미래 기술 로드맵을 실현할 수 없으므로 미세화를 방해하는 각종 요인을 해결할 대책이 제안되고 있다.

MOSFET의 스케일링 법칙(전계 강도가 일정할 때)

	파라미터	스케일링 비례
디바이스 (독립)	채널 길이	1/K
	채널 폭	1/K
	게이트 산화막 두께	1/K
	불순물 농도	K
	접합 깊이	1/K
	공지층 두께	1/K
	전압	1/K
회로(종속)	전류	1/K
	용량	1/K
	소비 전력/회로	$1/K^2$
	지연 시간/회로	1/K
	디바이스 면적	$1/K^2$

◀ MOSFET의 스케일링 법칙 (전계 강도가 일정할 때)

출처 : R.H.Dennard, F.H.Gaennsslen, H.N.Yu, V.L.Rideout, E.B.Bassous and A.R.LeBlanc : Design of implanted MOSFET's with very small physical dimmensions, IEEE J of Solid State Circuits, SC-9, p.256(1974)

● **주요 파라미터 :** 채널 길이, 채널 폭, 게이트 절연막 두께, 전압, 불순물 농도 등

더 미세한 구조를 실현하기 위한 방해 요인 해결책

■ 게이트 절연막에 고유전율(high-k) 재료

극도로 얇아진 게이트 절연막을 통해 게이트 누설 전류가 발생한다. 산화막 환산의 절연막을 더 두껍게 할 수 있는 고유전율(high-k) 재료를 이용한다.

■ 트랜지스터는 LDD 구조(게이트 측벽을 사이드 월이라고 부름)

드레인, 소스 근방의 전계 강도를 낮춰서 전원 내압 열화를 방지한다.

■ 트랜지스터 구조에 SOI 기판

채널 부분의 기생 용량을 최소화하는 **SOI** 구조를 채용해서 작동할 때 무효 전력이 늘어나는 것을 막고, 작동 처리 속도도 올린다.

■ 트랜지스터 구조에 스트레인드 실리콘

실리콘 기판에 **스트레인드 실리콘**(Strained Silicon)을 이용한다. 실리콘 기판의 비뚤어진 부분은 이동도를 올린다. 이동도의 향상은 그대로 트랜지스터 성능(속도)을 올린다.

CMOS 미세화 구조를 위한 해결책

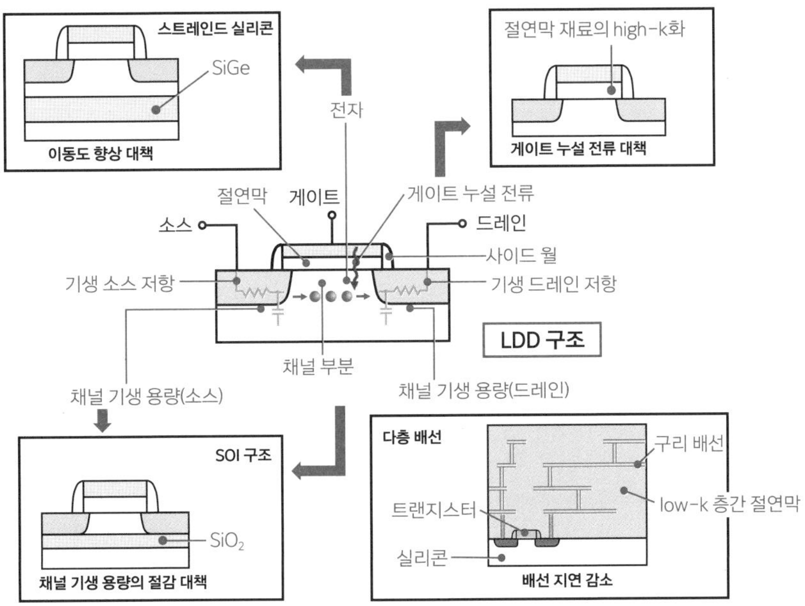

- **LDD 구조** : 207쪽을 참고
- **SOI** : Silicon on Insulator. 절연막 위의 반도체.

■ **다층 배선 금속에 구리 배선, 층간 절연막에 저유전율(low-k) 재료**

구리 배선·저유전율 재료의 층간 절연막을 쓰면 배선 지연이 감소한다.

반도체 미세화는 어디까지 가능한가?

아래 그림은 SEMI(국제반도체제조장치재료협회)가 예측한 '반도체의 미세화 트렌드'이다. 이 장에서 **테크놀로지 노드**는 프로세스 룰(반도체 제조 프로세스에서 최소 가공 치수를 규정한 수치)과 동의어로 간주한다.

반도체 제조가 시작된 이후로 **무어의 법칙**(인텔의 고든 무어 박사가 1965년에 제창한 경험칙으로 반도체의 집적도가 18~24개월마다 배로 증가한다고 주장하는 법칙)대로 미세화(고집적도화에 필요)는 발전해 왔다.

하지만 프로세스 룰 32nm를 경계로 미세화 속도는 더뎌지고 있다. 가장 큰 원인은 노광 기술(패턴 해상도)의 성능 한계 때문이다. ArF 액침 노광 장치와 더블 패터닝(이중 노광)을 구사해도 해상 한계가 38nm이기 때문이다. 32nm 이후에 페이스가 떨어지긴 했지만, 미세화는 진행되고 있다. 그것은 노광 기술에 의존하지 않고 성막·식각 기술에만 의존하는 더블 패터닝(SADP)을 채택하면서 초미세화가 진전됐기 때문이다. 나아가 EUV 노광을 본격적으로 가동하면서 반도체 미세화는 프로세스 룰 1nm의 가능성까지 보이고 있다.

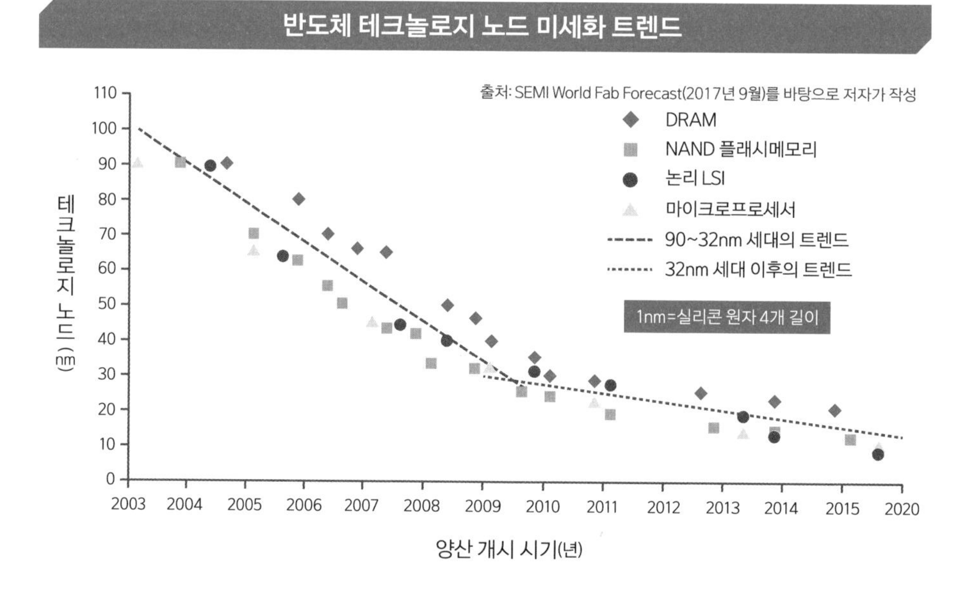

MOS 트랜지스터 구조의 미세화 추이

전자 기기 성능을 정하는 MOSFET의 고속 작동화, 소위 말하는 MOS 트랜지스터(MOSFET) 구조의 미세화 추이를 알아보자.

대략 말하자면, MOSFET의 작동 속도는 채널 길이가 짧을수록 빨라진다. MOSFET을 스위치(디지털회로)로 생각한다면, OFF → ON(ON → OFF)으로 전환되는 시간이 짧아지면 좋으므로 그것은 소스에서 튀어나온 전자가 얼마나 빨리 드레인에 도달할 수 있는지에 달려 있다. 따라서 소스, 드레인 사이(채널 길이)의 거리 축소야말로 MOSFET의 고속 작동화를 실현한다.

하지만 채널 길이를 축소하면 MOSFET은 누설 전류가 커져서(정확히 말하면 다른 요인도 있음) 스위치 기능인 ON/OFF의 구별이 불가능해지고, 작동 불량을 일으킨다. 그래서 MOSFET 미세화 추이에서 구조 변화는 채널 길이를 축소하면서 동시에 MOSFET 누설 전류의 증가를 얼마나 막는가에 달려 있다.

초기 구조는 웨이퍼 평면 위의 플레이너형 MOSFET으로, 채널 길이의 추이는 10μm에서 시작해 1.3μm 정도까지는 스케일링 법칙에 따른다. 하지만 1.0μm 정도부터는 성능 열화를 막기 위해 LDD 구조가 채용됐다. 그리고 구조는 또다시 입체화를 시도한 Fin형, GAA형으로 진화해 왔다.

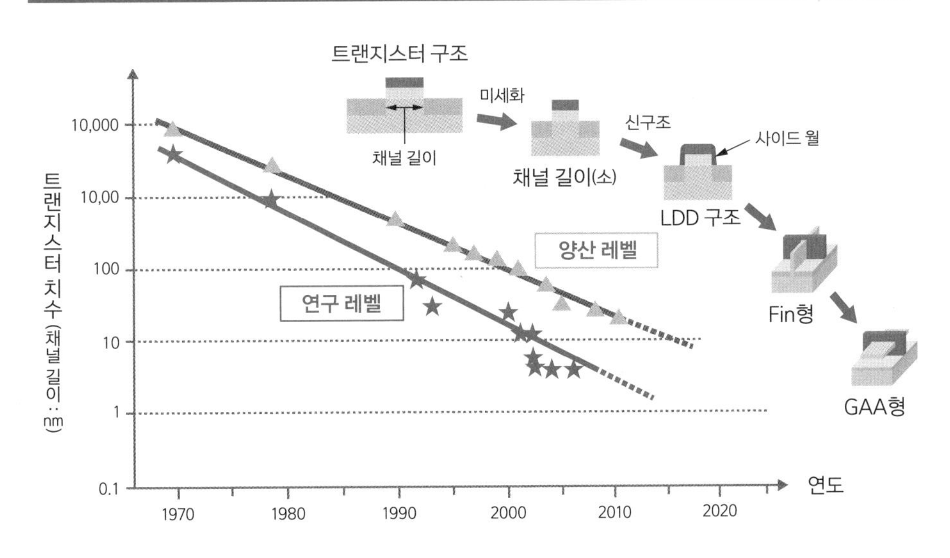

출처 : NanotechJapan Bulletin Vol.4 No.6, 2011을 바탕으로 저자가 작성

MOSFET 구조의 입체화

드디어 LDD 구조(개량은 계속)도 성능 한계에 다다랐다. 채널 길이 20nm 정도부터 MOSFET은 평면형(플레이너형 MOSFET)에서 입체화한 Fin형 MOSFET이 된다. Fin형 MOSFET은 기존에 게이트 바로 아래의 채널 부분이 평면적(2차원)이었던 반면, 채널 부분의 게이트를 입체화해 세 방향에서 덮는 Fin 구조(핀이란 물고기 지느러미)가 된다. Fin형은 누설 전류를 줄일 뿐만 아니라 MOSFET 성능 개선으로도 이어지고, 저전압화나 고속화를 한층 더 가능케 한다.

초해상 기술에 따른 반도체 미세화가 진행돼 채널 길이 10nm 이하까지 제조할 수 있게 되자, Fin형 MOSFET은 진화를 거듭해 한층 더 고성능인 GAA형 MOSFET이 등장한다. Fin형 MOSFET의 게이트가 채널 부분을 세 방향에서 덮었던 것과 달리, GAA•형 MOSFET은 모든 방향에서 덮는 구조이며 이 덕분에 성능이 더 좋다.

스마트폰에 탑재된 최고 성능의 프로세서는 이미 채널 길이가 5~7nm인 제품이 제조 중이다. 트랜지스터 치수의 미세화는 여전히 이어지고 있으며, 채널 길이 1nm까지 한계에 도전하고 있다.

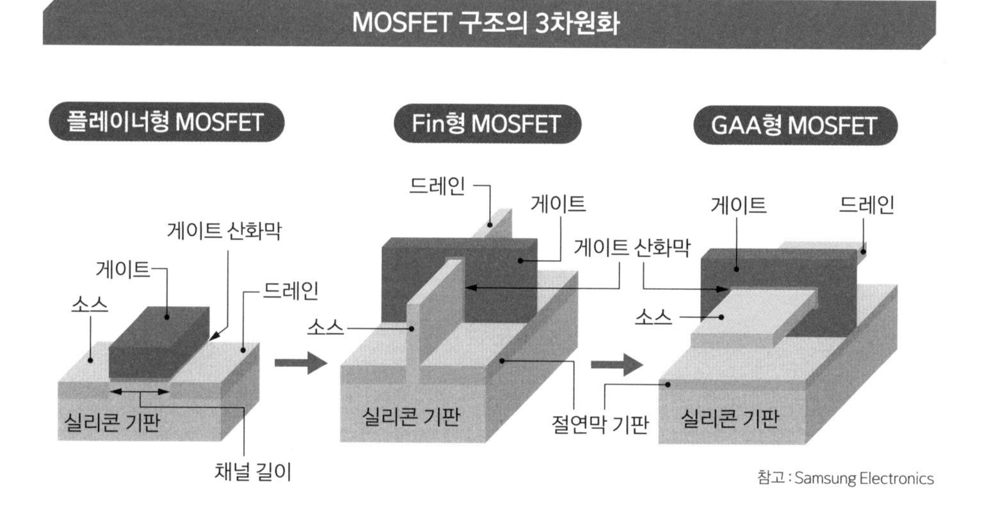

• **GAA** : Gate All Around

첨단 나노 기술로 도전 중인 단일 전자 트랜지스터

현재 MOSFET의 축소화와 별개로 궁극의 초소형 트랜지스터인 **단일 전자 트랜지스터**를 나노 기술로 구현하고자 연구하고 있다. 현재 MOS 트랜지스터가 10^{20}개/cm^3이상의 전자를 소스, 드레인 사이로 이동시켜 ON/OFF를 하는 것에 비해, 단일 전자 트랜지스터는 전자 하나를 이동시켜 트랜지스터의 ON/OFF를 하는 디바이스다. 대략 구조는 보통 MOSFET 게이트와 비슷한데, 게이트 바로 아래의 채널에 실리콘 섬만을 두는 대신에 소스와 드레인과 실리콘 섬 사이에 터널 장벽을 설치하는 구조다. 전자는 이 터널 장벽을 넘어 소스에서 드레인으로 이동한다.

기대되는 것 중 하나로 초저전력 소비가 있다. 예를 들어 현재 메모리가 약 10만 개의 전자를 콘덴서에 충방전해서 1비트를 기억한다고 한다면, 단전자 메모리에서는 전자 하나 또는 몇 개로 1비트를 기억할 수 있다. 따라서 소비 전력이 약 10만 분의 1이 될 가능성이 있다. 나아가 단일 전자 트랜지스터는 필연적으로 미세화 구조이며 궁극의 초고집적화를 가능케 한다.

단일 전자 트랜지스터

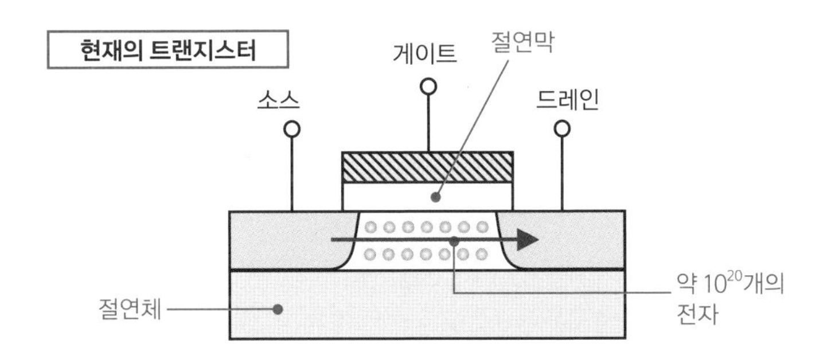

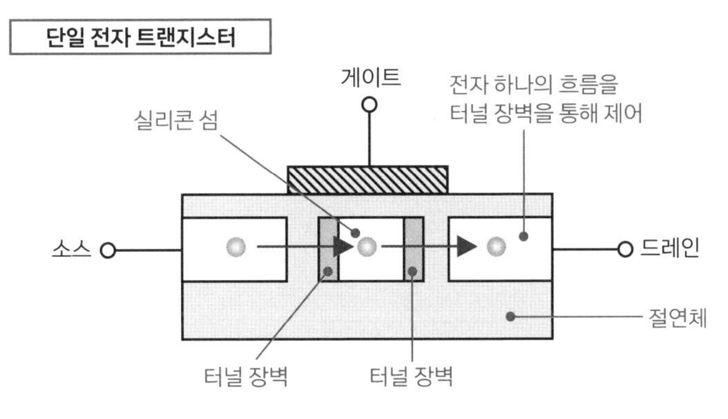

9-02

미세화는 전자 기기의 고성능화를 가속한다

트랜지스터 미세화는 집적도 증대, 소비 전력 절감, 처리 속도 향상 등의 효과를 주며 전자 기기 고성능화를 가속한다. 하지만 CPU 고성능화를 위해서 처리 속도만을 올리면, 소비 전력이 증가하는 문제가 일어나기 때문에 현재는 CPU 멀티코어 기술을 발전시키고 있다.

트랜지스터 미세화에 따른 전자 기기 고성능화가 불러온 효과

■ 집적도(원칩에 탑재하는 트랜지스터 수)가 늘어남

시스템 LSI는 100만~수억 개 이상의 트랜지스터를 탑재해 고성능 전자 시스템을 실현했다. PC 성능을 결정하는 CPU도 트랜지스터 수를 대폭으로 늘려 만들고 있다. 예를 들어 1971년 인텔 4004의 트랜지스터 개수는 2,300개였는데, 2019년 Core i9은 20억 개, 2019년 iPhone 11에 탑재한 A13 Bionic 프로세서는 85억 개나 되는 트랜지스터를 탑재했다.

■ 작동 주파수의 고속화(CPU의 고속 처리화)

트랜지스터의 작동 주파수는 채널 길이가 짧을수록 빨라진다. PC의 고성능화도 CPU에 탑재된 트랜지스터의 작동 주파수에 의존하기 때문에 트랜지스터가 더 미세해지고 빨라질수록 명령(업무) 실행 시간은 짧아진다. CPU 작동 주파수는 인텔 4004가 108kHz였는데, Core i9에서는 5,000MHz다. 작동 주파수만으로 단순 비교하면 Core i9은 약 5만 배 빠르게 고속 처리가 가능하다는 계산이 나온다. (단, 실제 처리 속도는 작동 주파수만으로는 결정되지 않는다.)

■ 소비 전력 절감

LSI에 탑재된 CMOS 논리회로의 작동 시 소비 전력 P는 대략 이렇게 나타낸다.

$$P \fallingdotseq CNV^2 f + NVI_L$$

C: 부하 용량, N: 트랜지스터 개수, V: 전원 전압, f: 작동 주파수

I_L: 누설 전류(회로 작동에 관여하지 않는 MOSFET 구조상에서 생기는 누설 전류)

위의 팩터 중에서 소비 전류 절감 효과가 있는 것은 부하 용량 C와 전원 전압 V다. 부하 용량 C는 트랜지스터 면적에 상당하므로 미세화에 따른 면적 축소는 비례적으로 소비 전력을 줄일 수 있다. 게다가 전원 전압 V의 항은 2제곱으로 효과가 있어서 작동하는 전원 전압을 내리면 소비 전력을 크게 줄일 수 있다. 예를 들어 전원 전압을 1/2로 하면 소비 전력은 $(1/2)^2=1/4$이 된다.

인텔 프로세서의 작동 주파수·트랜지스터 개수·프로세스 룰의 추이

명칭	발매 연도	작동 주파수(MHz)	트랜지스터 개수	프로세스 룰
4004	1971	0.108	2,300	10㎛
8080	1974	2	6,000	6㎛
8086	1978	5~10	2만 9,000	3㎛
Pentium 4	2000	1,400~3,800	4,200만	0.18㎛
Pentium M	2002	1,100~2,260	5,500만	90nm
Core i7	2008	3,200~3,330	7억 3,100만	45nm
Core i7	2012	3,900	9억 9,500만	32nm
Core i7	2017	4,500	4CPU 10억	14nm
Core i9	2019	5,000	8CPU 20억	10~14nm

1㎛=1,000nm 1GHz=1,000MHz

출처 : 인텔 주식회사

작동 전압이 내려가도 한계에 다다른 CPU의 소비 전력 절감

CMOSLSI에서 사용하는 MOSFET은 미세화와 더불어 소비 전력 절감을 위해 작동 전압 저하를 꾀했다. 하지만 한편으로 전자 기기의 고속 처리화를 위해 작동 주파수는 GHz에 이르는 고고주파수까지 올라왔다. 앞서 말했듯이 작동 주파수 f는 소비 전력 증가의 직접적인 요인이 된다. GHz 이상의 고주파수를 만들면 소비 전력이 급격히 커지고, 배터리 구동 시간 감소나 발열(고온에서는 MOSFET에 누설이 발생해 작동이 되지 않으므로 방열 기구가 필요함) 같은 큰 문제를 일으킨다. 또 한편으로 수십억에 이르는 트랜지스터 개수 N 때문에 누설 전류 I_L이 증가하면서 소비 전력 전체에 끼치는 영향도 무시할 수 없는 상태가 됐다.

여기서 생각할 수 있는 해결 방법이 작동 주파수를 늘리지 않고 전력 성능비가 뛰어난 CPU를 2개 혹은 그 이상 병렬로 배치해서 소비 전력을 늘리지 않고 실질적인 CPU 처리 성능 향상을 꾀하는 것이다. 이 수법이 **멀티코어**(멀티프로세서)를 이용한 처리 방식이다.

멀티코어 기술

현재보다 배로 늘어난 연산 성능을 얻으려는 경우, 싱글코어로 작동 주파수를 2배 늘리기보다 작동 주파수가 똑같은 CPU 2개를 이용하는 듀얼코어를 활용하는 편이 저전력 소비를 더 쉽게 실현할 수 있다. 싱글코어로 똑같은 연산 성능을 얻으려면 작동 주파수를 높이고(소비 전력은 작동 주파수에 비례) 전원 전압도 높일(소비 전력은 전원 전압의 2제곱에 비례) 필요가 있는데, 그러면 듀얼코어(CPU 2개)의 경우보다 소비 전력이 커지고 만다.

하지만 CPU를 2개 이용했다고 해서 단순히 프로세스의 작동 속도가 2배가 되는 것은 아니다. 멀티코어에 따른 프로세서 성능을 원하는 값으로 만들기 위해서는 CPU 여러 개를 작동해서 프로그램 병렬 처리를 효과적으로 하는 것이 매우 중요하다. 그러려면 적절한 OS• 대응과 멀티 스레드• 대응 애플리케이션이 필요하다.

멀티코어(멀티프로세서)의 개념

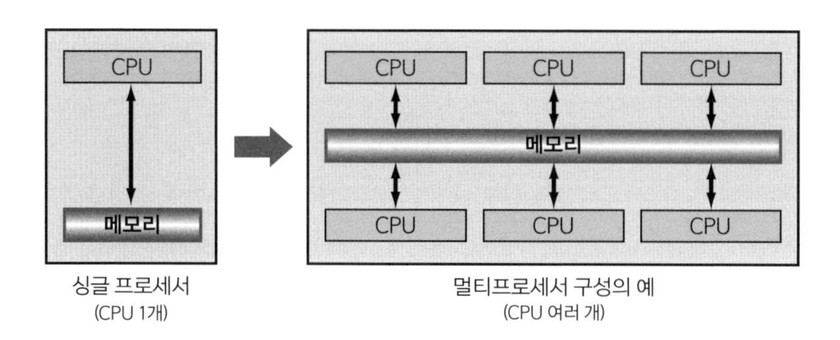

- **OS** : Operating System. 컴퓨터로 프로그램을 실행할 때 제어, 관리, 입출력 제어 등을 하는 기본 소프트웨어.
- **멀티 스레드** : 스레드(thread)는 실행 프로그램 하나를 복수 분할해서 처리하는 단위를 말한다. 멀티 스레드란 스레드 여러 개를 동시에 병행 처리하는 것이다.

참고 문헌

《3차원 LSI 실장을 위한 TSV 기술의 연구 개발 동향》, 과학 기술 동향, 과학 기술 동향 연구 센터, 2010년 4월

《90nm CMOS Cu 배선 기술》, FUJITSU, 2004년 5월

《LED 조명 핸드북》, LED 조명추진협의회, 2006년 7월

《기본 시스템 LSI 용어 사전》, 니시쿠보 야스히코, CQ출판, 2000년

《나노미터 시대의 반도체 디바이스와 제조 기술의 전망》, 히타치 평론, 히타치, 2006년 3월

《도해 디지털회로 입문》, 나카무라 쓰기오, 일본이공출판회, 1999년

《도해 잡학 반도체의 구조》, 니시쿠보 야스히코, 나쓰메사, 2010년

《시스템 LSI 솔루션》, 오키 테크니컬 리뷰, 오키 전기, 2003년 10월

《유노가미 다카시의 나노 포커스》, EE Times Japan, ITmedia Inc., 유노가미 다카시, 미세 가공 연구소

《입문 DSP의 모든 것》, 일본 텍사스 인스트루먼트, 기술평론사, 1998년

《첨단 디바이스 설계와 리소그래피 기술》, 히타치 평론, 히타치, 2008년 4월

《초 LSI 종합 사전》, 사이언스 포럼, 1988년

《초대용량 불휘발성 스토리지를 실현하는 3차원 구조 BiCS 플래시메모리》, 도시바 리뷰 Vol.66 NO.9, 2011년

《후쿠다 아키라의 세미콘 업계 최전선》, PC Watch, Impress Corporation

찾아보기

가

바

사

아

자

차

카

타

파

하

옮긴이 김소영

책 읽기를 좋아해 다른 나라 말로 쓰인 책의 재미를 우리나라 독자에게 전달하고자 번역을 시작했다. 다양한 일본 책을 우리나라 독자에게 전하는 일에 보람을 느끼며 더 많은 책을 소개하고자 힘쓰고 있다. 현재 엔터스코리아에서 출판기획 및 일본어 전문 번역가로 활동 중이다. 옮긴 책으로는《읽자마자 원리와 공식이 보이는 수학 기호 사전》,《읽자마자 수학 과학에 써먹는 단위 기호 사전》,《텃밭 농사 흙 만들기 비료 사용법 교과서》,《초등학생을 위한 수학실험 365》,《재밌어서 밤새 읽는 수학 이야기: 베스트 편》,《기적의 초고속 계산법》,《하루 한 문제 취미 수학》 등이 있다.

반도체 구조 원리 교과서

논리회로 구성에서 미세 공정까지, 미래 산업의 향방을 알아채는 반도체 메커니즘 해설

1판 1쇄 펴낸 날 2023년 12월 5일
1판 2쇄 펴낸 날 2024년 4월 15일

지은이 니시쿠보 야스히코
옮긴이 김소영

펴낸이 박윤태
펴낸곳 보누스
등록 2001년 8월 17일 제313-2002-179호
주소 서울시 마포구 동교로12안길 31 보누스 4층
전화 02-333-3114
팩스 02-3143-3254
이메일 bonus@bonusbook.co.kr

ISBN 978-89-6494-661-9 03560

• 책값은 뒤표지에 있습니다.

AI의 실체를 알려주는
인공지능 해설서

머신러닝 · 딥러닝 기술의 핵심 원리와 구조

—

처음 인공지능 업무에 투입된다면 무엇부터 해야 할까. 인공지능을 올바르게 파악하지 못하면 엉뚱한 방향으로 사업을 설정하거나 제품 개발에 착수하는 실수를 저지른다. 밑바닥부터 제대로 인공지능 기술의 원리와 개념을 익혀보자. 머신러닝에서 대규모 언어 모델까지, AI를 이해하는 기술 교양을 갖출 수 있다.

송경빈 지음 | 232면

반도체는
어떻게 만드는가?

논리회로에서 제조 공정까지 이해하다

—

철저하게 기술적 관점에서 반도체의 구조, 원리, 제조 공정을 폭넓게 다루며, 핵심 개념을 명확히 설명한다. IC와 LSI 등의 반도체 소자에 대한 설명에서 출발해, 논리게이트 제작의 기본 원리와 구체적인 LSI 개발 및 제조 과정에 이르기까지, 반도체 제조에 필요한 전반적인 메커니즘을 살핀다.

니시쿠보 야스히코 지음 | 김소영 옮김 | 280면